移动互联终端平台应用开发

徐匡一　肖国强　张　衡　主编

科学出版社
北　京

内 容 简 介

本书系统、全面地讲解移动互联网的相关知识,采取自顶向下的方式,从移动互联网的应用以及发展前景入手,激发读者的兴趣,由此引入移动互联终端平台。首先对移动互联终端平台硬件进行分析讲解;接着介绍搭载在硬件系统上的底层驱动、操作系统、硬件接口等软件,并阐述操作系统的启动过程以及 App 的运行机制;然后介绍语言、短信、摄像头等常见应用的数据流程,以及通信接口、音频接口、传感器、显示屏扬声器、振动马达等附加部件;最后展示如何在移动互联终端平台上进行烧写和演练操作。

本书可作为普通高等学校物联网工程、软件工程、网络工程、电子工程等专业的教材,也可作为移动互联网从业人员及应用开发初学者的参考用书。

图书在版编目(CIP)数据

移动互联终端平台应用开发 / 徐匡一,肖国强,张衡主编. —北京:科学出版社,2020.6

ISBN 978-7-03-065459-5

Ⅰ.①移…　Ⅱ.①徐…　②肖…　③张…　Ⅲ.①移动终端－应用程序－程序设计　Ⅳ.①TN929.53

中国版本图书馆 CIP 数据核字(2020)第 098539 号

责任编辑:于海云　董素芹 / 责任校对:郭瑞芝
责任印制:张　伟 / 封面设计:迷底书装

科 学 出 版 社出版
北京东黄城根北街 16 号
邮政编码:100717
http://www.sciencep.com

涿州市般闻文化传播有限公司 印刷
科学出版社发行　各地新华书店经销

*

2020 年 6 月第　一　版　　开本:787×1092　1/16
2023 年 12 月第三次印刷　　印张:13 1/4
字数:356 000

定价:79.00 元
(如有印装质量问题,我社负责调换)

前　　言

随着宽带无线接入技术和移动终端技术的提升，移动互联网应运而生，并得到了迅速的发展。如今，移动互联网已经渗透到人们生活的方方面面。随着移动互联网市场的扩大，越来越多的互联网从业者进入了这一领域。

移动互联网包含终端、软件和应用三个层面，涉及硬件、软件等多个领域的知识。但市面上的各类教材大部分只着眼于移动互联网的某一方面，或是电路设计，或是应用开发，少有一本书能囊括整个移动互联网体系。市场需求有一本书可以将整个移动互联网的脉络梳理一番，所以我们编写了这本《移动互联终端平台应用开发》。

（1）本书采用自顶向下的方式，以西南大学物联智能创新产业中心研发的移动互联终端平台为例，从移动物联网的应用开始，依次介绍硬件架构、软件架构、数据流程、电源系统、通信及其接口、模拟量和音频接口、传感器、液晶显示、扬声器、振动马达、固件烧写等内容。

（2）本书涉及移动互联网的各方面知识，包括移动互联网的整体架构、硬件和软件等方面，介绍移动互联的数据采集、数据处理、数据传输等过程。在硬件方面，涉及移动互联终端平台核心模块的组成、硬件的各种接口、总线以及各类可附加设备（如传感器）；在软件方面，涉及 Linux 操作系统、Android 操作系统、软件底层驱动、Android 硬件接口层和应用开发。同时还介绍移动互联网发展史及其发展趋势。

（3）本书是西南大学物联智能创新产业中心研发的移动互联终端平台的配套教材，以移动互联平台为核心，以应用为目的，使读者对移动互联终端平台应用及开发有一个整体的把握。

（4）本书在涉及一些较为深入的技术细节时，仅进行简单的介绍，并未做过于细致的讲解，以便初学者能很好地读懂本书。若有对各技术细节感兴趣的读者，可以自行查阅相关书籍。

西南大学物联智能创新产业中心研发的移动互联终端平台，成功地将大部分重要的移动终端功能集中在核心模块，在这个核心模块之外，再加一个行业特殊需求模块即可成为行业特制的产品。

本平台基于模块化的设计，能够快速研发出各式各样的移动互联终端，可迅速打入各行业市场，如食品快检、药品快检、安防、库管、物流、移动警务、移动政务、林业、矿业、渔业、石油、化学等。

在学习本书的过程中，结合本平台硬件架构、软件架构以及开发实例，有助于读者加深对移动互联网各层次的理解。

全书共 10 章，主要内容如下。

第 1 章介绍移动互联网的概念、通信技术的发展历程、移动互联网的行业现状以及未来的发展趋势，并简要介绍移动互联网应用中目前较为热门的云计算、物联网和大数据的相关知识，从行业历史、发展前景以及热门应用入手，对移动互联网进行讲解。

第2章介绍由西南大学物联智能创新产业中心研发的移动互联终端平台,包括硬件与软件架构、平台特点、应用,并配有开发实例的图片,使读者对移动物联网终端有一个大致的了解。

第3章详细介绍平台的核心模块——XN101模块的各个组成部分,分别是配套的LC1881、LC1161、存储系统、射频子系统和接口应用子系统,使读者了解移动互联网设备的硬件架构及各部件功能。

第 4 章介绍平台可兼容的操作系统——Android 及其内核 Linux Kernel、板级支持包(BSP)、应用拓展接口以及应用开发相关知识,让读者熟悉移动互联网应用开发、运行的平台。

第 5 章结合第 3 章与第 4 章的内容,介绍语音、短信以及摄像头工作时的数据流程,使读者对音频、文字、图片数据的采集、输入、处理、加工和输出的过程有所了解。

第 6 章介绍平台电源系统供电、充电管理、电源子系统的架构,以及几个模拟量和音频常用接口。

第 7 章介绍平台支持的各种通信接口功能、组成通信协议等。

第 8 章介绍平台目前支持拓展添加的传感器种类、各类传感器的应用场景,以及各类传感器的工作原理等内容,使读者对各类传感器有一个初步的了解,知道在拓展平台应用功能时选择相应的传感器。

第 9 章介绍液晶显示、喇叭和振动马达三个常用的输出设备。

第 10 章介绍两种固件烧写工具(SML、fastboot)并演示烧写步骤。

虽然本书在讲解各部分知识时尽量做到简洁易懂,使初学者能无障碍地阅读,但若想在读完本书之后对移动互联网有更深刻、更全面的认识,建议在阅读本书之前应掌握一定的计算机硬件、软件相关知识,例如,C 语言程序设计、Java 语言程序设计、计算机组成原理、数据结构、电子基础、电子电路 CAD。并在阅读本书时,配以由西南大学物联智能创新产业中心研发的移动互联终端平台,结合实例,勤加实践。

西南大学物联智能创新产业中心

2019 年 2 月

目　　录

第1章 绪 论

21 世纪初，随着互联网的发展，不断有新的应用和概念诞生，其中云计算、大数据和物联网得到了研究者的重点关注，并引起广泛的研究热潮。研究者已经从不同方面对云计算、大数据和物联网进行了深入研究并取得了诸多成果。

1.1 移动互联网

移动互联网（Mobile Internet，MI）是一种通过智能移动终端，采用移动无线通信方式获取业务和服务的新兴业态，包含终端、软件和应用三个层面。其中，终端层包括智能手机、平板电脑、电子书、MID 等；软件层包括操作系统、中间件、数据库和安全软件等；应用层包括休闲娱乐类、工具媒体类、商务财经类等不同的应用与服务。

随着技术和产业的发展，未来 LTE（Long Term Evolution，长期演进）和 NFC（Near Field Communication，近场通信）等网络传输层的关键技术被纳入移动互联网的范畴之内。

1.1.1 移动互联网发展历程

互联网发展到现在，主要经历了四个阶段（以主要流量来源和用户行为目标为划分依据）：第一阶段是传统网络；第二阶段是网站和内容流型社交网络并存；第三阶段是网站弱化、移动 App 与消息流型社交网络并存；第四阶段是超级 App 将以用户为基础，承载一切的内容与服务，最终完成互联网信息的全面整合。

它们的具体发展模式如下。

（1）以 PC 终端为主的萌芽期（2007 年前）。在这一阶段的通信网络为 2G 网络，移动互联网应用的主要模式是通过 WAP（Wireless Application Protocol，无线应用通信协议）访问网络，网络应用主要为大型门户网站，智能终端以计算机为主。

（2）成长培育期（2008～2011 年）。3G 移动网络建设掀开了中国移动互联网发展的新篇章。同时，由于通信技术的发展和智能手机的出现，移动互联网应用也纷纷上线。

（3）高速成长期（2012～2013 年）。智能手机的用户有了巨大的增长，Android 和 iOS 系统占领市场，移动互联网的应用呈爆发式增长。同时移动智能终端也有所发展，形式更加多样化。

（4）全面发展期（2014 年至今）。得益于 4G 通信技术的发展，移动互联网得到了极大的发展。智能终端不再局限于 PC、智能手机以及平板电脑，各种各样的智能终端如雨后春笋一般涌现，如可穿戴设备等。移动互联网的应用也渗透到生活的方方面面。个人智能终端普及的同时也促进了云计算的发展。

1.1.2 从 1G 到 5G

1) 1G

第一代移动通信系统(1G)是模拟式通信系统,于1986年在美国芝加哥诞生,模拟式是代表无线传输时采用模拟式的调频(Frequency Modulation,FM)调制,将300~3400Hz的语音转换到高频的载波频率(MHz)上。此外,1G只能应用在一般语音传输上,且语音品质低,信号不稳定,涵盖范围也不够全面。

模拟通信系统有很多缺陷,经常出现串号、盗号等现象,给运营商和用户带来了不少烦恼。

2) 2G

从1G跨入2G,在技术上是从模拟调制进入数字调制,相较1G而言,第二代移动通信具备高度的保密性,系统的容量也在增加,同时从2G开始,手机也可以上网、发短信了。2G声音的品质较佳,比1G多了数据传输的服务,数据传输速度为9.6~14.4Kbit/s。

数字网有以下优点:频谱利用率高,有利于提高系统容量;提供多种业务服务,提高通信系统的通用性;抗噪声、抗干扰、抗多径衰落能力强;能实现更有效、更灵活的网络管理和控制;便于实现通信的安全保密;可降低设备成本。

3) 3G

国际电信联盟(ITU)发布了官方第三代移动通信(3G)标准1MT-2000(国际移动通信2000标准)。在2000年5月确定WCDMA、CDMA2000、TD-SCDMA三大主流无线接口标准;2007年,WiMAX成为3G的第四大标准。2000年12月,日本以招标方式颁发了3G牌照,2001年10月,NTT DoCoMo在世界上第一个开通了WCDMA服务。我国在2009年的1月颁发了3张3G牌照,分别是中国移动的TD-SCDMA、中国联通的WCDMA和中国电信的WCDMA2000。

4) 4G

第四代移动通信技术(4G)包括TD-LTE和FDD-LTE两种制式,集3G与WLAN于一体,能够快速传输高质量音频、视频和图像等。4G能够以100Mbit/s以上的速度下载(12.5~18.75MB/s的下行速度),比家用宽带ADSL(4兆)快近20倍,并能够满足几乎所有用户对于无线服务的要求。此外,4G可以在DSL和有线电视调制解调器没有覆盖的地方部署,然后扩展到整个地区。很明显,4G有着不可比拟的优越性。

2013年12月4日,工业和信息化部向中国移动、中国电信、中国联通正式发放了4G牌照,中国移动、中国电信、中国联通三家均获得TD-LTE牌照,标志着中国电信产业正式进入了4G时代。

5) 5G

5G,即第五代移动通信技术,国际电信联盟将5G应用场景划分为移动互联网和物联网两大类。5G呈现出低时延、高可靠、低功耗的特点,已经不再是单一的无线接入技术,而是多种新型无线接入技术和现有无线接入技术集成后的解决方案总称。

可以看到,车联网、物联网带来的庞大终端接入、数据流量需求以及种类繁多的应用体验提升需求推动了5G的研究。无线通信技术通常每10年更新一代,2000年3G开始成熟并商用，2010 年 4G 开始成熟并商用，5G 在 2020 年逐渐成熟应该是符合规律预期。5G 的诞生，将进一步改变我们的生活。

5G 有以下特点。

（1）5G 研究在推进技术变革的同时将更加注重用户的体验，网络平均吞吐速率、传输时延，以及对虚拟现实、3D、交互式游戏等新兴移动业务的支撑能力等将成为衡量 5G 系统性能的关键指标。

（2）与传统的移动通信系统理念不同，5G 系统研究不仅仅把点到点的物理层传输与信道编译码等经典技术作为核心目标，还将更为广泛的多点、多用户、多天线、多小区协作组网作为突破的重点，力求在体系构架上寻求系统性能的大幅度提高。

（3）室内移动通信业务已占据应用的主导地位，5G 室内无线覆盖性能及业务支撑能力将作为系统优先设计目标，从而改变传统移动通信系统"以大范围覆盖为主、兼顾室内"的设计理念。

（4）高频段频谱资源将更多地应用于 5G 系统，由于受到高频段无线电波穿透能力的限制，无线与有线的融合、光载无线组网等技术将被更为普遍地应用。

（5）可"软"配置的 5G 无线网络将成为未来的重要研究方向，运营商可根据业务流量的动态变化实时调整网络资源，可有效降低网络运营的成本和能源的消耗。

1.1.3 我国移动互联网发展现状及未来趋势[①]

随着移动智能终端用户规模的不断扩大，我国移动互联网市场已进入高速发展阶段。2014年我国移动互联网交易规模仅 1.34 万亿元，占 GDP 比重也仅为 2.1%。截止至 2017 年我国移动互联网交易规模达到 6.89 万亿元，同比增长 30.49%，占 GDP 比重为 8.3%，较上年提高了1.2 个百分点。而在 2016 年，交易规模同比增速达 71.43%，占 GDP 比重提高了 2.6 个百分点。显而易见，移动互联网经济正进入"新常态"，增速逐步放缓。初步测算 2022 年我国移动互联网交易规模将接近 16 万亿元，并预测在 2023 年我国移动互联网交易规模将增长至 17.8 万亿元，2019～2023 年均复合增长率约为 15.80%。

近年来，我国在人工智能、移动物联网、5G 网络技术等方面的发展十分迅速，将推动各种智能终端与移动互联网连接，给用户提供更加优质的用户体验和物联网连接服务，移动互联网也将向着万物互联、智能互联方向跨越。

1.2 云 计 算

1.2.1 云计算的定义

美国国家标准与技术研究院（NIST）对云计算的定义为：云计算是一种按使用量付费的模式，这种模式提供可用的、便捷的、按需的网络访问，进入可配置的计算资源共享池（资源包括网络、服务器、存储、应用软件、服务），这些资源能够被快速提供，只需投入很少的管理工作或与服务供应商进行很少的交互。云计算的典型应用如图 1-4 所示。

---

① 本部分所使用的资料均来源于公开数据整理。

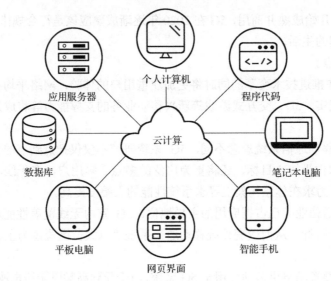

图 1-4 云计算的典型应用

1.2.2 云计算的特点

(1)超大规模。"云"具有相当大的规模，Google 云计算已经拥有 100 多万台服务器，Amazon、IBM、微软、Yahoo 等的"云"均拥有几十万台服务器。企业私有云一般拥有成百上千台服务器。"云"能赋予用户前所未有的计算能力。

(2)虚拟化。云计算支持用户在任意位置、使用各种终端获取应用服务。所请求的资源来自"云"，而不是固定的有形的实体。应用在"云"中某处运行，实际上用户无须了解，也不用担心应用运行的具体位置。只需要一台笔记本电脑或者一个手机，就可以通过网络服务来实现我们需要的一切，甚至包括超级计算这样的任务。

(3)高可靠性。"云"使用了数据多副本容错、计算节点同构可互换等措施来保障服务的高可靠性，使用云计算比使用本地计算机可靠。

(4)通用性。云计算不针对特定的应用，在"云"的支撑下可以构造出千变万化的应用，同一个"云"可以同时支撑不同的应用运行。

(5)高可扩展性。"云"的规模可以动态伸缩，满足应用和用户规模增长的需要。

(6)按需服务。"云"是一个庞大的资源池，可按需购买；云可以像自来水、电、煤气那样按需计费。

(7)极其廉价。由于"云"的特殊容错措施可以采用极其廉价的节点来构成云，"云"的自动化集中式管理使大量企业无须负担日益高昂的数据中心管理成本，"云"的通用性使资源的利用率较之传统系统大幅提升，因此用户可以充分享受"云"的低成本优势，通常只要花费几百美元、几天时间就能完成以前需要数万美元、数月时间才能完成的任务。

1.2.3 云计算的应用

(1)SaaS(Software-as-a-Service,软件即服务)与 FaaS(Platform-as-a-Service,平台即服务)。SaaS 这种类型的云计算，主要是通过窗口将程序传给有需求的用户。从用户的角度来分析，这种服务可以降低服务器和软件授权的成本，用户也不需要购买服务器设备和软件的授权。

从服务商的角度分析,云计算只需要维持一个程序就可以了,节省了大量的投资。平台即服务是 SaaS 的究极变化,用户可以使用平台即服务来开发自己的程序,并通过互联网和其服务器与其他用户共享。

(2)实用计算。实用计算是由 IT 行业制造的一个虚拟的数据库,它是一个能够将内存、I/O 设备、存储和计算能力相结合的虚拟资源中心,为整个互联网络提供服务。

(3)网络服务。以云计算平台为基础的网络服务的范围十分广,从分散的商业服务到全套的 API(应用程序接口)服务,网络服务提供商可以提供 API,让开发者能够开发更多基于互联网的应用,而不是提供单机程序应用。

(4)MSP 管理服务供应商。管理服务是云计算最早的应用之一,这种应用更多的是面向 IT 行业而不是终端用户,常用于邮件病毒扫描、程序监控等。

(5)商业服务平台和云计算集成。商业服务平台是 SaaS 和 MSP 的混合应用,该类云计算为用户和提供商之间的互动提供了一个平台;云计算集成是将互联网上提供类似服务的公司整合起来,以便用户能够更方便地比较和选择自己的服务供应商。

1.3 物 联 网

1.3.1 物联网的概念

物联网被称为继计算机互联网之后,世界信息产业的第三次浪潮。目前多个国家都在花巨资进行深入研究,物联网是由多项信息技术融合而成的新型技术体系。

物联网的概念于 1999 年由麻省理工学院的 Auto-ID 实验室提出,将书籍、鞋、汽车部件等物体装上微小的识别装置,就可以时刻知道物体的位置状态等信息,实现智能管理。Auto-ID 的概念以无线传感器网络和射频识别技术为支撑。1999 年,在美国召开的移动计算和网络国际会议 Mobi-Com1999 上提出了传感网(智能尘埃)是 21 世纪人类面临的又一个发展机遇。同年麻省理工学院的 Grshenfeld Neil 教授撰写了 *When Thing: Start to Think* 一书,以这些为标志开始了物联网的发展。其概念模型如图 1-5 所示。

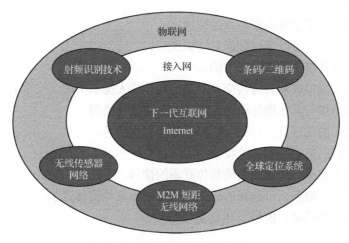

图 1-5 物联网的概念模型

1.3.2 物联网的属性和特征

从以上对物联网的理解可以看出，物联网是互联网向物理世界的延伸和拓展，互联网可以作为传输物联网信息的重要途径之一，而传感器网络基于自组织网络方式，属于物联网中一类重要的感知技术。

物联网具有基本属性，实现了任何物体、任何人在任何时间、任何地点、使用任何路径/网络以及与任何设备的连接。因此，物联网的相关属性包括集中、内容、收集、计算、通信以及场景的连通性。这些属性表现的是人们与物体之间或者物体与物体之间的无缝连接，上述属性之间的关系如图 1-6 所示。

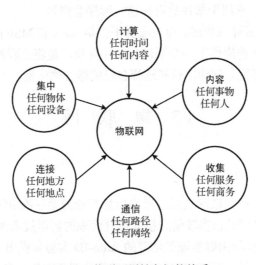

图 1-6　物联网属性之间的关系

物联网中的物体具有这些能力，包括计算处理、网络连接、可用的电能等，还包括场景情况(如时间和空间)等影响因素。根据物联网组成部分的特性、作用以及包含关系，其特征包含下面 5 个部分。

1)基本功能特征

(1)物体可以是真实世界的实体或虚拟物体。

(2)物体具有标识，可以通过标识自动识别它们。

(3)物体所在的环境是安全、可靠的。

(4)物体以及其虚拟表示对与其交互的其他物体或人是私密的、安全的。

(5)物体使用协议与其他物体或物联网基础设施进行通信。

(6)物体在真实的物理世界与数字虚拟世界间交换信息。

2)物体通用特征(高于基本功能特征)

(1)物体使用"服务"作为与其他物体联系的接口。

(2)物体在资源、服务、可选择的感知对象方面与其他物体竞争。

(3)物体附加有传感器，能够与环境交互。

3)社会特征

(1)物体与其他物体、计算设备以及人进行通信。

（2）物体能够相互协作，创建组或网络。

（3）物体能够初始化交互。

4）自治特征

（1）物体的很多任务能够自动完成。

（2）物体能够协商、理解和适应其所在的环境。

（3）物体能够解析所在环境的模式或者从其他物体处学习。

（4）物体能够基于其推理能力做出判断。

（5）物体能够选择性地演进和传播信息。

5）自我复制和控制特征

物联网的自我复制和控制特征为物体能够创建、管理和毁灭其他物体。

综上所述，物联网以互联网为平台，将传感器节点、射频标签等具有感知功能的信息网络整合起来，以实现人类社会与物理系统的互联互通。将这种新一代的信息技术充分运用在各行各业之中，可以实现以更加精细和动态的方式管理生产和生活，提高资源利用率和生产力水平，改善人与自然间的关系。

1.4 大 数 据

大数据是继云计算、物联网之后 IT 产业又一次颠覆性的技术革命，对国家治理模式、企业决策、组织和业务流程，以及个人生活方式等都将产生巨大的影响。大数据的挖掘和应用可创造出超万亿美元的价值，将是未来 IT 领域最大的市场机遇之一，其作用堪称又一次工业革命。

1.4.1 大数据的概念

麦肯锡将大数据定义为：无法在一定时间内用传统数据库软件工具对其内容进行抓取、管理和处理的数据集合。大数据不是一种新技术，也不是一种新产品，而是一种新现象，是近来研究的一个技术热点。

随着互联网技术的不断发展，数据本身就是资产。云计算为数据资产提供了保管、访问的场所和渠道，但如何盘活数据资产，使其为国家治理、企业决策乃至个人生活服务，是大数据的核心议题，也是云计算的灵魂和必然的升级方向。

大数据已经出现，互联网数据中心（IDC）多年的研究结果告诉我们：全球数据量大约每两年翻一番，每年产生的数据量呈指数增长，数据增速基本符合摩尔定律。2019 年全球约有 46 亿移动电话用户，有 20 亿人访问互联网，人们以比以往任何时候都高得多的热情在与数据或信息交互。

1.4.2 大数据的特点

大数据具有以下 4 个特点，即 4 个 "V"。

（1）数据体量（Volumes）巨大。大型数据集，从 TB 级别，跃升到 PB 级别。百度资料表明，其新首页导航每天需要提供的数据超过 1.5PB（1PB=1024TB），这些数据如果打印出来将超过五千亿张 A4 纸。有资料证实，到目前为止，人类生产的所有印刷材料的数据量仅为 200PB。

（2）数据类别（Variety）繁多。数据来自多种数据源，数据种类和格式冲破了以前所限定的结构化数据范畴，囊括了半结构化和非结构化数据。现在的数据类型不仅是文本形式，更多的是图片、视频、音频、地理位置信息等多类型的数据，个性化数据占大多数。

(3)价值(Value)密度低。以视频为例，连续不间断的监控过程中，可能有用的数据仅仅一两秒钟。

(4)处理速度(Velocity)快。数据处理遵循"1秒定律"，可从各种类型的数据中快速获得高价值的信息。

1.4.3 大数据的作用

(1)对大数据的处理分析正成为新一代信息技术融合应用的节点。移动互联网、物联网、社交网络、数字家庭、电子商务等是新一代信息技术的应用形态，这些应用不断产生大数据。云计算为这些海量、多样化的大数据提供存储和运算平台。通过对不同来源数据的管理、处理、分析与优化，将结果反馈到上述应用中，将创造出巨大的经济和社会价值。

大数据具有催生社会变革的能量。但释放这种能量，需要严谨的数据治理、富有洞见的数据分析和激发管理创新的环境。

(2)大数据是信息产业持续高速增长的新引擎。面向大数据市场的新技术、新产品、新服务、新业态会不断涌现。在硬件与集成设备领域，大数据将对芯片、存储产业产生重要影响，还将催生一体化数据存储处理服务器、内存计算等市场。在软件与服务领域，大数据将引发数据快速处理分析、数据挖掘技术和软件产品的发展。

(3)大数据将成为提高核心竞争力的关键因素。各行各业的决策正在从"业务驱动"转变为"数据驱动"。

对大数据的分析可以使零售商实时掌握市场动态并迅速做出应对；可以为商家制定更加精准有效的营销策略提供决策支持；可以帮助企业为消费者提供更加及时和个性化的服务；在医疗领域，可提高诊断准确性和药物有效性；在公共事业领域，大数据也开始发挥促进经济发展、维护社会稳定等方面的重要作用。

(4)大数据时代，科学研究的方法手段将发生重大改变。例如，抽样调查是社会科学的基本研究方法。在大数据时代，可通过实时监测、跟踪研究对象在互联网上产生的海量行为数据进行挖掘分析，揭示出规律性的东西，提出研究结论和对策。

第2章 移动互联终端平台

移动互联网，就是将移动通信和互联网二者结合起来成为一体，是互联网的技术、平台、商业模式和应用与移动通信技术结合并实践的活动的总称。

从数据处理的过程来看，移动互联网大致可以分为三层：终端设备层、网络层、服务器层。

终端设备层：在移动通信设备中，终止来自或送至网络的无线传输，并将终端设备的能力适配到无线传输的部分。

网络层：将数据从终端发送给服务器进行处理或发送给其他连接在一起的设备。

服务器层：提供计算服务的设备。

本书介绍的 XN101 模块适用于终端设备层，主要应用于工业级终端设备的个性化设计制造和高校嵌入式开发教学平台。

XN101 移动互联智能终端模块是西南大学物联智能创新产业中心自主研发设计的一款 4G 移动互联智能终端模块，采用联芯 Crotex-A53 架构的 LC1881 处理器（八核），运行速度高达1.8GHz，PCB 采用 8 层 HDI 工艺设计生产，具有良好的电气特性和抗干扰特性，工作稳定、可靠。板上集成了 4G、3G、GSM、GPS（Global Positioning System，全球定位系统）、Wi-Fi、蓝牙、音频管理及低功耗电源管理等功能，支持五模双卡双待单通，支持 LCD、TP、Camera。搭载 Android 5.1 操作系统，装上电池就可以工作，是快速实现便携式移动设备理想方案的不二之选。

西南大学物联智能创新产业中心研发的移动互联终端平台在 XN101 模块的基础上，加了部分外设，如天线、MIC、TP、LCD 等，为高校学生进行嵌入式系统的硬件、软件开发提供了良好的平台。

本章主要介绍西南大学物联智能创新产业中心研发的移动互联终端平台的组成、特点及应用，其中 2.1 节介绍移动互联终端平台的硬件、软件架构；2.2 节介绍移动互联终端平台的特点；2.3 节是移动互联终端平台实物展示；2.4 节介绍移动互联终端平台的应用场景。

2.1 移动互联终端平台的组成

2.1.1 移动互联终端平台硬件组成举例

XN101 模块的硬件构架如图 2-1 所示，由 5 个部分组成，分别是 LC1881、LC1161、存储系统（RAM+ROM）、接口应用子系统和射频子系统。

图 2-1 硬件构架

1) LC1881

LC1881 是联芯科技有限公司自主研发的一款九核五模 LTE 基带芯片。采用了高性能低功耗的 CMOS(Complementary Metal Oxide Semiconductor,互补金属氧化物半导体)技术,28nm 制造工艺,FCCSP 封装技术,具有强大的数字逻辑处理能力和丰富的接口功能。同时集合了三个 DSP(Digital Singnal Processor,数字信号处理)专用处理器(X1643、XC4210、TL420),分别负责内部单元配置、通信协议数据处理以及音频数据处理。

LC1881 实现 GGE、TD-SCDMA、LTE-A(TD LTE/ LTE F-DD)、WCDMA 等五种 Modem 功能:支持 USB 3.0(高速)、HSIC,双 SIM 卡、ISIM/USIM/SIM 应用。

该芯片具有优化的外部存储器接口,LPDDR2/LPDDR3 存储器,数据宽度 32 位。拥有三个 SDMMC 接口,支持 SDMM-C(3.0)/SDIO(3.0)/MMC(4.41)/eMMC(5.0)协议。

此外 LC1881 拥有大量的 DMA(Direct Memory Access,存储器直接访问)模块和内嵌 DMA 接口,可实现存储器与存储器、外设与存储器、外设与外设之间的高效数据交换。集成 Mali-T820 GPU(Graphics Processing Unit,图形处理器)做图形加速器,最高支持 1300 万像素摄像头。

2) LC1161

LC1161 是集成 PMU(Power Management Unit,电源管理单元)和音频编解码器的 SoC,其中 PMU 满足 Leadcore LTE 产品 LC1881 的要求,音频编解码器满足 CMMC 多媒体智能产品的要求。LC1161 采用 1.8V/3.3V 混合信号处理技术,电池输入范围为 3.0~4.35V,充电器输入范围为 4.5~6V,最高可承受 15V 的电压。

LC1161 内部有 Linear Charger、CODEC、PMU、RTC 和 Power Manager,可以完成系统开关机、系统复位、系统供电、睡眠唤醒电源控制等功能。通过内部 CODEC 子系统可以进行模拟输入、模拟输出。此外 CODEC 还具有耳机插拔检测功能、Hook-Switch 检测功能和音量加减按键检测功能。

3) 存储系统

XN101 模块内的存储系统包括两个部分:随机存储器(Random Access Memory,RAM)和只读存储器(Read Only Memory,ROM)。在本模块中,RAM 为 3GB,ROM 为 16GB。

4) 接口应用子系统

该系统模块内置了蓝牙、无线网和收音机功能,这些功能的实现采用了 Broadcom 公司的 BCM43455XKUBG 芯片,主要使用 UART(Universal Asynchronous Receiver/Transmitter,通用异步收发传输器)、PCM(Pulse Code Modulation,脉冲编码调制)、SDIO 接口进行通信。Wi-Fi 是 2.4G、5G 双频。模块内置 Broadcom 公司 BCM47531A1IUB2G 的 GPS 芯片,该芯片通过 UART 口实现与基带处理器的数据通信,同时支持外部 GPS 方案,如北斗卫星导航系统。

5) 射频子系统

射频子系统主要实现射频信号与数字基带信号之间的转换功能,支持 GGE、WCDMA、LTE-TDD、LTE-FDD、TD-SCDMA 五种模式,支持多模单待功能。LTE/WCDMA 支持两收一发,其中发射不支持天线选择。

系统大体可以分为几个子模块:射频前端电路、射频收发信机、温度和功率检测模块以及时钟电路。射频子系统有两类接口:DigRF 接口和 GPO 控制信号。射频部分需要七路电源,三路用于 RF(Radio Frequency,射频)收发信机,其他四路用于 TCXO&Switchs、PA 和 VBAT。

硬件构架将在第 3 章做出更为详细的介绍说明。

2.1.2 移动互联终端平台软件组成举例

1)操作系统

本平台的操作系统是基于 Linux Kernel 的 Android 5.0 系统，后续支持更新。

Android 是一种基于 Linux 的自由及开放源代码的操作系统，主要使用于移动设备，如智能手机和平板电脑，由 Google 公司和开放手机联盟领导及开发。Android 操作系统最初由 Andy Rubin 开发，主要支持手机。2005 年 8 月由 Google 收购注资。2007 年 11 月，Google 与 84 家硬件制造商、软件开发商及电信运营商组建开放手机联盟共同研发改良 Android 系统。随后 Google 以 Apache 开源许可证的授权方式，发布了 Android 的源代码。第一部 Android 智能手机发布于 2008 年 10 月。Android 逐渐扩展到平板电脑及其他领域上，如电视、数码相机、游戏机等。2011 年第一季度，Android 在全球的市场份额首次超过塞班系统，跃居全球第一。2013 年 9 月，全世界采用这款系统的设备数量已经达到 10 亿。

Android 的系统架构如图 2-2 所示，和其他操作系统一样，Android 也采用了分层的系统架构。

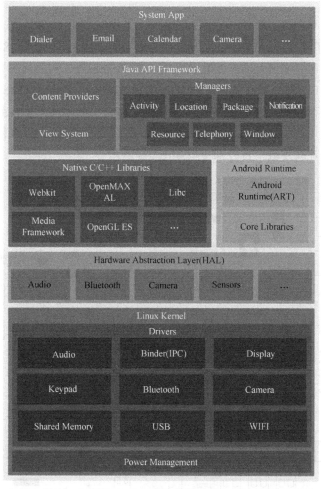

图 2-2　Android 系统架构图

Android 系统分为五层，从底层到顶层分别是 Linux 内核层、硬件抽象层、系统运行库层、应用接口框架层和应用程序层。

以上系统构架在 4.1.2 节有更为详细的介绍说明。

2) 与 PC 交互

支持 AMT（Automatic Manufacturer Test，自动生产测试）和 fastboot，可以实现对硬件功能的测试和单分区、多分区下载。

关于 AMT 和 fastboot 的详细内容将在 4.2.2 节和 4.2.3 节进行介绍。

3) 平台接口

本平台在 Android 原生接口的基础上新增或修改了电信业务、AGPS、WAPI、FM 及 Camera 接口，具体内容见 4.3 节。

2.2 移动互联终端平台的主要特点

2.2.1 高可扩展性

移动互联终端平台核心模块，采用大唐旗下 LC1881 套片方案，芯片组具有强大的计算和通信能力。采用了高性能、低功耗的 CMOS 技术，28nm 制造工艺，FCCSP 封装技术。LC1881 是联芯科技有限公司自主研发的一款九核五模 LTE 基带芯片。该芯片具有强大的数字逻辑处理能力和丰富的接口功能。除了 CPU、PMU、DDR SDRAM（Double Date Rate SDRAM，双倍速率同步动态随机存储器）、Flash 等基本模块外，将常用的功能都引出到外部接口。该设计的目的在于给出通用的模块方案，方便用户在此基础上灵活配置，以降低开发难度、提高产品的迭代性。移动互联终端平台外部接口如图 2-3 所示。

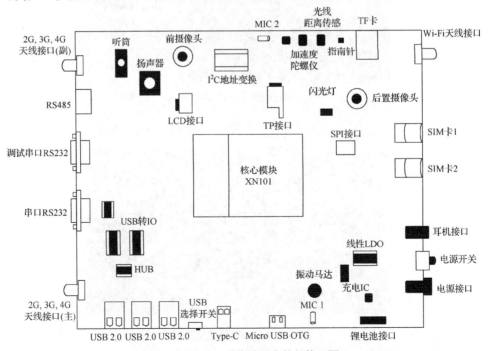

图 2-3　移动互联终端平台外部接口图

2.2.2 多技术融合

移动互联终端平台在嵌入式系统的基础上，融合移动互联网、云计算、物联网和大数据多种技术手段，可适应多种行业的功能要求。

例如，手持近红外光谱分析仪(图2-4)的应用。近红外光谱技术是一种使用简单方便、分析快速、不破坏样品的新型分析技术。应用大数据，它可以测定出样品中的物理特性，提供立即性的结果。

1)现场应用场景

现场测试：可及时获得所测物品的特殊物理特性。

现场合格测试：可及时获得所测物品的特殊含量超标与否，不超标则放行，方便检测对象，若超标则进行GPS定位，并将样本带回实验室做更精密的检测。

2)远程应用场景

可将光谱直接上传到云端，经过大数据分析后，返回结果到现场，作为立即判断的依据。

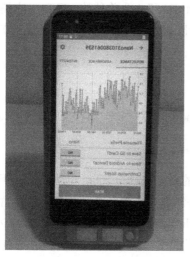

图2-4 手持近红外光谱分析仪

2.2.3 高集成

移动互联终端平台核心模块 XN101 集成 AP/CP 的主控芯片——LC1881、3GB LPDDR3+16GB 的 MCP 芯片三星 KMR31000BA-B614、博通 FM/Wi-Fi/BT(Blue tooth，蓝牙)三合一芯片 BCM43455XKUBG、博通 GPS 芯片 BCM47531A1IUB2G。

移动互联终端平台核心模块中的 LC1881 芯片集成了九个 ARM 处理器核，分别是两组四核 Cortex-A53 和一组单核 Cortex-A7。每组 A53 都内含 SCU，主频达 1.8GHz。八核 A53 采用多核异构处理器架构，可根据负载、功耗要求对系统进行灵活配置。单核 A7 典型工作频率为 1.2GHz。同时集合了三个 DSP 专用处理器(X1643、XC4210、TL420)，分别负责内部单元配置、通信协议数据处理以及音频数据处理。LC1881 芯片拥有大量的 DMA 模块和内嵌 DMA 接口，可实现存储器与存储器、外设与存储器、外设与外设之间的高效数据交换，其还集成了性能先进的 GPU 双核处理器 Mali-T820 做图形加速器。

LC1161 内部集成 Linear Charger、CODEC、PMU、RTC 和 Power Manage 等模块,可以完成系统开关机、系统复位、系统供电、睡眠唤醒、电源控制等功能。

2.2.4 强计算能力

LC1881 中的图形加速器 Mali-T820 GPU 是 Mali-T800 系列之一,可用于 2D、3D 的图形系统和 GPGPU(通用计算),最高工作时钟频率为 624MHz,支持图形标准为 OpenGL ES 1.1、2.0、3.0,OpenCL 1.2 和 DirectX 9。

GPU 中的两个 Shader Core,分别是由线程创建单元 GTC 和 FTC、3 条并行处理流水线单元、后处理单元和集成 L1 Cache 存储单元组成的。这 3 条并行处理流水线单元分别是计算流水线、加载存储流水线和纹理流水线。

GPU 中的二级 Cache 控制器大小为 128KB,采用四路组相联的映射结构。它支持数据总线为 128bit 的 ACE-Lite Master 接口、40bit 的地址总线和 64bit 的 AXI4 总线。Cache 的一致性保证了所有的一级 Cache 的加载和存储。外部总线支持 AXI4 同步 barrier。

GPU 中的存储器管理单元包含 1 个总控的 MMU 和 4 个单独的 uTLBs。它提供 8 组地址空间,可以支持 64bit 虚拟地址到 40bit 物理地址映射。每一个任务可以配置独立的页表,并且每个页表支持多种映射方式。

2.2.5 易开发

本平台的操作系统是基于 Linux Kernel 的 Android 5.0 系统,后续支持更新。其中,Android 具有很多优势。

1) 系统开源

Android 由于最底层使用 Linux 内核,使用的是 GPL 许可证,也就意味着相关的代码是必须开源的。2007 年 11 月,Google 与 84 家硬件制造商、软件开发商及电信运营商组建开放手机联盟共同研发改良 Android 系统,随后 Google 以 Apache 开源许可证的授权方式(比 GPL 协议稍严格些),发布了 Android 的源代码。开发的平台允许任何移动终端厂商加入 Android 联盟中来。

2) 跨平台特性

由于使用 Java 进行开发,Android 继承了 Java 跨平台的优点。任何 Android 应用几乎无须任何修改就能运行于所有的 Android 设备。这允许各个 Android 厂商可以自行使用各种各样的硬件设备;而且不仅仅局限于手机、平板电脑、手环,甚至电视和各种智能家居都在使用 Android。

另外,跨平台也极大地方便了庞大的应用开发者群体。同样的应用,对不同的设备编写不同的程序是一件极其浪费劳动力的事情,而 Android 的出现很好地改善了这一情况。Android 实现了一个硬件抽象层,向上对开发者提供了硬件的抽象,从而实现跨平台;向下也极大地方便了 Android 系统向各式设备的移植。

3) 丰富的应用

操作系统代表着一个完整的生态圈:一个孤零零的系统,即使设计得再好,如果没有丰富的应用支持,也是很难大规模地流行开的。Android 一开始的大力推广,以及上述几项很适宜流行的特点,使 Android 在一开始就吸引了很多开发者,时至今日,Android 已经积累了相当多的应用，更多的应用使 Android 更加流行，从而吸引更多的开发者开发更多、更好的应用，形成一个良性循环。

4) Google 强大的技术支持

Google 让 Android 变得越来越强大，进而快速流行。Google 丰厚的技术实力让 Android 可以迅速应用谷歌地图、Chrome 浏览器、Google Now 语音命令等优质服务；Google 的互联网身份和强大号召力，让 Android 能在短期内吸引到运营商、制造商和开发者的支持；Google 强大的开发能力也保证了 Android 有着持续有效的产品迭代，使其不断完善。

5) 丰富的硬件

丰富的硬件这一点与 Android 平台的开放性相关，由于 Android 的开放性，众多的厂商会推出千奇百怪、各具功能特色的多种产品。功能上的差异和特色，却不会影响到数据同步甚至软件的兼容。

综上，移动互联终端平台基于 Android 平台可以为第三方开发商提供一个开源的且十分宽泛、自由的环境，不会受到各种条条框框的阻挠。Android 平台也提供了含有丰富 API 的 SDK，可以利用组件进行模块化开发。

2.2.6 短开发周期

移动互联终端平台已集成大部分通用功能，且非必要模块都是以外部接口的形式给出的。利用本平台进行开发时，开发者可按需灵活配置功能模块，以此省略开发前期重复的功能模块的设计，从而大大缩短开发周期。

2.2.7 个性化开发

移动互联终端平台不针对特定的行业，而是将大部分功能集中在核心模块，在这个核心模块之外，加一个行业特殊需求模块即可成为行业特制的产品，以满足应用和用户个性化的需求。

2.3 移动互联终端平台的实物展示

移动互联终端平台的正面图如图 2-5 所示。

图 2-5　移动互联终端平台的正面图

移动互联终端平台的背面图如图 2-6 所示。

图 2-6 移动互联终端平台的背面图

移动互联终端平台外部接口图如图 2-3 所示。

2.4 移动互联终端平台的应用举例

XN101 模块在现实生活中广泛地应用于智能终端。智能终端是一个大的范围，其包括移动智能终端(手持 PDA)、可穿戴设备、虚拟现实设备、车载智能终端、无人机、服务机器人等。这些应用对人们日常生活中的工作、学习和娱乐方面起到了极大的作用。

目前手持 PDA 的主要应用领域如下。

(1)快递物流。典型的快递、邮政配送、电商配送、烟草配送、仓库盘点，以及各大日用品生产制造商的终端配送、药品配送、大工厂的厂内物流、物流公司仓库到仓库的运输。物流系统使用手持 PDA 的不同扩展功能主要为条码扫描、接触式/非接触式 IC 卡读写和 Wi-Fi、蓝牙数据通信等。物流系统 PDA 如图 2-7 所示。

图 2-7 物流系统 PDA

(2)三表抄表。在可预见的将来，三表抄表会拥有一个容量比较大的市场。三表抄表的手持 PDA 设备中集成的扩展功能主要为电力红外、条码扫描和数据通信等。

(3)移动执法。警用设备的科技含量越来越高，特别是交警、巡警和刑警也已经开始配备手持 PDA。除警务外，目前卫生、城管、税务等行政部门也开始尝试使用手持 PDA 来规范行政业务，用于快速检索信息、案情录入、现场取证拍摄、现场稽查、实时上传违法处罚结果，实现执法人员公正透明执法和移动政务办公。移动警务所使用的手持 PDA 的功能主要有

GPRS(General Packet Radio Service，通用分组无线服务)/WCDMA 数据、语音通信、IC 卡读写，以后可能还会有指纹采集、比对等功能。移动执法 PDA 如图 2-8 所示。

图 2-8　移动执法 PDA

(4)零售。当商超连锁交易越来越多，而柜台空间已经不能满足迅速交易的时候，基于手持 PDA 的移动应用，可用于及时、精准的单品补货，收、发货，上架，盘点，价格核查，移动价签管理，实现移动导购，快速收银，疏导高峰客流。零售 PDA 如图 2-9 所示。

图 2-9　零售 PDA

(5)生产制造。用于工厂和生产车间物料流转的实时监控，仓库收、发货，盘点扫描检验，成品供应信息实时查询等。

(6)票务。用于门票信息自动识别采集，提高验票效率，节省验票的等候时间，快速疏导高峰客流，票务信息实时统计上传，便于管理统计。例如，地铁票务分拣、火车上补票、体育场馆售票、景点门票检票等。

(7)医疗。在医生查房、移动护士站、门诊输液应用系统中，手持 PDA 可用于实时查看患者的各种信息，实现病床前下达医嘱，采集护理数据，快速执行医嘱和护理任务，核对患者的及其用药信息，从而减少医疗差错，增强输液安全。

(8)追溯。用于产品生命周期的全程质量追溯和渠道流通环节的防伪、防窜管理，做到产品精准投放，问题食品有效召回。

(9)教育出版。在教育培训领域可以用于协助教师记录成绩、进行考评管理、检查学生出勤、督促学生体育锻炼、监控学生运动数据、实时统计和查询。对于图书馆，可用于图书上下架、数据快速录入盘点和图书配送管理。

(10)金融保险。例如，钞箱押运的安全交接、移动保险系统和养老保险金上门发放。金融保险应用中的手持 PDA 需要的功能有 GPRS/CDMA 数据或短信通信等。养老金上门发放需用的手持终端扩展功能主要为指纹采集、比对等功能。

(11)巡更管理。可用于小区保安和巡警执行巡逻任务时规范路线，也可用于列车巡检的路线规划、检修结果实时记录和上传。

(12)停车收费。用于城市路边占道停车收费管理，如泊位动态即时显现、不缴费或超时停车现象自动警示、通过手持 PDA 对违规停车现场进行处罚等。

(13)垃圾回收。用于城市废弃物扫描和称量数据自动采集，通过手持 PDA 实时定位传输，精确检测回收数值。

(14)其他应用。例如，卡片管理，用于管理各种 IC 卡和非接触式 IC 卡，如身份卡、会员卡等。卡片管理就是管理各种接触式/非接触式 IC 卡，所以其使用的手持 PDA 主要的扩展功能为接触式/非接触式 IC 卡读写。

第3章 硬件构架

XN101 模块的硬件构架如图 3-1 所示，XN101 模块大致由五部分组成，分别是配套的 LC1881、LC1161、存储系统(RAM+ROM)、射频子系统和接口应用子系统。

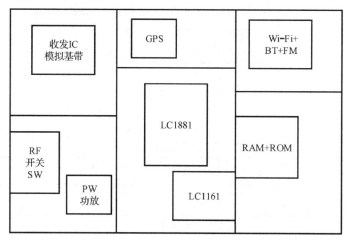

图 3-1 XN101 模块的硬件构架

XN101 模块的基本配置为：集成 AP/CP 的主控芯片——LC1881、3GB LPDDR3+16GB eMMC 的 eMCP 芯片——三星 KMR31000BA-B614、博通 FM/Wi-Fi/BT 三合一芯片——BCM43455 XKUBG、博通 GPS 芯片——BCM47531A1IUB2G。

3.1 LC1881

3.1.1 LC1881 芯片设计概况

LC1881 是联芯科技有限公司自主研发的一款九核五模 LTE 基带芯片。采用了高性能低功耗的 CMOS 技术，28nm 制造工艺，FCCSP 封装技术。

LC1881 的结构框图如图 3-2 所示。

观察图 3-2 不难发现，LC1881 具有强大的数字逻辑处理能力和丰富的接口。除了处理器、PMU、DDR、SDRAM、Flash 等基本小系统之外，常用的接口都被引出到外部接口。该设计的目的在于给出通用的模块方案，方便用户灵活配置，降低开发难度，提高产品的迭代性。

LC1881 的基本工作原理是通过 DigRF v4.0 和 RF GPO 接口连接 RF 系统，实现数字基带的数据通信和射频控制。通过 I^2C (Inter-Integrated Circuit，内部集成电路)/PCM/UART/SPI (Serial Peripheral Interface，串行外设接口)/GPIO (General-Purpose Input Output，通用输入输出)等接口和外设通信，通过 I^2C/SPI/GPIO 和 PMU 通信。

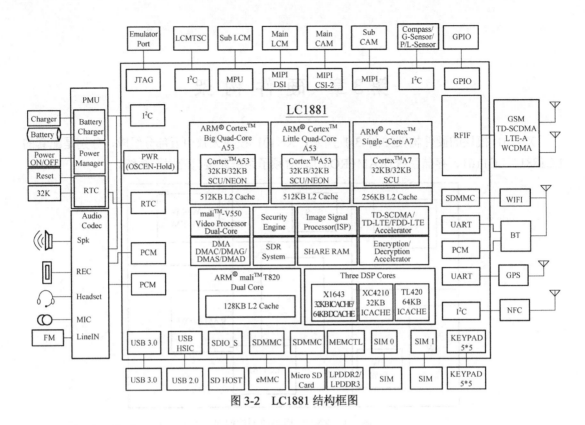

图 3-2 LC1881 结构框图

3.1.2 CMOS 技术

LC1881 有一个强大的功能特点，即采用了高性能、低功耗的 CMOS 技术。

CMOS 是指制造大规模集成电路芯片用的一种技术或用这种技术制造出来的芯片，如计算机主板上的一块可读写的 RAM 芯片。因为其可读写的特性，所以在计算机主板上用来保存 BIOS 设置完计算机硬件参数后的数据，而且这个芯片仅仅是用来存放数据的。组成 CMOS 数字集成电路的基本单元是电压控制的一种放大器件。

这里简单介绍一下 CMOS 技术是如何实现高性能、低功耗这一效果的。CMOS 技术是互补金属氧化物(PMOS 管和 NMOS 管)共同构成的互补型 MOS 集成电路制造工艺。它的特点是低功耗，由于 CMOS 中一对 MOS 组成的门电路，在瞬间或 PMOS 导通，或 NMOS 导通，或都截止，比线性的三极管(BJT)效率要高得多，因此功耗很低。

LC1881 芯片是采用 28nm HPM(High-Performance)工艺制造的，核电压为 0.9V，IO 接口电压为 1.2V、1.8V、3.3V、1.8V/3.3V、0.9V。

3.1.3 LC1881 芯片的 CPU 特性

LC1881 芯片集成了九个 ARM(Advanced RISC Machines)处理器核，分别是两组四核 Cortex-A53 和一组单核 Cortex-A7。

那么什么是 ARM 呢？ARM 是一个 32 位元精简指令集(RISC)处理器架构，广泛地使用在许多嵌入式系统设计中。它的特点是指令长度固定、执行效率高、成本低。官方构架的 CPU 核心，现在大众比较熟悉的有 ARMv7 架构的 Cortex-A5、A7、A8、A9、A12、A15 和 ARMv8 架构的 Cortex-A53、A57、A72。这里大致介绍一下本芯片使用的四核 Cortex-A53 和单核 Cortex-A7。

四核 Cortex-A53 不仅是功耗效率最高的 ARM 应用处理器，还是全球最小的 64 位处理器。可独立运作或整合为 ARM big.LITTLE 处理器架构，以结合高性能与高功耗效率的特点。该处理器系列的可扩展性使 ARM 的合作伙伴能够针对智能手机、高性能服务器等各类不同市场的需求开发系统级芯片。Cortex-A53 正持续推动移动计算体验的发展，未来将提供最多可达现有超级手机三倍的性能，还可将现有超级手机体验延伸至入门级智能手机。Cortex-A53 配合 ARM 及 ARM 合作伙伴所提供的完整工具套件与仿真模型以加快并简化软件开发，全面兼容现有的 ARM 32 位软件生态系统，并能与 ARM 快速发展中的 64 位软件生态系统相整合。ARM Cortex™-A7 MPCore™处理器是 ARM 迄今为止开发的最有效的应用处理器，它显著扩展了 ARM 在未来入门级智能手机、平板电脑以及其他高级移动设备方面的低功耗领先地位。单核 Cortex-A7 处理器的体系结构和功能集与 Cortex-A15 处理器完全相同，不同之处在于，Cortex-A7 处理器的微体系结构侧重于提供最佳能效，因此这两种处理器可在 big.LITTLE 配置中协同工作，从而提供高性能与超低功耗的终极组合。Cortex-A7 从 2012 年开始被广泛地用于低成本、全功能入门级智能手机。

在 LC1881 芯片中，每组 A53 都内含 SCU（SCU 是负责管理的互联、仲裁、通信、缓存-2 高速缓存和系统内存的传输、缓存一致性和其他功能的处理器），主频达 1.8GHz。两组四核 A53 采用了多核异构处理器架构，使用者可根据负载和功耗要求对系统进行灵活配置，在满足需求的同时分担工作量，以保持尽可能低的功耗。单核 A7 典型工作频率为 1.2GHz。同时芯片集合了三个 DSP 专用处理核：X1643、XC4210、TL420，分别负责内部单元配置、通信协议数据处理以及音频数据处理。

3.1.4 LC1881 芯片的 GPU 特性

LC1881 芯片拥有大量的 DMA 模块和内嵌 DMA 接口，可实现存储器与存储器、外设与存储器、外设与外设之间的高效数据交换。集成了性能先进的 GPU 双核处理器 Mali-T820 做图形加速器。支持 OpenGL ES 1.1、2.0 和 3.0、OpenCL 1.2 和 DirectX 9，并且使用配套的 L2 Cache 控制器。LC1881 的 GPU 最高频率可达 624MHz。

OpenGL（Open Graphics Library）是一个跨编程语言、跨平台的编程接口（API），它被用于三维图像（二维的也可）。OpenGL 也可指专业的图形程序接口，是一个功能强大、调用方便的底层图形库。而 OpenGL ES 是从 OpenGL 裁剪的定制而来的，去除了 glBegin/glEnd、四边形、多边形等复杂图元等许多非绝对必要的特性。OpenGL ES 是 OpenGL 三维图形 API 的子集，针对手机、PDA 和游戏主机等嵌入式设备，符合移动互联智能终端模块在多媒体方面的需求。

OpenCL 是第一个面向异构系统通用目的并行编程的开放式、免费标准，也是一个统一的编程环境，便于软件开发人员为高性能计算服务器、桌面计算系统、手持设备编写高效轻便的代码，而且广泛适用于多核心处理器（CPU）、GPU、Cell 类型架构以及 DSP 等其他并行处理器。OpenCL 由一门用于编写 Kernels（在 OpenCL 设备上运行的函数）的语言（基于 C99）和一组用于定义并控制平台的 API 组成，提供了基于任务分割和数据分割的并行计算机制，扩展了 GPU 用于图形生成之外的能力。

DirectX 是由微软公司创建的多媒体编程接口。由 C++ 编程语言实现，遵循 COM（Component Object Model，组件对象模型）。DirectX 的主要功能是加强 3D 图形和声音效果，并为设计人员提供一个共同的硬件驱动标准。DirectX 是由很多 API 组成的，按照性质可以分为四部分：显示部分、声音部分、输入部分和网络部分。显示部分是图形处理的关键，分为 DirectDraw(DDraw)和 Direct3D(D3D)，前者主要负责 2D 图像加速。声音部分中最主要的 API 是 DirectSound，除了播放声音和处理混音，还加强了 3D 音效，并提供了录音功能。输入部分 DirectInput 可以支持很多的输入设备(键盘、鼠标、连接手柄、摇杆、模拟器等)，它能够让这些设备充分发挥最佳状态和全部功能。网络部分 DirectPlay 提供了多种连接方式，如 TCP/IP、IPX、Modem、串口等，也提供网络对话功能及保密措施。

3.1.5 LC1881 芯片功能构架

LC1881 芯片整体分为 AP、CP 和 TOP(顶层)3 个部分，其中 AP 为应用处理单元，CP 为通信处理单元，TOP 包括 DDR 子系统、音频处理子系统、COM_APB(Advanced Peripheral Bus，先进外围总线)子系统和 Debug 子系统几部分。其中音频处理子系统中，采用一个独立的 DSP，用于处理话音的运算，同时完成 DDR 相关控制操作。

3.1.6 AP 功能模块

AP 为应用处理单元，主要的 CPU 为 BIG Cortex-A53(四核 A53，Cluster ID 为 1)和 LITTLE Cortex-A53(4 核 A53，Cluster ID 为 0)。LITTLE_A53 连接 CCI400 的 ACE Slave 接口 3，BIG_A53 连接 Slave 接口 4。这两组 CPU Cluster(CPU 集群)通过 CCI400 总线相连，可以保证 Cache(高速缓冲存储器)的一致性。2 组 A53 共用一个中断控制器 GIC400，使它们共享外设中断，也可互发软中断。LITTLE_A53 占用 GIC400 CPU 接口的 0~3，BIG_A53 占用 GIC400 CPU 接口的 4~7。

AP 侧其他主要模块包括：GPU 为双核 Mali-T820，Video Codec 为双核 V550、DISPLAY、ISP、USB(Universal Serial Bus，通用串行总线) system、SECURITY、DATA_APB、HBLK0、CTL_APB、SEC_APB 等。

AP 侧结构框图如图 3-3 所示。

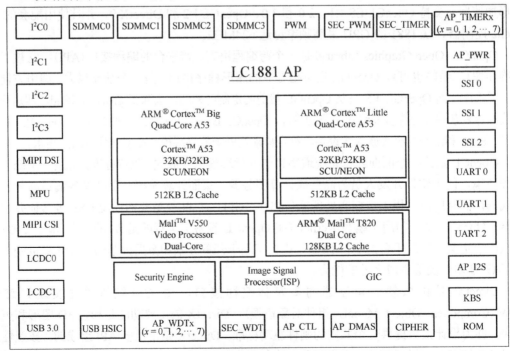

图 3-3 AP 侧结构框图

1) BIG Cortex-A53/LITTLE Cortex-A53

LITTLE_A53 和 BIG_A53 分别由 ARM 的 Cortex-A53、ARM 的 ADB400 和 CLK_GEN 组成。

ARM 的 Cortex-A53 由 Cortex-A53 MPCore 和内部集成标准的 CoreSight 组件组成。Cortex-A53 MPCore 中两组 A53 都含有 4 个核心(Core)。它含有用于数据一致性的 SCU。L1 中指令 Cache 和数据 Cache 大小均为 32KB。L2 中 Cache 大小为 512KB。内部集成标准的 CoreSight 组件，用于 Cortex-A53 的侵入(Invasive)和非侵入(Noninvasive)调试。包括 ETM(Embedded Trace Macrocell，嵌入式微量宏块)、CTI(Cross Trigger Interface，交叉触发接口)、ROM Table(只读存储器表)和 CTM(Cross Trigger Matrix，交叉触发矩阵)等组件。

ARM 的 ADB400，用于实现跨电源域、时钟域和电压域的异步桥。它分为 Slave(副)部分和 Master(主)部分。Slave 部分连接 Cortex-A53 的 ACE mater 接口，Master 部分连接外部总线。

ARM 的 CLK_GEN，用于生成 A53 所使用的时钟及时钟使能信号。

2) CCI400

LC1881 中集成了 1 个 CCI400，集合了互联和一致性功能，并被软件所控制。CCI400 有 2 个 ACE Slave 接口，3 个 ACE-Lite Slave 接口和 3 个 AXI Master 接口。这 2 个 ACE Slave 接口可以相互 snoop 对方，ACE-Lite Slave 接口可以 snoop 这 2 个 ACE Slave 接口。LC1881 中使用了 Slave3 接 LITTLE_A53，Slave4 接 BIG_A53，支持两者之间 DVM 信息的传播。Master0 主要访问外围设备(Peripheral)区域，Master2 访问 DDR 区域。其他接口都不使用。以上体现了 CCI400 的互联性。同时用硬件(CCI400)管理一致性，可以提高系统性能、减小系统功耗。CCI400 的 QoS(Quality-of-Service)是可调节的，但是它不支持 QoS 虚拟网络。CCI400 包含 PMU(性能检测单元)来统计与性能相关的事件。

3) GIC

AP 侧两组 A53 共用一个外部中断控制器 GIC400。GIC400 的功能是令两组 A53 共享外设中断，也可以互发软中断。GIC400 有 1 个中断分配器，对应每个 A53 处理器各有一个 CPU 接口和一个虚拟 CPU 接口。BIG_A53 占用 GIC400 CPU 的 0~3 接口，LITTLE_A53 占用 GIC400 CPU 的 4~7 接口。

通过软件配置 GIC400，可以控制其是否能中断、分配中断到 group0 或 group1、设置中断优先级、把中断分配至不同的目标处理器、查询中断状态、支持 SECURITY(安全控制器)扩展和支持虚拟化扩展。

4) GPU

LC1881 中的图形加速器是 Mali-T820 GPU。Mali-T820 是 Mali-T800 系列之一，是一款基于开放标准的图形加速器，可用于 2D、3D 的图形系统和 GPGPU(通用计算)。GPU 可以被 AP_A53 和 TL420(将在 TOP 层做出介绍)访问，最高工作时钟频率为 624MHz。GPU 支持图形标准为 OpenGL ES 1.1、2.0、3.0，OpenCL 1.2 和 DirectX 9。

GPU 由大量的 API 支持，有 2 个用于通用计算的 Shader Core、1 个二级 Cache 控制器、1 个 MMU(Memory Management Unit，存储管理单元)、1 个 HT(Hierarchical Tiler)单元、1 个包括 JOB 控制和功耗控制的全局单元和用于配制与启动 GPU 的 APB3 slave 接口。GPU 的压缩纹理格式支持 ETC2、EAC1、ETC2+EAC、EAC_SNORM 1、EAC_SNORM 3 和 AFBC

等。并且 GPU 支持一致性扩展的 AXI 总线连接，用来访问外部 memory，但是 GPU 只支持 Non-Secure 传输。

GPU 中的两个 Shader Core，都是由线程创建单元 GTC 和 FTC、3 条并行处理流水线单元、后处理单元和集成 L1 Cache 存储单元组成的。这 3 条并行处理流水线单元分别是计算流水线、加载存储流水线和纹理流水线。集成 L1 Cache 存储单元是由 4-way 组相联的，只支持写回类型。

GPU 中的二级 Cache 控制器大小为 128KB，也是由 4-way 组相联的。它支持数据总线为 128bit 的 ACE-Lite master 接口、40bit 的地址总线和 64bit 位宽的 AXI4 总线。Cache 的一致性保证了所有的一级 Cache 的加载和存储。外部总线支持 AXI4 同步 barrier。

GPU 中的存储器管理单元包含 1 个总控的 MMU 和 4 个单独的 uTLBs。它提供 8 组地址空间，可以支持 64bit 虚拟地址到 40bit 物理地址映射。每一个任务可以配置独立的页表，并且每个页表支持多种映射方式。

5) AP_CTL

AP_CTL（AP 系统控制器）的功能是对芯片进行配置，它可以被 AP_A53 和 TL420 访问。AP_CTL 内含 3 个通用寄存器。它可以进行 AP_DMAG 属性控制、AP_DMAS Cacheable 属性控制、Timer 暂停控制、USB Dummy Slave 的控制、DISPLAY Dummy Slave 的控制和 SDMMC1 DLL 的控制。还可以选择配制 SSI0/SSI1/SSI2 这些协议为 SPI 或 SSP。SSI（Synchronous Serial Interface，同步串行接口）是一种常用的工业用通信接口。

6) SECURITY

SECURITY 的功能是控制芯片的安全特性。SECURITY 内部包含了安全控制寄存器、随机数发生器和 EFUSE（Electrical Fuse，电熔断器），并且它也可以被 AP_A53 和 TL420 访问。

SECURITY 的安全控制寄存器中：SEC_SR 用于 AP CPU 的启动控制，配置寄存器用于芯片的配置，AP CPU 启动地址寄存器用于控制 AP CPU 的启动地址，AXBAR 寄存器用于控制注册防火墙（Register Firewall）。

SECURITY 的 EFUSE 大小为 128×32bit，采用了 EFUSE Double Bit 的方式。EFUSE 支持测试基台编程，可以对它的全部地址进行编程。EFUSE 也支持现场编程，只能在特定条件下对 EFUSE 前 320B 进行现场编程。

SECURITY 的随机数发生器，功能为生成 256bit 的随机数。

7) SMMU

LC1881 中使用 1 个 MMU-500 作为 SMMU（系统内存管理单元），配置生成两个 TBU（Translation Buffer Unit，转换缓冲器单元），TBU 包含缓存页表的 TLB。其中一个 TBU 上接 DISPLAY 模块，另一个 TBU 上接 ISP（Image Signal Process，图像信号处理）模块。TBU 的 master 接口支持最大 256 级 outstanding 交易传输。这两个 TBU 共用一个 TCU（Translation Control Unit，翻译控制单元），TCU 用于控制和管理地址转换。

SMMU 可以在系统中做地址映射、地址保护、访问权限检查和内存属性管理，还可以将分散的内存块组成一块连续的内存供设备使用。SMMU 可以被 AP_A53 和 TL420 访问。

SMMU 由多级页表支持和多 Context 支持，目前配置了 8 个 contexts。由软件决定支持 stage1、stage1+stage2 和 stage1 follow by stage2。SMMU 通过可编程的 QoS 值来对多个 TBU 发出的 PTW 请求进行仲裁。PTW 的深度是可以配置的，目前配置为 16，两个 TBU 的队列深度均配置为 8。Page table cache 用来存储中间的页表遍历数据。SMMU 支持 TLB HUM 功能，目前连接 DISPLAY 的 TBU 写缓存深度配制为 8，连接 ISP 的 TBU 写缓存深度配置为 16。SMMU 的预取缓存支持对下一个 4KB 或 64KB 页表项进行预取以减少时延。SMMU 交易和保护检查支持 ARM Trust-zone 安全扩展，支持错误处理、记录和显示，支持暂停模式。SMMU 有 AXI4 协议编程接口，接口数据宽度配置为 128bit。

8）DISPLAY

DISPLAY（显示子系统）具有将片内或片外存储的视频或图像帧输出到外部显示设备的功能。从存储器中读取数据，经过叠加和像素格式变换，通过 MIPI（Mobile Industry Processor Interface，移动行业处理器接口）接口输出到显示设备。LCDC（Liquid-Crystal Display Controller，液晶显示控制器）和 MIPI 之间使用 EDPI 接口连接，EDPI 接口包含 command 模式和 video 模式。DISPLAY 模块可以被 AP_A53 和 TL420 访问。

IP（显示控制器）的最大输出分辨率为 1080p@60fps，最大输入分频率为 1080p*4。同时它支持 7 个图层（2 个 Video 图层、1 个 Graphic 图层和 4 个 Smart 图层）、多种输入接口（ARGB 16 32bit，Video layer 支持 YUV 等）和 AFBC 压缩格式。它可以进行数据回写到 DDR；进行旋转、翻转、缩放、颜色空间转换；进行 3D video 输出；通过 ID 支持 TrustZone。IP 的 AXI 接口输出 QoS 指示，通过 QoS 指示修改访问优先级。并且它有 32bit APB 配置接口，4KB 地址空间，可以利用 dispready 信号实现暂停功能，达到切换刷新率的功能。IP 行可编程：start-of-data fetch，pre-fetch。它的大小端可基于字节配置。IP 各自的 memory 指针有 video 和图形，可以通过软硬件管理 Frame buffer 地址指针。当显示层输入数据无法获得时，背景色可编程。IP 在集成测试模式下生成 color bar 不需要 AXI transactions。在省电模式下，硬件通过 AXI C channel 控制或者软件控制。

MIPI 支持 AMBA（Advanced Microcontroller Bus Architecture，先进微控制器总线体系结构）APB 总线接口，用于通用和 DCS（Display Command Set，显示命令集）命令传输，配置 DSI（Display Serial Interface，显示串行接口）控制器寄存器。MIPI 兼容 MIPI DSI 接口规范、MIPI PPI D-PHY（Physical Layer，物理层）接口规范和 MIPI DPI-2 接口规范，支持 RGB565、RGB666（packed 或 unpacked）和 RGB888（packed 或 unpacked）格式。MIPI 支持 command 模式、video 模式、虚拟通道和低功耗模式。它支持最多 4 个 D-PHY 数据 lane，lane0 支持双向通信和 Escape 模式，并且它的显示分配率可以被配置。MIPI 有错误检测功能和恢复机制，支持 EoTP（End of Transmission Packet，传输报文结束）、ECC 和 Checksum，增强了系统的安全性和稳定性。

9）ISP

ISP（Image Signal Processor，图像信号处理器）通过与外接图像传感器的配合，可以完成图像和视频的采集与处理，可以被 AP_A53 和 TL420 访问。

ISP 具备 13MB 视频（4224×3168@30fps 双通 1080p@30fps）和静态图像（4224×3168p）处理能力，可以应用于手机、平板电脑和可穿戴设备。同时 ISP 拥有高性能图像处理流水线进行图像处理、双摄像头处理、数字图像稳定、自动对焦以及缩放功能，支持两个摄像头同时工作。

ISP 支持从 QCIF 到 13MP 的图像分辨率，同时具有坏点检测和图像降噪功能。因此在使用移动设备上常用的低成本、高分辨率 CMOS 图像传感器时，可以保证良好的图像质量。

ISP支持绝大多数CMOS图像传感器,串行接口采用高速的CSI-2(Camera Serial Interface,摄像机串行接口)MIPI。ISP还支持一些不具备图像预处理功能的简单CMOS图像传感器。ISP的芯片内部接口为32bit AHB 和128bit AXI,通过这些接口,ISP可以处理芯片内部存储器中的图像数据。ISP拥有两个4路MIPI输入接口和一个SCCB接口,最大输入分辨率为13MP,不存在快门滞后。

关于格式,图像传感器输入格式要求为RAW8、RAW10、RAW12、RAW14、YUV422、RGB565。读取memory格式要求为RAW8、RAW10、RAW12、YUV422。ISP输出格式要求为YUV422、YUV420、NV12、NV21、RGB565、RAW8、RAW10、RAW12、RAW14。视频格式为ITU610。

本节介绍ISP的一些基本功能特性。ISP通过EDR和HDR处理AECAGC、自动曝光和增益控制。ISP可以进行3D立体处理,输出4路视频流,视频图像稳定,自动白平衡,自动对焦控制(PD AF、Fast AF、CD AF),50Hz/60Hz灯光闪烁消除,闪光灯控制,机械快门控制,镜头阴影矫正,坏点检测,锐化/降噪滤波,Chroma降噪,增强色彩插值(去马赛克),色彩校正矩阵,色彩管理,伽马矫正,图像降噪,自动反差增强,数字变焦和连续调整大小,YCbCr 422/420处理,亮度、饱和度、色度和对比度控制,特效支持。

10)DIS_ISP_CTL

DIS_ISP_CTL(DIS_ISP系统控制器)模块包括如下功能:ISP DPHY控制寄存器;PHY0和PHY1状态寄存器和测试端口控制;QoS切换控制寄存器,控制DISPLAY和ISP的数据总线QoS信号还是使用TOP_MAILBOX的IP;DP2DSI_RRC相关控制寄存器,控制DISPLAY显示暂停、MCLK和ACLK自动调频、DSI定时复位、EDPI使能等功能。并且DIS_ISP_CTL可以被AP_A53和TL420两个Master访问,支持AHB slave接口。

11)VIDEO

VIDEO(视频编解码单元)模块实现对视频编解码过程的硬件加速,支持HEVC Main/Main 10、H.264 BP/MP/HP、VP8、RV8/9/10、VC-1、MPEG2/4、H263、JPEG解码,支持HEVC(High Efficiency Video Coding) Main、H.264 BP/MP/HP、VP8、JPEG编码。该加速模块实现对帧级的视频解码操作的硬件加速,完成视频图像的编解码过程。VIDEO可以被AP_A53访问,工作时钟频率为460MHz。

既然我们已经知道VIDEO模块都支持哪几种编解码标准,那么现在来介绍一下各种编解码标准。

VIDEO模块支持HEVC(H.265)解码标准,它的配置为Main Profiles和Main10 Profiles。HEVC是一种新的视频压缩标准,可以替代 H.264/AVC编码标准。HEVC压缩方案可以使1080p视频内容的压缩效率提高50%左右,这就意味着视频内容的质量将大幅上升,而且可以节省大量的网络带宽。对于消费者而言,可以享受到更高质量的4K视频、3D蓝光、高清电视节目内容。Profile指出码流中使用了哪些编码工作和算法。支持某Profile的解码器必须支持此Profile中的所有特性。但编码器不必实现Profile中所有的特性,只需要产出的码流遵守标准,如要遵守与之兼容的解码器的约束。Main Profiles规格要求比特深度限制为8bit,采样限制为4:2:0,CTB的大小从16×16到64×64,解码图像的缓存容量限制为6幅图像,允许选择波前和片划分方式,但是不能同时选择。Main10 Profiles规格和Main Profiles规格的要求差不多,只是比特深度限制为10bit。

VIDEO 模块支持 H.264 解码标准，它的配置为 Base Profiles、Main Profiles 和 High Profiles。H.264，同时也是 MPEG-4 第十部分，是由 ITU-T 视频编码专家组（VCEG）和 ISO/IEC 动态图像专家组（MPEG）联合组成的联合视频组（Joint Video Team，JVT）提出的高度压缩数字视频编解码器标准。H.264 主要包括 Baseline、Ext、Main、High 这几种常用 Profile 和一些特殊用途的 Profile，如 Constrain baseline、SVC、MVC 和一系列 High-Fidelity Profile 等，各种 Profile 是根据不同的应用场景设计的。Baseline 主要用于可视电话、会议电视、无线通信等实时通信。要实时，就要减少视频 decode 和 display 的时延，所以没有 B frame。为了提高针对网络丢包的容错能力，特意添加了 FMO、ASO 和冗余 slice。Main 用于数字广播电视和数字视频存储，侧重点在于提高压缩率，所以有了 CABAC、MBAFF、Interlace、B frame 等。Extend 用于改进误码性能和码流切换（SP 和 SI slice），侧重于码流切换（SI，SP slice）和 error resilience（数据分割）。High 主要用于高压缩效率和质量，引入 8×8 DCT，选择量化矩阵等。

VIDEO 模块支持 VP8 解码标准。VP8 是视频压缩解决方案厂商 On2 Technologies 公司推出的视频压缩格式。On2 VP8 是第八代的 On2 视频，能以更少的数据提供更高质量的视频，而且只需较小的处理能力即可播放视频，为致力于实现产品及服务差异化的网络电视、IPTV 和视频会议公司提供理想的解决方案。On2 VP8 的设计能够充分发挥多核系统的能力，而且可同时高效地利用多达 64 个处理器内核。

VIDEO 模块支持 VC1 解码标准，它的配置为 Simple Profile、Main Profile 和 Advanced Profile。VC1 是微软开发的视频编解码系统。VC1 相对于 MPEG2，压缩比更高，但相对于 H.264 而言，编解码的计算量则要稍小一些，一般通过高性能的 CPU 就可以很流畅地观看高清视频。VC1 的 Profile 仅分为 Simple、Main 和 Advanced 三种。Simple 和 Main 规格下，一个 sequence 包含一个或多个编码 picture，只支持帧模式编码。Advanced 规格下，一个 sequence 包含一个或多个 entry-point segments，其中的每个 entry-point segments 又包含一个或多个编码 picture，除了帧模式还支持场模式编码。

VIDEO 模块支持 MPEG-4 解码标准，它的配置为 Simple Profile 和 Advanced Simple Profile。MPEG-4 不只是具体压缩算法，它是针对数字电视、交互式绘图应用（影音合成内容）、交互式多媒体（WWW、资料撷取与分散）等整合及压缩技术的需求而制定的国际标准。MPEG-4 标准将众多多媒体应用集成在一个完整框架内，旨在为多媒体通信及应用环境提供标准算法及工具，从而建立起一种能被多媒体传输、存储、检索等应用领域普遍采用的统一数据格式。MPEG-4 的码流语法是很庞大的，通常来说，某种应用不需要用到整个语法，语法中存在很多可选项，不同的应用对这些可选项的选择是不一样的。MPEG-4 中的 Profile 就定义了如何去选择这些可选项，一个特定的 Profile 就决定了哪些项是应该选的，哪些项不应该选。

VIDEO 模块支持 MPEG-2 解码标准，它的配置为 Main Profile。MPEG-2 是 MPEG 组织制定的视频和音频有损压缩标准之一，它的正式名称为"基于数字存储媒体运动图像和语音的压缩标准"。与 MPEG-1 标准相比，MPEG-2 标准具有更高的图像质量、更多的图像格式和传输码率的图像压缩标准。MPEG-2 标准不是 MPEG-1 的简单升级，而是在传输和系统方面做了更加详细的规定和进一步的完善。它是针对标准数字电视和高清晰电视在各种应用下的压缩方案，编码率为 3～100Mbit/s。MPEG-2 分为 Simple Profile、Main Profile、SNR Scaleable Profile、Spatially Scaleable Profile 和 High Profile 五类。Simple Profile 使用最少的编码工具集。

Main Profile 比 Simple Profile 增加了一种双向预测方法，在相同比特率的情况下，将给出比 Simple Profile 更好的图像。SNR Scaleable Profile 和 Spatially Scaleable Profile 允许将编码的视频数据分为基本层和附加层，提供了多种广播的方式。High Profile 应用于图像质量和比特率要求更高的场合。

VIDEO 模块支持 H.263 解码标准，它的配置为 Profile 0。H.263 是由 ITU-T 制定的视频会议用的低码率视频编码标准，属于视频编解码器。H.263 最初设计为基于 H.324 的系统进行传输（即基于公共交换电话网和其他基于电路交换的网络进行视频会议和视频电话）。后来发现 H.263 也可以成功地应用于 H.323（基于 RTP/IP 网络的视频会议系统）、H.320（基于综合业务数字网的视频会议系统）、RTSP（流式媒体传输系统）和 SIP（基于因特网的视频会议）。H.263 的编码算法与 H.261 一样，但做了一些改善和改变，以提高性能和纠错能力。

VIDEO 模块支持 JPEG 解码标准，它的配置为 Supports for 4:2:0 和 4:2:2 baseline sequential。JPEG 是众多常见的图像编码格式之一，主要分为无损压缩和有损压缩。无损压缩利用空域相关性进行预测，主要用于医学、卫星遥感等领域；有损压缩主要通过 DCT 变换，然后进行量化来压缩数据。

VIDEO 模块支持 RV（Real Video）解码标准，它的配置为 RV8/9/10。RV 是一种高压缩比的视频格式，可以使用任何一种常用于多媒体及 Web 制作视频的方法来创建 RV 文件。例如，Adobe Premiere、VideoShop 以及 After Effects 等，文件可用 RealPlayer 和暴风影音播放。

12）AP_DMAS

AP_DMAS（精简直接存储器存取控制器）作为 DMA 控制器，用于外设和 Memory 之间的数据搬移，它可以被 AP_A53 访问。

AP_DMAS 内含 12 个 DMA 通道，所有通道共享 1 个 AMBA 总线端口。在这 12 个通道中，通道 0～通道 5 为外设发送通道，用于 Memory 到外设的数据搬移；通道 8～通道 13 为外设接收装置，用于外设到 Memory 的数据搬移。通道的优先级可以进行编程设置。

大致介绍一下这 12 个通道的用途：通道 0～通道 2 分别用于 UART0 发送～UART2 发送；通道 3～通道 5 分别用于 SSI0 发送～SSI2 发送；通道 8～通道 10 分别用于 UART0 接收～UART2 接收；通道 11～通道 13 分别用于 SSI0 接收～SSI2 接收。另外，还有通道 6、7、14、15，这 4 个是无效通道。

外设发送通道的源地址是持续递增的，目的地址不变，为外设的 FIFO（First Input First Output，先入先出）地址。在系统设计中，以增加数据传输率、处理大量数据流、匹配具有不同传输率的系统为目的而广泛使用 FIFO 存储器，从而提高系统性能。FIFO 存储器是一个先入先出的双口缓冲器，即第一个进入其内的数据第一个被移出，其中一个口是存储器的输入口，另一个口是存储器的输出口。外设发送通道的宽度可设为 Byte、Halfword 和 Word，传输长度也可设置，单位为字节。源缓冲区的起始地址为字节地址。外设发送通道支持单 Block 和连续 Block 传输方式。

与外设发送通道恰恰相反，外设接收通道源地址不变，为外设的 FIFO 地址，目的地址连续递增。但外设接收通道的宽度与外设发送通道相同，也可设为 Byte、Halfword 和 Word。外设接收通道支持 Block 传输方式：传输长度可以设置，单位为字节，目标缓存区起始地址与 4B 对齐，缓冲区大小为 4B 的整数倍。外设接收通道还支持不定长输出方式：启动后，DMA 通道自动检测并接收数据，内部缓存够 32B 的数据后写入目标缓冲区。目标缓冲区支持循环缓冲区，CPU 可以把 DMA 通道内部缓冲区残存数据 Flush 到目标缓冲区中。同时支持硬件检测外设活动状态，在一定时间间隔（软件可设）内无数据到达时，将内部缓冲区残存数据写入目标缓冲区中，并发出中断。

13) SDMMC（SDMMC0、SDMMC1、SDMMC2）

LC1881 芯片有四个 SDMMC（Secure Digital MultiMedia Card，安全数字多媒体卡）接口控制器，其中 AP 侧有三个 SDMMC 接口控制器，这三个 SDMMC 都支持安全访问属性，SDMMCx（x=0，1，2）挂在 AP_PERI_SW4 总线下，这三个 SDMMC 就是指的 SDMMCx（x=0，1，2）。

这三个 SDMMC 控制器除了基地址、AP_PWR 中控制时钟的寄存器、引脚信号名称各不相同外，其余完全相同。SDMMC 接口控制器可以控制外部 SD Memory（Secure Digital Memory Card，安全数码卡）、SDIO（Secure Digital Input and Output Card，安全数字输入输出卡）、MMC（MultiMedia Card，多媒体记忆卡）与芯片进行数据和信息交换。

SDMMC 接口控制器可被 AP_A53 和 TL420 访问。

接下来介绍一下 SDMMC 的功能特点。这三个 SDMMC 的 FIFO 宽度都为 64bit，SDMMC0～SDMMC2 的 FIFO 深度分别为 128、128 和 64，支持的数据线分别为 4 根、8 根和 4 根。SDMMC 还支持多种类型的存储卡：SD 存储器（SD 3.0 协议的 SD 存储卡）、SDIO（SDIO 3.0 协议的 SDIO 接口）、MMC 卡（MMC4.41 协议）和 eMMC 卡（SDMMC1 支持 eMMC 5.0 协议的 eMMC 存储卡，SDMMC0、SDMMC2 支持 eMMC 4.51 协议的 eMMC 存储卡）。这三个 SDMMC 支持安全访问属性，非安全状态下的 AP_A53 不能访问 SDMMC 控制器的各个寄存器。为了防止 FIFO 溢出，SDMMC 可以关闭卡时钟。SDMMC 支持退出 busy 状态时发生中断；支持命令完成信号和中断；支持 CRC（Cyclic Redundancy Check，循环冗余校验）生成和错误检验；支持可编程波特率。CRC 是一种根据网络数据包或计算机文件等数据产生简短固定位数校验码的散列函数，主要用来检测或校验数据传输或者保存后可能出现的错误。SDMMC1 支持 HS400 模式，其他两个控制器都不支持。SDMMC0 支持卡检测和卡写保护，其他两个控制器都不支持。同时三个控制器都支持挂起、恢复操作、读等待和规格为 1～65535B 的 block。SDMMC 接口控制器内部自带 DMAC 控制器。在 DMA 传送方式中，对数据传送过程进行控制的硬件被称为 DMAC 控制器。

14) CIPHER

CIPHER（解密与数字签名模块）内部含有两个子模块，分别为 AES 加密模块和 SHA 签名模块，可完成 AES 加解密运算和 SHA-1、SHA-256 签名运算。CIPHER 具有内嵌 DMA 通道，在 SHA 模块中内嵌一个 DMA 只读通道，在 AES 模块中内嵌一个 DMA 只读通道和一个 DMA 只写通道。

AES 加密模块支持标准 AES、AES-CM 和 AES-F8 算法，密钥长度分别为 128bit、192bit 和 256bit。分组数据支持内嵌 DMA 和 CPU 两种输入方式。标准 AES 算法支持加解密操作，AES-CM 和 AES-F8 算法只支持加密操作。

SHA 签名模块可以输入任意长度的报文。支持 SHA-1 和 SHA-256 两种算法，SHA-1 输出为 160bit，SHA-256 输出为 256bit。并且 SHA 签名模块也支持内嵌 DMA 和 CPU 两种输入方式。

非对称密码算法模块提供硬件算子，支持密钥长度为 2048bit 的 RSA 加密算法、SM2 椭圆曲线加密算法和 ECC 加密算法。

15) USB3

USB3（通用串行总线控制器）主要用于与外围 USB 设备/主机之间的大批量高速数据交换。它既可以作为 USB 主机（Host）直接与 USB 设备（Device）进行数据交换，又可以作为 USB 设备与其他的主机进行通信。

LC1881 集成了一个 USB 3.0 控制器，有相应的 PHY 与其连接。USB3 支持 USB 3.0 Super Speed（5Gbit/s），High Speed（480Mbit/s）和 Full Speed（12Mbit/s）。USB3 控制器可以被 TL420 和 AP_A53 访问。

USB3 控制器内置 DMA 可以访问 DDR 外部存储器和一块 8KB 的 RAM。USB3 为 DRD（Dual-Role Device，两用设备），有一个 USB 2.0 接口和一个 USB 3.0 接口，支持 USB 2.0 的 HS/FS 模式以及 USB 3.0 的 SS 模式。USB3 使用 UTMI（USB2.0 Transceiver Macrocell Interface USB2.0，高速设备检测协议）+Level 3 接口和 PIPE3 接口。应用软件可通过 AHB 接口对 USB3 控制器进行访问和控制操作。总的数据 FIFO RAM 的大小为 5748×64，其中接收 FIFO 最大为 1160×64，发送 FIFO 最大为 4588×64。USB Device 模式下支持 16 个端点，其中包括双向端点 0，端点支持的传输类型可由软件配置。USB Host 模式遵守协议 eXtensible Host Controller Interface for Universal Serial Bus（xHCI）（Revision 1.0 with errata to 6/13/11 Intel Corp June 13，2011）。

16) USB HSIC

为了更好地支持芯片间的数据通信，HSIC（High-Speed Inter-Chip）互联协议作为 USB 2.0 的补充应运而生。HSIC 通过用物理层数字收发器代替传统的模拟收发器，从而降低了 USB HSIC（通用串行总线控制器，高速芯片间互连）的设计复杂度、成本和风险，同时实现了芯片间的高速数据通信。

LC1881 集成了一个 USB HSIC 控制器，有相应的 PHY 与其连接。USB HSIC 仅支持 USB 2.0 High Speed（480Mbit/s）。同时，USB HSIC 控制器可以被 TL420 和 AP_A53 访问。

USB HSIC 控制器内置 DMA 可以访问 DDR 外部存储器，支持 UTMI+Level 3 接口，有 16 位数据线。USB HSIC 控制器有一个 PORT，支持 16 个主机通道，支持周期性 OUT 通道。它只支持主机模式，同时支持 HSIC。应用软件可通过 AHB 接口对 USB HSIC 控制器进行访问和控制操作。总的数据 FIFO RAM 的大小为 1308×32。其中接收 FIFO 最大为 540×32，非周期性发送 FIFO 最大为 256×32，周期性发送 FIFO 最大为 512×32。同时 USB HSIC 控制器可以在 Slave 模式工作，也可以在 DMA 模式工作。

17) USB_CTL

USB_CTL（AP 系统控制器）模块包括 USB3 和 HSIC PHY 控制寄存器及 USB_CTL 低功耗控制寄存器。它可以被 AP_A53 和 TL420 两个 Master 访问，支持 AHB slave 接口。

作为 USB3 PHY 和 HSIC PHY 控制寄存器时它可以进行 USB3 PHY 和 HSIC PHY 复位控制、测试访问端口、状态、batter charger 中断等操作。作为 USB_CTL 低功耗控制寄存器时，USB_CTL 模块 AHB 端口支持低功耗功能，当总线空闲一段由软件配置的时间后，硬件会自动关闭时钟。低功耗功能可由软件配置是否使能。

18) I^2C 接口控制器（I^2C0、I^2C2）

I^2C 接口控制器主要实现了 I^2C 接口。LC1881 中集成两个挂在 Secure_APB 总线上的 I^2C 模块 I^2C0 和 I^2C2。I^2C 接口控制器可以被 AP_A53 和 TL420 访问。

I²C 接口控制器有两线 I²C 串行接口，传输速度在标准、快速、高速模式下分别为 100Kbit/s、400Kbit/s 和 3.4Mbit/s。I²C 接口控制器支持多 Master 方式（总线仲裁），并在多 Master 情况下支持时钟同步。同时它支持 7bit 或 10bit 寻址，通过可编程的 SDA（Serial Data：serial data bus in the I²C interface，I²C 接口中的串行数据总线）保持时间。

那么 I²C0 和 I²C1 有什么不同呢？I²C0 包含位宽为 8bit、深度为 32 的发送 FIFO 和位宽为 8bit、深度为 40 的接收 FIFO。I²C2 包含位宽为 8bit、深度为 16 的发送 FIFO 和位宽为 8bit、深度为 80 的接收 FIFO。

19）KBS

LC1881 的 KBS（键盘控制器）支持键盘矩阵、独立按键和旋钮键，并且 KBS 的引脚和其他功能模块引脚复用。

KBS 最多支持 8 个独立按键输入。键值由单独的内部模块寄存器一次读出。每个独立按键均有单独的中断。独立按键的各个引脚可单独配置上下拉。

KBS 最大支持 5×5 键盘矩阵。它支持手动扫描和自动扫描，扫描键值存入内部扫描寄存器中；它还支持多按键和长按键操作，键盘矩阵可配置上下拉。

独立按键和键盘矩阵都支持独立的 debounce 间隔检测功能，该功能也可关闭，这些操作由软件实现。独立按键和键盘矩阵模块可分开独立地配置为开启或关闭。独立按键和键盘矩阵模块的中断产生和使能是相互独立的。

20）串行接口控制器（SSI1、SSI2）

SSI（Synchronous Serial Interface，串行接口控制器）是用于和外部同步串行接口通信的模块。SSI 支持 Motorola SPI 协议和 TI SSP 协议，SSIx(x=1, 2)为同步串行主设备接口。

SSIx(x=1, 2)模块可以被 AP_A53 和 TL420 访问。

SSIx(x=1, 2)模块具有可分别使能的中断。用户可以调整数据传输速率，SSIx(x=1, 2)主设备最大传输速率为 ssi$x$_mclk/2(x=0, 1, 2)，ssi$x$_mclk 的默认频率为 19.5MHz。用户还可以设置数据帧格式（4～16 位）。SSI1 和 SSI2 的收发 FIFO 深度均为 32，宽度均为 16bit。SSIx(x=1, 2)与 AP_DMAS 的接收硬件握手和发送硬件握手，并且 SSIx(x=1, 2)具有 1 根串口使能/帧同步信号线，可以连接 1 个从设备。

21）SEC_WDT

SEC_WDT（SEC 看门狗）用于 AP_A53 其中的一个核（可配置），中断也送到 AP_A53。SEC_WDT 模块可以被 AP_A53 和 TL420 访问。

SEC_WDT 有两种工作模式，用户可以根据需要选择不同的工作模式。它的计数器宽度为 32bit，用户可以编程设置超时时间，当计数器计数到 0 时发生超时。并且用户可以在 SEC_WDT 工作期间修改超时时间，还可以在任意时刻重启计数器。用户可以通过写 AP_PWR 模块的模块软复位控制寄存器 3（AP_PWR_MOD_RSTCTL3），以使 SEC_WDT 复位。

22）SEC_PWM

SEC_PWM 模块（脉冲宽度调制模块）是 LC1881 芯片中的一个用于产生频率可调、占空比可调信号的模块，主要用于手机终端的 LCD 背景光控制、充电控制、产生各种信号音等。它有三种工作模式：只调占空比、只调频率和两者同时调节。AP_A53 和 TL420 可以访问 SEC_PWM。

SEC_PWM 模块包含 8 位可调周期计数器，占空比计数器计数周期固定为 100。SEC_PWM

工作时钟可调，默认频率为 3.25MHz。SEC_PWM 输出的信号有默认的频率范围，为 127Hz～32.5kHz。同时它还具有软件复位的功能。

23）SEC_TIMER

LC1881 的 SEC_TIMER（SEC 定时器）是独立可编程的定时器。定时器的数据宽度为 32bit。定时器支持两种工作模式：自运行模式和用户定义计数模式。每个定时器都有独立的时钟和独立的中断。SEC_TIMER 具有暂停功能，当定时器计数到 0 时，即使关闭 pclk，也能检测到中断的产生。和 SEC_WDT 相似，用户可以通过写 AP_PWR 模块的模块软复位控制寄存器 3，以使 SEC_WDT 复位。AP_A53 和 TL420 可以访问 SEC_TIMER。

24）SSI0

前面已介绍了 SSI 是用于和外部同步串行接口通信的模块，并且大致介绍了 SSI1 和 SSI2。本节将介绍 SSI0 的功能性质。SSI0 为同步串行主设备接口，具有可分别使能的中断。用户可以调整数据传输速率，SSI0 主设备最大传输速率为 SSI0_mclk/2，SSI0_mclk 的默认频率为 19.5MHz。用户可以设置数据帧格式为 4～16 位。SSI0 的收发 FIFO 深度均为 16，宽度均为 16bit。同时它作为 SSI 模块中的一员，当然也支持 Motorola SPI 协议和 TI SSP 协议。SSI0 也与 AP_DMAS 的接收硬件握手和发送硬件握手，可以连接 1 个从设备。最后，SSI0 模块可以被 AP_A53 和 TL420 访问。

25）通用异步串行通信控制器（UART0、UART1、UART2）

UART 是通用异步收发控制器，用于芯片和外部设备进行数据接收和发送。用户可以对传输的字符长度、波特率和奇偶校验等进行设置。

LC1881 的 AP 部分集成了三个 UART（UART0、UART1 和 UART2）。这三个 UART 都支持自动流控工作模式，可以被 AP_A53 和 TL420 访问。

UART 基于 16550 标准，支持自动流控 AFC 模式和可编程 THRE 中断模式。UART 的收发 FIFO 深度均为 32，宽度均为 8bit，同时可以设置 FIFO 中断阈值和是否使用 FIFO。UART可以设置串行数据传输帧格式。它也可以对串口波特率进行设置，默认串口波特率为115200。UART0 最高可设置为 19.5M，UART1、2 最高可设置为 9.75M（需要在 AP_PWR模块中对 UARTx 工作时钟进行设置）。UART 通过使用 AP_DMAS 模块的传输通道支持DMA 硬件握手。

26）AP_WDT

AP_WDTx（x=0, 1, 2, 3, 4, 5, 6, 7）——对应监视 AP_A53 的 8 个核，AP_WDT（AP 看门狗）与 A53 核的这种对应关系是可以进行配置的。一旦出现任意核死机，相应的 AP_WDT 会产生系统复位信号送往 AP_PWR。只要有一个系统复位发生，AP_PWR 就会根据寄存器配置复位全芯片或者仅复位 AP_A53，从而实现对系统的保护。AP_WDTx（x=0, 1, 2, 3, 4, 5, 6, 7）模块可以被 AP_A53 和 TL420 访问。

AP_WDT 有两种工作模式，用户可以根据需要选择不同的工作模式。它的计数器宽度为32bit，用户可以编程设置超时时间，当计数器计数到 0 时发生超时。用户可以在 AP_WDT 工作期间修改超时时间，也可以在任意时刻重启计数器。用户还可以通过写 AP_PWR 模块的模块软复位控制寄存器 3 使 AP_WDTx（x=0, 1, 2, 3, 4, 5, 6, 7）复位。另外用户是通过写 AP_PWR模块的 WDT 复位控制器来控制系统复位全芯片或者仅复位 AP_A53 的。

27) AP_TIMER

LC1881 的 AP_TIMER(AP 定时器)内部有两组共 10 个独立可编程的定时器：AP_TIMERx_GOURP0(x=0, 1, 2, 3, 4, 5, 6, 7)和 AP_TIMERx_GOURP1(x=0, 1)。AP_A53 和 TL420 可以访问 AP_TIMER。

AP 定时器的数据宽度为 32bit。它有两种工作模式，分别是自运行模式和用户定义计数模式。每个定时器都有独立的时钟和中断，具有暂停功能。AP 定时器支持同时清除 8 个定时器中断，当定时器计数到 0 时，即使关闭 pclk，也能检测到中断的产生。

28) I^{2}C 接口控制器 (I^{2}C1、I^{2}C3、I^{2}C4)

I^{2}C 接口控制器主要实现了 I^{2}C 接口。LC1881 中集成三个功能相同的 I^{2}C 模块，分别为 I^{2}C1、I^{2}C3 和 I^{2}C4。I^{2}C1、I^{2}C3 和 I^{2}C4 都挂在 CTL_APB 总线上，可以被 AP_A53 和 TL420 访问。

I^{2}C 接口控制器包含两线 I^{2}C 串行接口，分为三种传输模式：标准模式、快速模式和高速模式，传输速度分别为 100Kbit/s、400Kbit/s 和 3.4Mbit/s。I^{2}C 接口控制器是作为 I^{2}C Master 工作的，它支持多 Master 方式(总线仲裁)，并且在多 Master 情况下支持时钟同步。I^{2}C 接口控制器支持 7bit 或 10bit 寻址。SDA 可以进行编程保持时间。I^{2}C 接口控制器包含位宽为 8bit、深度为 16 的发送 FIFO 和位宽为 8bit、深度为 20 的接收 FIFO。

29) PWM

PWM(脉冲宽度调制)模块是 LC1881 芯片中的一个用于产生频率可调、占空比可调信号的模块，它包含两路完全独立可编程的 PWM 模块：PWM0 和 PWM1。主要用于手机终端的 LCD 背景光控制、充电控制、产生各种信号音等。它有三种工作模式：只调占空比、只调频率和两种同时调节。PWM 可以被 AP_A53 和 TL420 访问。

PWM 包含 8 位可调周期计数器，占空比计数器计数周期固定为 100。它的工作时钟是可以调节的，默认频率为 3.25MHz。输出的 PWM 信号的默认频率范围为 127Hz～32.5kHz。它具有软件复位功能。

30) AP_PWR

AP_PWR(功耗控制模块)是 LC1881 中 AP 侧实现各功能模块的功耗控制、时钟管理、复位控制和电源管理的模块，用于控制 AP 侧的全局功耗。它可以产生各模块所需时钟及复位信号，并控制时钟的打开和关闭。它也负责对特定模块进行电源管理，内嵌专用睡眠唤醒电路，用于处理 AP 睡眠进入和唤醒过程。它还可以协助实现安全性相关功能，AP_A53 和 TL420 可以访问 AP_PWR。

3.1.7 CP 功能模块

CP 为通信处理单元，包含 3 个 CPU 处理单元，分别是 CP_A7、X1643 和 XC4210。CP_A7 为单核处理器，负责高层协议处理；X1643 主要负责多模物理层的协议栈控制部分；XC4210 为矢量处理器，主要实现通信基带算法处理。XC4210 及 10 个 TCE 模块(HARQ、TURBO、MRD、WBRP、FWHT、DESPREADER0/1/2/3、MIMO、PDCCH)组成 SDR 子系统。TCE 模块和 XC4210 通过 FIC 总线接口连接。

CP 还包括 RF 接口子系统和 L12ACC 子系统及其他控制模块。RF 接口子系统包含 DIGRFV4 控制器+MPHY、RFIF 控制器、LTET 模块、RF_DMAD 模块、DCPP 和 LPF。L12ACC

子系统包含 A5 处理模块、GEA 处理模块、CP_DMAD、TDUL 上行处理单元、CP_DMAG、CIPHERHWA、IPHWA 加速器和 HSL。其他主要模块包含 CP_MAILBOX、CP_SHRAM0、CP_SHRAM1、CP_SHRAM2、CP_SHRAM3、SIM0、SIM1、CP_WDT、RTC（RealTime Clock，实时钟）、CP_PWR、CP_TIMER 模块。

CP 侧结构框图如图 3-4 所示。

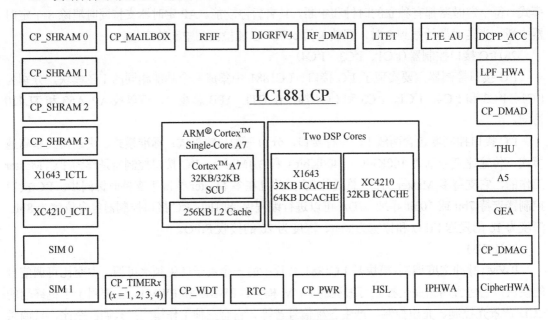

图 3-4 CP 侧结构框图

1）CP_A7

LC1881 的 CP 侧有 1 组 A7，称为 CP_A7。CP_A7 子系统主要包含 Cortex-A7 integration layer，其中包括 Cortex-A7 MPCore 和分立的 debug 逻辑。

CP_A7 内含一个 core，包括用于数据一致性的 SCU。L1 中包含 32KB 的指令 Cache 和 32KB 的数据 Cache。L2 中 Cache 的大小为 256KB。Cortex-A7 MPCore 中还有基于 GIC v2.0 的中断控制器 GIC，可以支持 32 个 SPI 中断源。

分立的 debug 逻辑内部集成标准的 CoreSight（片上调试和跟踪）组件，用于 Cortex-A7 的侵入和非侵入调试，包括 ETM、CTI、ROM Table 和 CTM 等组件。

2）X1643

X1643（数字信号处理器）是 CEVA 基于 VLIW（Very Long Instruction Word，超长指令字）和 SIMD（Single Instruction Multiple Data，单指令多数据处理）架构的 DSP，支持并行指令处理，具有低功耗和高密度的软件代码等特点，与总线频率异步。

X1643 的典型工作时钟频率为 450MHz。片内的存储需求为 512KB ITCM（Instruction Tightly Coupled Memory，指令紧密耦合存储器）、64KB DTCM（Data Tightly Coupled Memory，数据紧密耦合存储器）、32KB ICache 和 64KB DCache。X1643 能够访问所有 CP 的外设以及 A5、RFIF、UPACC 和所有 L1 算法加速器。它支持至少 3 个可配置优先级的软件中断；支持断电，CORE 和 RAM 为两个独立的电源域（Power Domain）；支持 idle 后自动断电；支持 PC 跳转记录。

3) XC4210

XC4210 是 CEVA 第七代 DSP core，基于 CEVA-X16XX 系列的架构设计，并集成了矢量通信单元，可以处理大量的通信算法协议数据。

XC4210 的典型工作时钟频率为 450MHz，时钟与总线异步。它的指令 RAM 大小为 256KB，数据 RAM 的大小为 896KB（被分为 7 个块），指令 Cache 大小为 32KB。指令 Master 总线和数据 Master 总线均为 128bit AXI Master 总线。RAM Slave 总线为 128bit AXI Slave 总线。XC4210 包含两个 VCU（矢量通信单元）、12 个 QMAN（队列管理）和 24 个 BMAN（缓存管理）。同时它支持断点、伪浮点运算、32×32 乘法和 FIC 接口。

4) TCE_CTL

TCE_CTL 模块用于 TCE 模块的控制信号配置、低功耗和总线复用功能。

5) MIMO_HWA

MIMO_HWA 完成下行 MIMO 算法功能，包括 LMMSE 和 MLD 算法。

MIMO_HWA 采用了 28nm 工艺，工作时钟与 FIC 总线同频。它有 1 条 FIC Master 读总线，位宽为 128bit；1 条 FIC Master 写总线，位宽为 128bit；1 条 APB slave 总线，位宽为 32bit。读总线的合计吞吐量需求为 3.898GB/s，写总线的合计吞吐量需求为 1.152GB/s。在 LMMSE 模式下，只有 1 个 sub engine 运行。在 MLD 模式下，有 12 个 sub engine 运行。单个 sub engine 一次只能处理 1 个 tone。12 个 sub engine 可以并行处理 12 个 tone。软比特的结果保存在 DTCM 的循环 buffer 中，当加速器通过 FIC 总线向循环 buffer 写软比特结果时，加速器需要根据该循环 buffer 的 BMAN 的监测结果来判断何时可以写。

MIMO_HWA 的通信相关功能包括 LMMSE 加速器和 MLD 加速器相关功能特性。LMMSE 加速器，支持 TM1～TM10 的 MIMO 处理；支持空间复用、发送分集和单天线；空间复用最大支持 2×2，发送分集最大支持 4×2（4 发送天线，2 接收天线）；最大支持 64QAM，下行最大速率支持到 300Mbit/s。MLD 加速器只支持空间复用模式，空间复用只支持 2×2；最大支持 64QAM，下行最大速率支持到 300Mbit/s。

6) TURBO

TURBO（译码器）模块用于 LTE/TD-SCDMA（Time Division-Synchronous Code Division Multiple Access，时分-同步码分多址）/WCDMA 通信模式下的 TURBO 译码，并支持在以上三种通信模式下的部分解速率匹配工作和 TURBO 译码后的处理流程，运算结果通过 DMAD INTERFACE 传出到目标地址。TURBO 可以被 XC4210 访问。

LC1881 的 TURBO 模块兼容 3G-HSPA+（以下简称 3G）和 4G-LTE（以下简称 4G）的通用 Turbo 译码器。4G 模式下，吞吐率可达 400Mbit/s（4 次迭代，大码块，400MHz 时钟）。3G 模式下，吞吐率可达 150Mbit/s（4 次迭代，大码块，400MHz 时钟）。TURBO 模块支持 FIC 总线输入数据，输出数据由 DMAD INTERFACE 传入 DMAD 通道，结果输出支持按字节对齐传。

7) HARQ

LTE 的物理层支持物理下行链路和上行链路共享信道的 HARQ（混合自动重传模块）。LC1881 的 HARQ 模块仅支持下行链路的 HARQ，包括解速率匹配以及 HARQ 合并。解速率匹配是将 DL-SCH 映射到 PDSCH 信道的比特集匹配到译码器的输入端。解速率匹配功能由冗余版本（RV）参数控制。具体的解速率匹配数据比特集由输入比特数、输出比特数以及 RV 参数决定。目前版本不支持 LLR 的压缩和解压缩。

8) PDCCH_HWA

PDCCH 加速器支持 PDCCH 的解映射、解扰、DCI 盲译码等功能。XC4210 可以访问 PDCCH 加速器。

PDCCH 的通信相关功能包括:支持 3GPP R11 TS36.xxx 标准;支持单天线和双天线分集;支持 PDCCH 信道的解映射、解扰和比特级处理,支持最多两个 UE 搜索空间;支持 EPDCCH 信道的解映射、解扰和比特级处理,支持集中式和分布式资源映射;支持两个 Set 的 EPDCCH 信道解映射、解扰和比特级处理,每个 Set 最多支持两个 UE 搜索空间;支持双载波调查。

PDCCH 的总线接口包括一个位宽为 32bit 的 APB 配置接口、一个位宽为 128bit 的 FIC Master 读接口和一个位宽为 128bit 的 FIC Master 写接口。PDCCH 的算法工作时钟为 600MHz,接口工作时钟 FIC 和 APB 都为 600MHz。PDCCH 支持向 XC4210 发出中断,中断使能,并且 PDCCH 支持算法各模块单独复位,以此方法来处理异常。

9) WBRP_HWA

WBRP_HWA 完成 HS-DSCH(High-Speed Downlink Shared Channel,高速下行链路共享信道)的 HARQ 中解第二次速率匹配的处理。通过 FIC Master 从 TCM 读取软比特,经过解速率匹配和软比特合并,将按照要求的数据格式传送给 CTC Decoder,同时将结果存入缓存 RAM,待一个码块完成后,将缓存 RAM 里的数据搬移到 DDR。软件启动本模块以一个 TTI(Transmission Time Interval,传输时间间隔)为单位,而模块内部自行按照码块为单位进行处理,采用单比特流串行的方式。

WBRP_HWA 的下行最大峰值速率为 42Mbit/s,支持 DC(Direct Current,直流电)。用户 HARQ 的 buffer 可以存储 518400 个软比特。WBRP_HWA 还支持 QPSK、16QAM 和 64QAM 这三种调制方式。DMA 在进行数据读取和搬移时能以字节为单位进行寻址,数据搬移长度也能以字节为单位。HWA(包括 CTC Decoder 的处理)可以在 1ms 内完成对 DC(2 倍数据量:$42192\times2bit$)情况时一个 TTI 的比特级处理,按照最多 $15\times2560/16\times3\times6\times2=86400$ 个软比特计算(1 个 TTI 内含 3 个 slot,SF=16,每个 slot 含 15 个码道,每个码道内含 2560 个 chip,64QAM 调制方式,DC 双载波),所需要的时钟数为 184101(ParaCal)+86400×3=443301,那么按照 fclk=600MHz 计算,所需要的时间就为 0.72ms。

10) 混合基 DFT(MRD)

MRD 是 XC4210 子系统的 TCE 模块之一,可以处理 LTE-A Cat.7 和 3G HSPA Rel.11 数据流,输出时域或者频域结果。

MRD 的典型工作频率为 450MHz。配置端口为 APB 从设备接口连接至 XC4210 的 APB 接口。输入数据端口为 FIC 从设备写接口连接至 XC4210 的 MEM 子系统,总线宽度为 128bit,输入 buffer 大小为 8.5KB。有 3 个内部 buffer,大小为 8KB+288B。输出为 AXI 主设备接口,总线宽度为 128bit,输出 buffer 大小为 2.5KB。

MRD 支持正向或者反向的复 FFT、DFT 运算。模块实现了输出数据重新排序功能,根据自然顺序输出。MRD 可以自动缩放或者用户自定义固定缩放。MRD 输入/输出样点的宽度为 16bit。对可配的输入数据可以在首尾两端进行补零处理。对可配的输出数据可以进行提取。MRD 支持 SC-FDMA 频域偏移和线性相位偏移。支持的变换宽度:对于 FFT/IFFT 为 16、32、64、128、256、512、1024 和 2048;对于 DFT/IDFT 为 $12\leqslant 2^p3^q5^r\leqslant 2048$。

11）Despreader

DESP*x* 是 XC4210 子系统的 TCE 模块之一，可以用于 3GPP WCDMA/HSDPA UE 下行链路解扰解扩处理。在本芯片中集成了四个 DESP，分别为 DESP0、DESP1、DESP2 和 DESP3。

DESP*x* 的工作频率为 600MHz，有配置端口、输入数据端口和输出数据端口三个端口。DESP0、DESP1 和 DESP3 的输入数据端口为 FIC 主设备读接口，连接至 XC4210 的 MEM 子系统，总线宽度为 128bit。DESP2 输入数据端口为 AXI 主设备读接口，总线宽度也为 128bit。这四个 DESP 的其他硬件配置一致。配置端口为 APB，它从设备接口，通过 XC4210 的 APB 接口进行访问。输出数据端口为 AXI 主设备写接口，总线宽度为 128bit。

DESP*x* 内有数据格式为 8 比特复数的单输入数据流和数据格式为 16 比特复数的多输出数据流。DESP*x* 可以同时处理 32 路 Gold 码，进行软件配置。解扩参数可以进行配置：扩频因子配置范围为 8、16、32、64、128 和 256，Finger 时延参数也可配置。可单独配置的 Finger 或 Finger 组输出数据地址及偏移。

12）X1643_ICTL

X1643_ICTL（X1643 中断控制器）是用于控制所有 X1643 处理器中断源的模块。它可以产生常规中断请求（IRQ），同时送给 X1643 处理器和 CP_PWR 模块。X1643_ICTL 可以被 X1643、XC4210、TL420 和 CP_A7 访问。

X1643_ICTL 可以产生 19 个常规中断请求，通过矢量中断机制进行软件中断。它有中断使能/屏蔽功能，并且关于软件中断，软件可设 16 级中断优先级。

13）XC4210_ICTL

XC4210_ICTL（XC4210_ICTL 中断控制器）是用于控制所有 XC4210 处理器中断源的模块。它可以产生常规中断请求，同时送给 XC4210 处理器和 CP_PWR 模块。XC4210_ICTL 可以被 XC4210、X1643、TL420 和 CP_A7 访问。

XC4210_ICTL 可以产生 28 个常规中断请求，也是通过矢量中断机制进行软件中断的。它也有中断使能/屏蔽功能，并且关于软件中断，软件也可设 16 级中断优先级。

14）CP_SHRAM0

CP_SHRAM0（CP 共享 RAM0）是一个大小为 256KB 的存储模块，支持 8bit（Byte）、16bit（Halfword）、32bit（Word）、64bit（Double Words）和 128bit 的读写操作，是一个共享存储模块，用于 X1643 和 A7 的交互，以及 X1643 的代码及数据存储，主要用来做多个处理器之间通信的 mail bridge 和 X1643 的任务栈空间，同时存放部分 X1643 的代码和数据。CP_SHRAM0 可以被 CP_A7、XC4210、X1643、TL420 和 DMAG 访问。A7、X1643 和 XC4210 在竞争最恶劣的情况下访问 SHRAM0 的时延要求小于 60ns。

CP_SHRAM0 由带冗余校验的 RAM 组成。通过与 EFUSE 的配合使用，CP_SHRAM0 可以将某个已损坏的 bit line 重映射到冗余的 bit line 上，从而实现自修复。

CP_SHRAM0 整体可断电。

15）CP_SHRAM1

CP_SHRAM1（CP 共享 RAM1）是一个大小为 576KB 的存储模块，支持 8bit（Byte）、16bit（Halfword）、32bit（Word）、64bit（Double Words）和 128bit 的读写操作，是一个共享存储模块，主要用于两路 LTET 固核输出 buffer。CP_SHRAM1 可以被 CP_A7、XC4210、X1643

和 TL420 访问。A7、X1643 和 XC4210 在竞争最恶劣的情况下访问 SHRAM1 的时延要求小于 60ns。

CP_SHRAM1 由带冗余校验的 RAM 组成。通过与 EFUSE 的配合使用,CP_SHRAM1 可以将某个已损坏的 bit line 重映射到冗余的 bit line 上,从而实现自修复。

CP_SHRAM1 整体可断电。

16)CP_SHRAM2

CP_SHRAM2(CP 共享 RAM2)是一个大小为 384KB 的存储模块,支持 8bit(Byte)、16bit(Halfword)、32bit(Word)、64bit(Double Words)和 128bit 的读写操作,是一个共享存储模块,用于 X1643 和 XC4210 间的交互,以及 XC4210 的数据存储。软件准备存放 TDS/GSM(Global System for Mobile,全球移动通信系统)的 Tx/Rx 数据 buffer、W 的 Tx buffer、XC4210 的代码和数据。数据 buffer 访问会用到 RF DMAD,其他的主要是 XC4210 的读写。

CP_SHRAM2 可以被 CP_A7、XC4210、X1643 和 TL420 访问。A7、X1643 和 XC4210 在竞争最恶劣的情况下访问 SHRAM2 的时延要求小于 60ns。

CP_SHRAM2 由带冗余校验的 RAM 组成。通过与 EFUSE 的配合使用,CP_SHRAM2 可以将某个已损坏的 bit line 重映射到冗余的 bit line 上,从而实现自修复。

CP_SHRAM2 整体可断电。

17)CP_SHRAM3

CP_SHRAM3(CP 共享 RAM3)是一个大小为 2816KB 的存储模块,支持 8bit(Byte)、16bit(Halfword)、32bit(Word)、64bit(Double Words)和 128bit 的读写操作,是一个共享存储模块,用来作为 HARQ Memory,且在 HARQ 不需要使用时,能被其他模块访问。CP_SHRAM3 可以被 CP_A7、XC4210、X1643 和 HARQ 固核(包括 LTE 和 WCDMA)访问。A7、X1643 和 XC4210 在竞争最恶劣的情况下访问 SHRAM3 的时延要求小于 60ns。

CP_SHRAM3 由带冗余校验的 RAM 组成。通过与 EFUSE 的配合使用,CP_SHRAM3 可以将某个已损坏的 bit line 重映射到冗余的 bit line 上,从而实现自修复。

CP_SHRAM3 整体可断电。

18)CP_MAILBOX

CP_MAILBOX(CP 系统控制器)用于 CP 侧 CPU 之间的通信,包括 CP 侧 A7 和 X1643 之间互发中断,XC4210 发给 CP_A7 和 X1643 的中断。

同时 CP_MAILBOX 还负责一些模块配置功能,包括各总线仲裁的优先级控制寄存器,CP_A7 启动控制比特,X1643 和 XC4210 的启动地址寄存器。

CP_MAILBOX 可以被 CP_A7、X1643、XC4210 和 TL420 四个 Master 访问。

CP_MAILBOX 的功能特点如下:CP_MAILBOX 控制 CP 侧各 Master 总线的优先级;设置 CP 侧各 Master 的 user;设置 CP 侧发出的访问的安全属性;断电保护模块中断;控制唤醒处于 STANDBYWFE 状态的 CPA7;负责 X1643 和 XC4210 的 Boot 地址和相关控制功能。

关于 XC4210 中断屏蔽功能,CP_MAILBOX 可对 XC4210 输出的 undefined opcode、general violation indication 和 permission 中断提供 mask 位,分别屏蔽不同的中断。

CP 侧 CPU 之间互发中断:CP_A7 发给 X1643 中断(16 个中断源)、X1643 发给 CP_A7 中断(16 个中断源)、XC4210 发给 CP_A7 中断(16 个中断源)、XC4210 发给 X1643 中断(16 个中断源)。以上中断每个中断源为 2bit(当中断状态为 3 时,继续发中断,中断状态保持不变；当中断状态为 0 时，继续清除中断，中断状态保持不变），每个中断源可以独立地屏蔽。发送方置位，接收方清 0。每个中断由四个寄存器控制，包括中断产生寄存器、中断使能寄存器、中断状态寄存器和中断原始状态寄存器。

CP_MAILBOX 还能进行低功耗控制。在 CP_MAILBOX 端口上加入总线监视功能，在一段时间没有访问后就关闭时钟。

19）RFIF

RFIF（射频接口控制器）实现基带芯片对 GSM、TD-SCDMA、TD-LTE、LTE-A（包含 TD-LTE 和 LTE-FDD）、WCDMA 等多模射频芯片以及卫星通信或行业应用射频芯片的控制和数据收发处理，可以被 CP_A7、X1643、XC4210 和 TL420 访问。

RFIF 有 8 套独立定时器，每一套定时器的特点如表 3-1 所示。

表 3-1　定时器特点

定时器	使用者	默认计时频率/MHz	宽度/bit
定时器 0	GSM	1.08	39
定时器 1	TD-SCDMA	10.24	39
定时器 2	TD-LTE	30.72	39
定时器 3	LTE-FDD	30.72	39
定时器 4	WCDMA	15.36	39
定时器 5	通用	30.72	39
定时器 6	通用	30.72	39
定时器 7	通用	30.72	48

定时器 0～6 宽度都为 39bit，其中低 16bit 计数帧内时间点，高 15bit 计数帧号，最高 8bit 计超帧号。定时器 7 的宽度为 48bit，其中低 16bit 计数帧内时间点，高 16bit 计数帧号，最高 16bit 计数超帧号。定时器帧内时间点相位软件可调，可设置帧周期、帧号最大值和超帧号最大值。

每套定时器提供 1 个定时器自控制时间点、1 个定时器外控制时间点、2 个在慢定时器下发出中断或信号的时间点、1 个慢快定时器切换时间点和 1 个周期做自动 32K 时钟校准的时间点。

定时器支持寄存器操作或绝对定时器触发条件锁存各模式定时器间的定时关系，即具有快拍功能。快拍时间精度可达到无线接入模式定时器的精度，提供 8 个周期中断和 8 个非周期中断。

RFIF 提供 12 个时序处理器，每个时序处理器都选择可以被任意一套定时器启动或被周期中断启动。每个时序处理器的指令存储器为 128×32bit，12 个时序处理器共用数据存储器为 2048×32bit。每个时序处理器都可以选择定时器 0～7 作为时间基准。时序处理器可控制基带射频接口、GPO、SPI 和 RFFE 的外设。

SPI 最多支持 5 个从设备，它们都支持标准 SPI 协议和 Skyworks 的 4 线协议，还可支持 DigRF 标准 3 线 SPI 协议，最大数据宽度为 32bit，最大传输速度为 30Mbit/s。数据发送和接收共用一块深度为 256、宽度为 32bit 的 RAM。两个 RFFE Master 最高速度为 26Mbit/s，支持读 Slave 数据时时钟降频，支持 RFFE 规范定义的 7 种命令序列传输。总共有 64 根 GPO 输出，其中低 8 位默认为高电平，高 56 位默认为低电平。

接下来介绍 RFIF 的数据通路特点。

DigRF v4 接口支持 GSM、TD-SCDMA、TD-LTE、LTE-FDD、WCDMA 等模式。并行接口支持 JESD207 标准和 Stream 模式。卫星通信接口支持常规模式和扩频模式两种数据传输模式，常规模式的信道速率可配。

D4G 数据通路支持四路接收和两路发送。RBDP 数据通路支持两路接收和两路发送。

通过设置 HSL 窗口，可灵活支持上下行数据经过截位和拼接进行压缩后导入 HSL 模块或直接导入 HSL 模块。

D4G 数据通路支持下行数据 1/2 或 1/4 抽取。D4G 数据通路下行数据可通过 TFT、LPF、DCPP 窗口分别传输到 LTET、LPF、DCPP 固核中，也可通过 DMAD 窗口经 RF_DMAD 传输到 memory 中。D4G 数据通路上行数据来源可选择 DMAD 或 LTE_AU。D4G 两路上行通路分别包含一个系数可配的 51 阶 FIR 滤波器。D4G 下行通路的 DMAD 通道可以用作 LTE_AU 数据的 debug 通道。

RBDP 数据通路支持下行数据 1/2 或 1/4 抽取。RBDP 数据通路下行数据可通过 DMAD 窗口经 RF_DMAD 传输到 memory 中。RBDP 两路上行通路分别包含一个系数可配的 51 阶 FIR 滤波器。

RFIF 也有低功耗控制功能。

20) DIGRFV4

DIGRFV4 控制器包含 DIGRFV4 主控制模块以及符合 MIPI 协议的 M-PHY，实现无线通信中 2G、3G 以及 LTE 数据在基带与射频之间的传输。DIGRFV4 可以被 CP_A7、X1643、XC4210 和 TL420 访问。

DIGRFV4 兼容 MIPI 联盟发布的 DIGRFV4 协议的 v_1.10.00。它支持 LTE、Mobile WiMAX、3GPP 2.5G 及 3.5G。具有标准的 AMBA-APB 总线接口，可用于配置、控制以及工作状态监测。支持 1 个发送通道(Lane)和两个接收通道。支持慢速(LS)模式、主单倍高速(HS1P)模式、辅助单倍高速(HS1S)模式、主双倍高速(HS2P)模式，以及辅助双倍高速(HS2S)模式五种数据速率。支持 16 个相互独立的 TAS 消息。支持 16bit CRC 及随机的 IDLE 符号传输。支持帧嵌套，但不支持 RHCLC 嵌套 RAS/NACK。支持 Ping 消息、时钟测试模式，以及线路环回模式的链接测试。支持 4bit/8bit/10bit/12bit/14bit/16bit 多种数据宽度的 IQ 符号接口。支持数据帧长度可配置，一个通道时，高速数据传输最大负载 64B，慢速模式传输最大负载 256B，支持自动重传(ARQ)。RX 和 TX 各有 4 个 IQ 缓冲，每个大小为 2KB。

DIGRFV4 集成一个 MIPI M-PHY，该 M-PHY 兼容 MIPI 联盟发布的 v_2.0 规格要求，支持 Tpye-II 模式。M-PHY 支持 HS-BURST 模式防 EMI 干扰相位抖动(Dithering)功能。M-PHY 支持高速模式的数据转换速率可控。M-PHY 支持低速模式下 10~100MHz 基准时钟，高速模式下 19.2MHz、26MHz、38.4MHz 以及 52MHz 四种基准时钟频率。

21) RF_DMAD

RF_DMAD(RF 专用存储器存取控制器)作为 DMA 控制器，用于 Memory 和特定模块之间的数据搬移。RF_DMAD 可以被 XC4210、X1643 和 CP_A7 访问。

RF_DMAD 内含 16 个 DMA 通道，所有通道共享 1 个 AMBA 总线端口。每个 DMA 通道的功能特点如表 3-2 所示。

表 3-2　DMA 通道特点

通道	功能特点
通道 0	Memory（DSP DTCM/SHRAM/DDR RAM）到发送天线 0 的专用读通道
通道 1	Memory（DSP DTCM/SHRAM/DDR RAM）到发送天线 1 的专用读通道
通道 2	Memory（DDR RAM/DTCM/SHRAM）到 LPF1 输入的专用读通道，对应天线 0
通道 3	Memory（DDR RAM/DTCM/SHRAM）到 LPF1 输入的专用读通道，对应天线 1
通道 4	LTE_AU0 的输入 DMAD 的读通道，从 Memory 到 LTE_AU0 的输入 RAM
通道 5	LTE_AU1 的输入 DMAD 的读通道，从 Memory 到 LTE_AU1 的输入 RAM
通道 6	TFT 固核 0 处理结果到 Memory（SHRAM/DDR RAM）的专用写通道
通道 7	TFT 固核 1 处理结果到 Memory（SHRAM/DDR RAM）的专用写通道
通道 8	接收天线 0 到 Memory（DSP DTCM/SHRAM/DDR RAM）的专用写通道
通道 9	接收天线 1 到 Memory（DSP DTCM/SHRAM/DDR RAM）的专用写通道
通道 10	接收天线 2 到 Memory（DSP DTCM/SHRAM/DDR RAM）的专用写通道
通道 11	接收天线 3 到 Memory（DSP DTCM/SHRAM/DDR RAM）的专用写通道
通道 12	接收天线到 Memory（DSP DTCM/SHRAM/DDR RAM）的专用写通道
通道 13	接收天线到 Memory（DSP DTCM/SHRAM/DDR RAM）的专用写通道
通道 14	接收天线到 Memory（DSP DTCM/SHRAM/DDR RAM）的专用写通道
通道 15	接收天线到 Memory（DSP DTCM/SHRAM/DDR RAM）的专用写通道

　　RF_DMAD 这些通道中，写通道内含 36×64bit 的 FIFO 用于暂存 RFIF 的数据。读通道 Read outstanding = 1。写通道 Write outstanding = 1（outstanding = 1 是指下一个交易必须等到当前交易的 response 返回才可以发出）。

　　通道 0～15 的数据传输单位为 B，支持字节地址。

　　RF_DMAD 支持通过寄存器配置 DMA 通道。

　　RF_DMAD 也支持通过链表配置 DMA 通道。用于实现片段数据输入-特定模块和特定模块-片段数据输出。内含 16KB 的 RAM 用于存储 DMA 链表。DMA 通道访问内部 RAM 时采用固定优先级仲裁，DMA 通道优先级可编程。DMA 通道访问内部 RAM 支持 Roll Back 功能，起始地址和结束地址均可编程。

　　RF_DMAD 支持低功耗模式，支持暂停 DMA 通道和强制关闭 DMA 通道。

　　DMA 通道共享 1 个 AXI Master 时采用带优先级的轮询仲裁，通道优先级可编程。

　　DMA 通道之间为互斥关系，XC4210、X1643 和 CP_A7 控制不同 DMA 通道时相互无影响。

　　22）LTET 固核

　　LC1881 采用两套 TFT 固核完成下行符号级算法。双天线非连续载波聚合场景下，每套 TFT 处理一个载波的数据。双天线连续载波聚合场景下，每套 TFT 处理一个天线的数据。LTET 固核为 DMAD 提供了两个 FIFO 接口，双载波场景，两个载波的数据会并行搬出，分别搬到 SHRAM 的不同地址空间。

　　LTET 固核可以被 CP_A7、X1643、XC4210 和 TL420 访问。

　　固核工作时钟频率为 208MHz，完成 AMBA 3.0 总线接口。固核的射频接口和 DMAD 接口均为 FIFO 接口，支持连续载波聚合场。

　　每套 TFT 的输入、输出 RAM 相互独立。输入 RAM 缓存天线接收的数据，为乒乓 RAM，且两个天线的数据分开存储，因此每个 TFT 的输入 RAM 有 4 块，每块大小为 1280×56（等于

2560×28)。输出存放两个符号的数据，因此输出 RAM 有 4 块(两个天线、两个符号)，每块 RAM 大小为 600×56(等于 1200×28)。

下面介绍 LTET 固核的通信相关功能。固核支持 3GPP R11 TS36.xxx 标准。多模方式为 TDD-LTE 模式和 FDD-LTE 模式。固核的带宽为 1.4MHz、3MHz、5MHz、10MHz、15MHz、20MHz、40MHz，这些带宽可以进行调配。在 208M 时钟下，ASIC 版本最大支持 Category 7。固核的天线配置为：支持两天线收，支持连续载波聚合场景，支持天线可配置，可配置为单天线 0、单天线 1 或者双天线。连续载波聚合场景和非连续载波聚合场景的天线配置方式不同。

23) LTE_AU 固核

LTE_AU 固核完成 LTE-Advanced 上行算法功能，LTE_AU 固核可以被 CP_A7、X1643、XC4210 和 TL420 访问。

LTE_AU 固核采用 28nm 工艺，固核工作时钟频率为 208MHz，支持 AMBA 3.0 总线接口，RFIF 和 DMAD 接口均为 FIFO 接口。

下面介绍 LTE_AU 固核的通信相关功能。固核支持 3GPP R11 TS36.xxx 标准。多模方式为 TDD-LTE 模式和 FDD-LTE 模式。固核的带宽为 1.4MHz、3MHz、5MHz、10MHz、15MHz、20MHz、40MHz，这些带宽可以进行调配。固核最大支持 Category 7(兼容 Category 1~6)，可以进行配置。固核支持 5ms、10ms 时隙转换点。支持上行 MIMO，最大支持 2 天线分集发送，支持上行 150Mbit/s 峰值速率。上行支持 QPSK、16QAM、64QAM 调制。上行物理资源映射支持集中式和分布式。上行支持自启动模式，单独发送 SRS 子帧只能是自启动的第一个子帧。LTE_AU 固核支持双载波，最多支持两个载波。

24) DCPP_ACC 固核

DCPP_ACC 固核的主要功能在 DCPP_ACC 模块实现。DinIF 完成固核与射频控制器的接口功能，DoutIF 完成固核与外部存储空间接口功能，AHB_slave 模块完成与软件的接口功能，CRM 完成时钟分配和复位功能，CPPI 模块完成固核内中断的控制、公共寄存器的映射，内部参数 RAM 和数据 RAM 的地址译码和复用功能。各算法流水工作，中间没有数据缓存。

DCPP_ACC 固核采用 28nm 工艺。固核与软件交互用 AHB 接口，总线接口时钟为 208MHz；固核工作时钟和总线时钟是一个时钟；完成与射频控制器的接口功能，FIFO 接口；输出数据接口是 DMA 接口(专用 DMA 搬移数据)；完成 WCDMA 下行前处理；单载波模式/DC 模式可配置；DCO 模块可 Bypass(可以通过特定的触发状态如断电或死机，让两个网络不通过网络安全设备的系统，而直接物理上导通)。

数据流水输出，输出地址可配置，通过 DMAD 输出。输出数据时可在收到指示后完成插入一个样点或者删除一个样点的操作。内部提供计数器，能对样点一直进行计数，每 2560λ 为一个时隙，从硬件启动输入第一个样点开始计数。

25) LPF_HWA

LPF_HWA(低通滤波器)主要用于同频邻区检测和测量数据的滤取。

LPF_HWA 支持以下两种工作模式。

模式 A：处理从 RFIF 过来的数据，进行数字下变频、低通滤波和降采样处理，输出到 DDR/DTCM/SHRAM。LPF 与 RFIF 接口通过 FIFO 连接，LPF 的处理速度要不低于空口数据速率。

模式 B：处理从 DDR/DTCM/SHRAM 过来的数据，进行数字下变频、低通滤波和降采样处理。需要确保如果固核处理速度比 DMA 搬数慢，数据不被覆盖或者丢弃。

LPF_HWA 支持两个载波接收，因此需要两个 LPF：LPF1 和 LPF2。但它只需要一个支持模式 B 即可（这里假设为 LPF1）。

在这两种模式下，LPF 输出数据由 RF_DMAD 写出。滤波系数可配、降采样因子可配、是否进行数字下变频处理可配，支持启动时间单独可控。采用两级低通滤波实现，每一级 21 阶，每一级系数可配，每一级可单独 Bypass，支持滤波器 reset 功能。

26）CP_DMAD

CP_DMAD（CP 专用存储器存取控制器）作为 DMA 控制器，用于 Memory 和特定模块/Memory 之间的数据搬移。CP_DMAD 可以被 XC4210、X1643 和 CP_A7 访问。

CP_DMAD 内含 10 个 DMA 通道，所有通道共享 1 个 AMBA 总线端口。

通道 0～6 都是通用通道，内含一个 18×64bit 的 FIFO，发出的总线 Burst 访问最大值为 8×64bit。通道 7 为专用读通道，HSL0 发送 0（Memory→DMAD→HSL0 发送 2）。通道 8 为专用读通道，HSL0 发送 1（Memory→DMAD→HSL0 发送 3）。通道 9 为专用读通道，HSL0 发送 2（Memory→DMAD→HSL0 发送 4）。读通道的 Read outstanding = 1，通用通道的 Read outstanding = 2、Write outstanding = 2。

数据传输单位为 B，支持字节地址。

CP_DMAD 支持通过寄存器配置 DMA 通道。

CP_DMAD 支持通过链表配置 DMA 通道。用于实现片段数据输入-特定模块/连续数据输出和连续数据输入-片段数据输出。内含 10KB 的 RAM 用于存储 DMA 链表。DMA 通道访问 RAM 时采用固定优先级仲裁，DMA 通道优先级可编程。DMA 通道访问 RAM 支持 Roll Back 功能，起始地址和结束地址均可编程。

CP_DMAD 支持低功耗模式，支持暂停 DMA 通道和强制关闭 DMA 通道。

DMA 通道共享 1 个 AXI Master 时采用带优先级的轮询仲裁，DMA 通道优先级可编程。

DMA 通道之间为互斥关系，XC4210、X1643 和 CP_A7 控制不同 DMA 通道时相互无影响。

27）THU 固核

THU 固核用于完成 TD-SCDMA 的上行数据处理，可以被 XC4210 和 X1643 访问。

THU 固核采用 28nm 工艺，工作时钟为 208MHz。通信相关功能特点为支持 3GPP R4/5/9 TS25.XXX 标准。

28）A5 模块

A5 模块用于实现 A5-1/2/3 加密运算功能，内部包含 A5 加密模块和 KASUMI 加密模块。A5 模块内含大小为 6×32bit 的 FIFO，用于存储加密运算结果，专用的内嵌 DMA 通道用于传输加密运算结果。A5 模块可以通过 XC4210 和 X1643 访问。

29）GEA 模块

GEA 模块用于实现 GEA-1/2/3、F8 和 KASUMI 加密运算功能，内部包含 GEA/F8 加密模块和 KASUMI 加密模块。GEA 模块内含大小为 6×32bit 的 FIFO 用于存储加密运算结果，专用的内嵌 DMA 通道用于传输加密运算结果。可以通过 CP_A7 访问本模块。

30) CP_DMAG

CP_DMAG (CP 通用直接存储器访问控制器) 作为 DMA 控制器, 用于 Memory 到 Memory 的数据搬移。CP_DMAG 可以被 CP_A7、XC4210 和 X1643 访问。

CP_DMAG 内含 12 个 DMA 通道, 所有通道共享 1 个 AMBA 总线端口。每个 DMA 通道内含一个 18×64bit 的 FIFO。每个 DMA 通道发出的总线 Burst 访问最大值为 8×64bit。每个 DMA 通道的 Read outstanding = 2、Write outstanding = 2。

CP_DMAG 的数据传输单位为 B, 支持字节地址。

CP_DMAG 支持通过寄存器配置 DMA 通道。

CP_DMAG 支持通过链表配置 DMA 通道。用于实现片段数据输入-连续数据输出和连续数据输入-片段数据输出。内含 16KB 的 RAM 用于存储 DMA 链表。DMA 通道访问内部 RAM 时采用固定优先级仲裁, DMA 通道优先级可编程。DMA 通道访问内部 RAM 支持 Roll Back 功能, 起始地址和结束地址均可编程。

CP_DMAG 支持低功耗模式, 支持暂停 DMA 通道和强制关闭 DMA 通道。

DMA 通道共享 1 个 AXI Master, 采用带优先级的轮询仲裁, DMA 通道优先级可编程。

DMA 通道之间为互斥关系, CP_A7、XC4210 和 X1643 控制不同 DMA 通道时相互无影响。

31) CIPHERHWA

CIPHERHWA (加解密加速器) 用于实现 TD-SCDMA、WCDMA 和 LTE 的数据加密和解密功能。可以通过 CP_A7 访问 CIPHERHWA。

关于 KDF, CIPHERHWA 支持基于 HMAC-SHA-256 的 KDF 算法。密钥长度为 256bit, 正文长度最大为 512bit, 推导密钥长度为 256bit, 内置两组 KDF 寄存器, 支持两组 KDF 同时工作, 支持寄存器方式。

关于 SCRT, CIPHERHWA 支持 UEA0~UEA2、UIA1~UIA2、EEA0~EEA3 和 EIA1~EIA3 算法。SCRT0 默认用于上行, 可通过配置寄存器更改用途。SCRT1 默认用于下行, 可通过配置寄存器更改用途。SCRT2 用于控制面上的加解密和完整性保护。支持 SCRT0、SCRT1 和 SCRT2 同时工作。UEA0~UEA2 和 EEA0~EEA3 支持通过寄存器/链表配置 DMA。UIA1~UIA2 和 EIA1~EIA3 支持通过寄存器配置 DMA。内含 5 个算子: NO ENCRYPTION 用于实现 UEA0 和 EEA0; KASUMI 用于实现 UEA1 和 UIA1; SNOW_3G 用于实现 UEA2、UIA2、EEA1 和 EIA1; AES 用于实现 EEA2 和 EIA2; ZUC 用于实现 EEA3 和 EIA3。

关于 DCH, CIPHERHWA 内含 6 个 DMA 通道, 所有通道共享 1 个 AMBA 总线端口。每个通道的功能特点如表 3-3 所示。

表 3-3 CIPHERHWA 的 DMA 通道特点

通道	功能特点
CH0	用于从内存中读取数据到 SCRT0
CH1	用于从内存中读取数据到 SCRT1
CH2	用于从内存中读取数据到 SCRT2
CH16	用于把 SCRT0 的加解密结果输出到内存中
CH17	用于把 SCRT1 的加解密结果输出到内存中
CH18	用于把 SCRT2 的加解密结果输出到内存中

单个通道不支持发出 outstanding 操作。CIPHERHWA DCH 最大支持 3 个 outstanding 读操作，7 个 outstanding 写操作。数据传输单位为 B，支持字节地址。支持通过寄存器配置 DMA 通道。CH0、CH1、CH16 和 CH17 支持通过链表配置 DMA 通道：用于实现片段数据输入-片段数据输出；内含大小为 5KB 的 RAM 用于存储 DMA 链表；DMA 通道访问 RAM 时采用固定优先级仲裁，DMA 通道优先级可编程；DMA 通道访问 RAM 支持 Roll Back 功能，起始地址和结束地址均可编程。通道共享 1 个 AXI Master 时采用带加权值的轮询仲裁，通道优先级可编程。

关于 SELF_CONFIG，用于支持一次处理多个逻辑数据单元。一次处理逻辑数据单元的最大数为 70。使用 SCRT 链表时，每个逻辑数据单元可包含[0x1, 0xffff]个分片。使用 SCRT 简短链表时，每个逻辑单元可包含[0x1, 0x3f]个分片，仅用于 UEA1~UEA2 和 EEA1~EEA3。SC0 用于 SCRT0，SC1 用于 SCRT1，SCRT2 不支持 SELF_CONFIG。内含大小为 9KB 的 RAM 用于存储逻辑数据单元链表。

32）IPHWA

IPHWA（IP 硬件加速器）包括 DPACC（UMTS 下行移位加速器）和 UPACC（UMTS 上行移位加速器）。IPHWA 可以被 CP_A7 和 X1643 访问。

IPHWA 内含两个 DMA 通道，分别为 CH2（DPACC）和 CH3（UPACC），所有通道共享 1 个 AMBA 总线端口。CH2 和 CH3 均内含一个 18×64bit 的 FIFO，均支持发出 1 个 outstanding 读操作。PHWA DCH 最大支持 3 个 outstanding 读操作和 7 个 outstanding 写操作。CH2 和 CH3 的数据传输单位为 bit，支持比特地址。

支持通过寄存器配置 DMA 通道。

支持通过链表配置 DMA 通道。内含大小为 4KB 的 RAM 用于存储链表（下行数据链表和 UPACC 链表）。DMA 通道访问 RAM 时采用固定优先级仲裁，DMA 通道优先级可编程。DMA 通道访问 RAM 支持 Roll Back 功能，起始地址和结束地址均可编程。

通道共享 1 个 AXI Master 时采用带优先级的轮询仲裁，通道优先级可编程。

33）HSL 模块

HSL 为 LC1881 的高速 Trace 接口，实现 CP_A7、XC4210、X1643、CP_DMAD、RFIF 等模块与外部 PC 的数据传输功能。HSL 外部接口遵守 Cypress 定义的 GPIF II 时序，建议通过外挂 Cypress 公司 USB 3.0 芯片 CYUSB3014，将高速 Trace 接口信号转换成 USB 3.0 信号，通过 USB 传输线输入 PC，PC 通过工具软件接收、缓存、解包、显示高速 LOG 信息。

CP_A7、XC4210、X1643、CP_DMAD 和 RFIF 等模块可以访问 HSL，其中 CP_A7、X1643 和 XC4210 可以通过总线方式，也可以通过配置 CP_DMAD 方式访问 HSL。

HSL 含有一个 AXI Slave 接口通道：支持对内部寄存器的读写操作；数据总线位宽为 32bit；对应通道 0，通过通道 0，软件也可以访问内部物理通道 FIFOn（n=0~3）。

HSL 含有 10 个 FIFO 接口通道：支持被动的 PUSH 操作；通道 1~3 对应 DMAD，通道 4~7 对应 RFIF 上行 0~3，通道 8~9 对应 RFIF 下行 0~1（各通道数据位宽为 64bit 或 32bit，具体到每一个通道究竟采用怎样的位宽：DMAD 通道位宽为 64bit，RFIF 通道位宽为 32bit），通道 10 对应 DDR_PWR 的 Trace 数据通道。

HSL 外部接口为 GPIF II：支持专用线程标志；支持线程选择；支持同步 FIFO 写操作；数据总线宽度为 16bit；接口时钟最大为 100MHz，可调范围请参考 CP_PWR 模块寄存器——CP_PWR_GPIFCLK_CTL。

内嵌 4 个访问 HSL 的 Master 专用 FIFOn(n=0～3)，用乒乓 RAM 实现(这种结构是将输入数据流通过输入数据选择单元等时地将数据流分配到两个 RAM 缓冲区。通过两个 RAM 读和写的切换，来实现数据的流水式传输)，每个 FIFO 内部有两块 1024×16bit 的单口 RAM。

内嵌一个 FIFO4 供存储组包后的数据，其规格为 64×16bit，写时钟为 HSL 工作时钟，读时钟为 GPIF 接口时钟。

34)CP_PWR

CP_PWR(CP 功耗控制模块)是 CP 侧实现功耗控制、时钟管理、复位控制及电源管理的模块，用于控制 CP 侧的全局功耗，产生各模块所需时钟及复位信号，并负责对特定模块进行电源管理。CP_PWR 可被 CP_A7、XC4210、X1643 和 TL420 访问。

CP_PWR 进行 CP 侧各时钟管理：产生和管理各模块所需时钟。进行 CP 侧各功能模块的复位控制，实现 CP 侧不同部分的功耗控制。有专用睡眠唤醒电路，用于处理 CP 睡眠进入和唤醒过程，还负责 CP 侧相关模块的电源管理功能。

35)RTC

LC1881 集成一个 RTC(实时时钟)模块，可用来实现天、时、分、秒的显示，产生定时中断等功能。RTC 模块可以被 CP_A7、X1643、XC4210 和 TL420 访问。

RTC 模块各中断可分别屏蔽；可以长时期稳定运行，支持连续运行约 90 年；计时可以精确到秒；可直接读取日、时、分、秒；可读取秒内计数值；可产生三个定时中断；可任意指定一周中的某一天或几天发生中断；计数器向上计数；用户可以控制计数器是否使能；用户可以通过配置 CP_PWR 模块的软复位控制寄存器复位 RTC。

36)CP_WDT

CP_WDT(CP 看门狗)用于监视 CP_A7，中断也送到 CP_A7。CP_WDT 模块可以被 CP_A7、X1643、XC4210 和 TL420 访问。

CP_WDT 的计数器宽度为 32bit。有两种工作模式，用户可以根据需要选择不同的工作模式。计数器计数到 0 时发生超时，用户可以编程设置超时时间。在 CP_WDT 工作期间用户可以修改超时时间，而且用户可以在任意时刻重启计数器。用户可以通过写 CP_PWR 模块的软复位控制寄存器 2(CP_PWR_RSTCTL2 寄存器)使 CP_WDT 复位，解决问题。

37)CP_TIMER

LC1881 的 CP_TIMER(CP 定时器)内部共有 4 个独立可编程的定时器：CP_TIMERx(x=0, 1, 2, 3)。CP_TIMER 可以被 CP_A7、X1643、XC4210 和 TL420 访问。

CP_TIMER 内部集成了 4 个独立可编程的定时器，定时器的数据宽度为 32bit。CP_TIMER 支持两种工作模式：自运行模式和用户定义计数模式。每个定时器都有独立的时钟和独立的中断，并且支持同时清除 4 个定时器中断。

38)智能卡接口控制器(SIM0、SIM1)

智能卡接口控制器实现 ISO7816 标准，完成与 SIM 卡(智能卡)接口的功能。系统中有两个智能卡接口控制器：SIM0 和 SIM1。

智能卡接口控制器提供对 SIM 卡 x(x=0, 1)的驱动接口，将处理器通过总线发来的数据保存在发送缓冲器(发送 FIFO)中，并以符合 ISO7816 标准的信号形式放到外部端口，同时接收 SIM 卡返回的数据，存于内部的接收缓冲器(接收 FIFO)中，并以中断的方式通知处理器。

同时，智能卡接口控制器还提供对 SIM 卡 x(x=0, 1)接口中时钟(simx_clk_out)和复位

(simx_rst)的控制，用户可以通过此模块向 SIM 卡 x(x=0, 1)发出复位信号、接收 ATR 响应、规定接口速率、发送命令和接收应答。

SIM0 和 SIM1 可以被 CP_A7、XC4210、X1643 和 TL420 访问。

智能卡接口控制器基于 ISO7816 协议标准，完成 T=0、T=1 协议，实现接收字符的校验功能；支持产生和接收重发 NACK 标志；支持标准速率和增强速率；实现自动初始字符检测。提供通用定时器，用于产生实现 ATR 和接收检测的定时功能，接收方向提供 16×10bit 的 FIFO；发送方向提供 16×8bit 的 FIFO；提供各种事件中断，通知处理器完成收发任务。

3.1.8 TOP 功能模块

除了 AP 和 CP，LC1881TOP 还包含一个音频子系统，其内部包含了 DSP（TL420）、TOP_RAM、TOP_DMAG、TOP_DMAS、TOP_MAILBOX 和 PCM_I2S 等模块，其结构框图如图 3-5 所示。

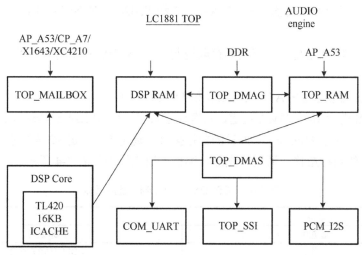

图 3-5　TOP 侧结构框图

1) TL420

TL420（音频数字处理器）是基于 CEVA-TeakLite-4 架构的定点 DSP，提供高性能、低功耗的音频和语音处理。

TL420 的典型工作频率为 312MHz，它的指令 RAM 为 128KB，数据 RAM 为 128KB。它有指令 Cache 为 16KB，没有数据 Cache。TL420 包含 2 个 64bit AXI Master 总线：指令 Master 总线和数据 Master 总线。TL420 还包含 1 个 64bit AXI Slave 总线：RAM Slave 总线。

TL420 支持断电。TL420 支持语音（Voice）配置（包含音频（Audio）的配置）。它有两个 16×16 MAC 单元，支持 SIMD（单指令多数据流）操作和 16bit 精度操作，支持 2-cycle 的 FFT 单精度蝶形运算和单周期的除法运算。

2) TL420_ICTL

TL420_ICTL（TL420 中断控制器）是用于控制所有 TL420 处理器中断源的模块，可以产生常规中断请求，同时送给 TL420 处理器和 DDR_PWR 模块。

TL420_ICTL 模块可以被 AP_A53、CP_A7、X1643、XC4210 和 TL420 访问。

TL420_ICTL 可以产生 18 个常规中断请求，支持软件中断，中断使能/屏蔽功能，软件可设 16 级中断优先级。TL420_ICTL 实行矢量中断机制。

3）TOP_DMAG

TOP_DMAG（TOP 通用直接存储器访问控制器）作为 DMA 控制器，用于 Memory 到 Memory 的数据搬移。

TOP_DMAG 可以被 CP_A7、AP_A53 和 TL420 访问。

TOP_DMAG 内含两个 DMA 通道，所有通道共享 1 个 AMBA 总线端口。每个 DMA 通道内含一个 18×64bit 的 FIFO。每个 DMA 通道发出的总线 Burst 访问最大值为 8×64bit。每个 DMA 通道支持发出 1 个 outstanding 读操作，不支持发出 outstanding 写操作。

TOP_DMAG 的数据传输单位为 B，支持字节地址，支持通过寄存器配置 DMA 通道。

TOP_DMAG 支持低功耗模式，支持暂停 DMA 通道和强制关闭 DMA 通道。

DMA 通道共享 1 个 AXI Master 时采用带优先级的轮询仲裁，DMA 通道优先级可编程。

DMA 通道之间为互斥关系，CP_A7、AP_A53 和 TL420 控制不同 DMA 通道时相互无影响。

4）TOP_DMAS

TOP_DMAS（TOP 精简直接存储器存取控制器）作为 DMA 控制器，用于外设和 Memory 之间的数据搬移。

TOP_DMAS 可以被 CP_A7、AP_A53 和 TL420 访问。

TOP_DMAS 内含 10 个 DMA 通道，所有通道共享 1 个 AMBA 总线端口。通道 0～通道 4 为外设发送通道，用于 Memory 到外设的数据搬移。通道 8～通道 12 为外设接收通道，用于外设到 Memory 的数据搬移，通道优先级可编程。通道用途如表 3-4 所示。

表 3-4 TOP_DMAS 的 DMA 通道用途

通道	用途
通道 0	I2S0 发送
通道 1	COM_UART 发送
通道 2	COM_PCM 发送
通道 3	I2S1 发送
通道 4	TOP_SSI 发送
通道 5	无效
通道 6	无效
通道 7	无效
通道 8	I2S0 接收
通道 9	COM_UART 接收
通道 10	COM_PCM 接收
通道 11	I2S1 接收
通道 12	TOP_SSI 接收
通道 13	无效
通道 14	无效
通道 15	无效

TOP_DMAS 的外设发送通道源地址连续递增，目的地址不变，为外设的 FIFO 地址。外设发送通道宽度可设为 Byte、Halfword 和 Word。传输长度也可设置，单位为 B。源缓冲区起始地址为字节地址，外设发送通道支持单 Block 传输方式和连续 Block 传输方式。

TOP_DMAS 的外设接收通道源地址不变，为外设的 FIFO 地址，目的地址连续递增。外设接收通道宽度可设为 Byte、Halfword 和 Word。外设接收通道支持 Block 传输方式和不定长传输方式。

Block 传输方式的传输长度可设，单位为 B。目标缓存区起始地址与 4B 对齐，缓冲区大小为 4B 的整数倍。

不定长传输方式启动后，DMA 通道自动检测并接收数据，内部缓存够 32B 的数据后写入目标缓冲区。目标缓冲区支持循环缓冲区，CPU 可以把 DMA 通道内部缓冲区残存数据 Flush 到目标缓冲区中，支持硬件检测外设活动状态，在一定时间间隔（软件可设）内无数据到达时，将内部缓冲区残存数据写入目标缓冲区中，并发出中断。

5）CP_BOOT_RAM

CP_BOOT_RAM（CP 启动 RAM）是一个大小为 4KB 的存储模块，支持 8bit（Byte）、16bit（Halfword）、32bit（Word）和 64bit（Double Words）的读写操作。

CP_BOOT_RAM 可以被 AP_A53、CP_A7、XC4210、X1643 和 TL420 访问。

6）TOP_RAM

TOP_RAM 是一个大小为 448KB（7 块 8192×64bit 的 RAM 组成）的存储模块，支持 8bit（Byte）、16bit（Halfword）、32bit（Word）、64bit（Double Words）的读写操作。TOP_RAM 可被 AP_A53、CP_A7、XC4210、X1643 和 TL420 访问。

TOP_RAM 由带冗余校验的 RAM 组成。通过与 EFUSE 的配合使用，TOP_RAM 可以将某个已损坏的 bit line 重映射到冗余的 bit line 上，从而实现自修复。

TOP_RAM 内部的 RAM 分为以下 4 部分。

Local_ram0：起始地址 0xF804_0000，128KB，为可断电 RAM。

Local_ram1：起始地址 0xF806_0000，64KB，为 Recovery_RAM，此 RAM 不可断电。通过 BP147 送入的 rev_lock 控制写使能，当 rev_lock 为 1 时，Local_ram1 不能被改写。通过 BP147 的 TZPCR2SIZE、TZPCR3SIZE 划分安全区域。

Local_ram2：起始地址 0xF807_0000，64KB，为 TL420 音频编解码用，可以断电。

Local_ram3：起始地址 0xF808_0000，192KB，主要用于 AP 侧安全应用（SEC_RAM），可断电。通过 BP147 的 TZPCR0SIZE、TZPCR1SIZE 划分安全区域。

7）TOP_MAILBOX

TOP_MAILBOX（TOP 系统控制器）模块主要包括如下功能：CPU 之间互发中断、Master 总线优先级控制、流量监控组定义、多 CPU 仲裁和芯片温度检测。同时，该模块还包含其他一些模块配置功能，如低功耗控制、Trigger 寄存器等。

TOP_MAILBOX 可被 AP_A53、CP_A7、X1643、XC4210 和 TL420 五个 Master 访问。

接下来介绍 TOP_MAILBOX 的各种功能特点。

（1）CPU 之间互发中断的功能特点。到 CP_A7 及 X1643 的中断有 64 个中断源，到 AP_A53 的 GIC 的中断有 64 个中断源，到 TL420 的中断有 16 个中断源。以上中断的每个中断源为 2bit（当中断状态为 3 时，继续发中断，中断状态保持不变；当中断状态为 0 时，继续清除中断，中断状态保持不变），每个中断源可以独立屏蔽。发送方置位，接收方清 0。每个中断由四个寄存器控制，包括中断产生寄存器、中断使能寄存器、中断状态寄存器和中断原始状态寄存器。其中，到 CP_A7 及 X1643 的 64 个中断源，每个中断源到 CP_A7 和到 X1643 分别有独立的中断使能和中断状态寄存器。每个中断源到 CP_A7 和到 X1643 共用中断产生寄存器和中断原始状态寄存器。

(2) 模式控制寄存器的功能特点。模式控制寄存器控制所有 Master 的总线优先级。总线的优先级包括 ARQOS[3:0] 和 AWQOS[3:0]，读写可分别配置，0～15 可配置，0 为最低优先级，15 为最高优先级。总线优先级在 Master 的源端配置，各 Master 访问的优先级通过总线传递到 DDR 的 ARPRIORITY 及 AWPRIORITY 信号上。相关寄存器支持互斥处理，配置某个 Master 的 QoS 值时，要把该 Master 的低功耗功能关闭。

(3) 低功耗控制的功能特点。TOP_MAILBOX 模块 AHB 端口支持低功耗功能，当总线空闲一段由软件配置的时间后，硬件会自动关闭时钟。低功耗功能可由软件配置是否使能。

(4) 仲裁器的功能特点。TOP_MAILBOX 包含 16 个仲裁器，可用于 8 个处理器核之间的仲裁。对于仲裁器的使用，建议采用如下方式以节省功耗，以 A7 为例，CP_A7 和 AP_A53 在请求仲裁器的信号量时，需要反复读取仲裁器的状态。为了节省功耗，在请求失败需要循环读取仲裁器时，可以加入 WFE(Wait for Event) 指令，此时可进入低功耗状态，程序暂停执行，等待其他 CPU 发出 SEV(Send Event) 指令 (仅限于 AP_A53) 或者写寄存器 TOP_MAIL_APA53_TRIG 或 TOP_MAIL_CPA7_TRIG 的相应位，使它被唤醒后重新读取。event_trigger 信号持续时间为一个 COM_APB 时钟周期。AP_A53 中，WFE 配置可令处理器进入浅睡状态，但不能进入深睡状态，一旦有中断到来，立即跳转到 Wake 状态执行。

(5) Trigger 寄存器的功能特点。TOP_MAILBOX 模块包含 CP_EVENT_TRIGER 和 AP_EVENT_TRIGER 寄存器，分别连接到 CP_A7 和 AP_A53 的 event_i 信号上，用于将 CP_A7 和 AP_A53 从 WFE 中唤醒。

(6) 流量监控组定义的功能特点。流量监控统计是基于组进行的，组的定义为 AR Channel 的 ARUSER[3:0] 和 AW Channel 的 AWUSER[3:0] 比特，一共有 16 个组。组的信息是由各 Master 经由总线传递到 DDR 控制器的总线上的，组的定义在 TOP_MAILBOX 中，总线上每个 Master 都可以独立定义，这样根据组的定义，可以统计某个 Master 的流量，也可以统计某几个 Master 的组合流量。配置某个 Master 的 USER 值时，要把该 Master 的低功耗功能关闭。

AP 和 CP 总线访问错误状态寄存器。

8) DDR_PWR

DDR_PWRTOP(功耗控制模块)用于产生顶层的各个子模块的时钟、复位控制和低功耗控制。CP_A7、AP_A53、TL420、XC4210 和 X1643 都能够对 DDR_PWR 进行访问。

DDR_PWRTOP 能产生顶层模块的各个子模块的时钟信号，包括总线时钟和模块工作时钟，并且控制时钟的开启和关断；支持各模块的软件复位操作，能够自动调整 MEMCTL 的时钟频率。它可以在正常工作和睡眠状态下调整 PLL 的配置，也可以在 AP_PWR/CP_PWR 的控制下进行睡眠和唤醒操作。DDR_PWRTOP 支持 MEMCTL、TL420 和 TOP_RAM 模块的电源管理，能够同时对任意 8 个组进行读写访问流量统计。对顶层总线、MEMCTL 和 TL420 进行功耗控制，控制 TL420 启动地址，支持 COM_UART 时钟关断保护，包含一个绝对定时器和一个通用计数器。

9) COM_UART

UART 是通用异步收发控制器，用于芯片和外部设备进行数据接收和发送。用户可以对传输的字符长度、波特率和奇偶校验等进行设置。

LC1881 的 COM_APB 部分集成了 1 个 UART(COM_UART)。COM_UART 不支持自动流控工作模式，可以被 AP_A53、CP_A7、X1643、XC4210 和 TL420 访问。

UART 是基于 16550 标准的，它支持可编程 THRE 中断模式。收发 FIFO 的深度均为 16，宽度均为 8bit。可以设置 FIFO 的中断阈值和是否使用 FIFO，还可以设置串行数据传输帧格式和串口波特率，默认串口波特率为 115200，最高可设置为 4M(需要在 DDR_PWR 模块中对 COM_UART 工作时钟进行设置)。通过使用 TOP_DMAS 模块的传输通道支持 DMA 硬件握手，支持时钟关断保护功能(使能控制在 DDR_PWR 中控制)。

10) COM_I2C

COM_I2C(I²C 接口控制器)主要实现了 I²C 接口。LC1881 中集成 1 个可供 AP 和 CP 共同访问的 I²C 模块 COM_I2C。该模块挂在 COM_APB 总线上，可以被 AP_A53、CP_A7、X1643、XC4210 和 TL420 访问。

COM_I2C 包含 2 线 I²C 串行接口。传输速度有三种：标准模式下为 100Kbit/s；快速模式下为 400Kbit/s；高速模式下为 3.4Mbit/s。COM_I2C 作为 I²C Master 工作，支持多 Master 方式(总线仲裁)，并且在多 Maste 情况下支持时钟同步。COM_I2C 支持 7bit 或 10bit 寻址。可编程的 SDA 保持时间。它包含位宽为 8bit、深度为 16 的发送 FIFO 和位宽为 8bit、深度为 16 的接收 FIFO。

11) TOP_SSI

SSI(串行接口控制器)是用于和外部同步串行接口通信的模块。SSI 支持 Motorola SPI 协议和 TI SSP 协议，TOP_SSI 为同步串行主设备接口。

TOP_SSI 模块可以被 CP_A7、TL420、X1643、XC4210 和 AP_A53 访问。

TOP_SSI 模块具有可分别使能的中断。用户可调整数据传输速率，TOP_SSI 主设备最大传输速率为 top_ssi_mclk/2，并且 top_ssi_mclk 上电默认值为 19.5MHz。用户可设置数据帧格式(4~16 位)。TOP_SSI 的接收 FIFO 和发送 FIFO 的深度均为 16，宽度均为 16bit。TOP_SSI 与 TOP_DMAS 的接收硬件和发送硬件握手。TOP_SSI 具有 1 根串口使能/帧同步信号线，可以连接 1 个从设备。

12) PCM_I2S

PCM_I2S 为接口控制器。PCM_I2S_0、PCM_I2S_1 和 PCM_I2S_2 为三个完全相同的模块，但是分别连接不同的硬件接口，从而实现不同的功能：PCM_I2S_0 的对应硬件接口为 I2S0，PCM_I2S_1 的对应硬件接口为 I2S1，PCM_I2S_2 的对应硬件接口为 COM_PCM0/COM_PCM1。

每一组接口都支持 PCM 和 I2S 两种接口协议。

其中，PCM_I2S_2 对应 COM_PCM0/COM_PCM1 两套硬件信号接口，这两套接口共用一套寄存器（即 PCM_I2S_2 对应的所有寄存器），二者不能同时工作，可在 MUX_PIN 模块的寄存器 MUXPIN_PCM_IO_SEL 配置 COM_PCM0 或者 COM_PCM1 接口使能。

I2S(Inter-IC Sound)模式时，支持 TDM 串行接口和标准 I2S 接口。

I2S 总线是针对数字音频处理的串口连接协议。接口模块中数据接收 FIFO 和数据发送 FIFO 用于缓存数据，完成数据的串并转换。即外部音频数字信号经移位寄存器转换为并行数据后写入接收 FIFO；内部总线数据写入发送 FIFO 中，数据经移位寄存器转换为串行数据以 I2S 总线协议传输到外部标准数字音频处理芯片。

PCM_I2S 支持标准 I2S 串口协议，可以连接支持 I2S 协议的标准数字音频处理芯片。根据控制信号的源头不同，支持 Master(控制信号由 PCM_I2S 模块给出)和 Slave(控制信号由外部数字音频处理芯片给出)方式。左右声道的字长支持 16bit、24bit 和 32bit。

TDM(Time Division Multiplexed)串行接口，通过单根数据线传输多个通道的音频数据。接口模块中数据接收 FIFO 和数据发送 FIFO 用于缓存数据，完成数据的串并转换，即外部音频数字信号经移位寄存器转换为并行数据后写入接收 FIFO；内部总线数据写入发送 FIFO 中，数据经移位寄存器转换为串行数据以 TDM 协议传输到外部标准数字音频处理芯片。

TDM 串行接口时序支持两种时序模式，一种是通道(时隙)起始与帧同步信号的上升沿对齐，另一种是通道(时隙)起始比帧同步信号的上升沿 delay 一个 SCLK 时钟周期。支持 Master(控制信号由 PCM_I2S 模块给出)和 Slave(控制信号由外部数字音频处理芯片给出)方式。每帧通道(时隙)数目可配置，每帧支持 2、3、4、5、6、7 或 8 个通道(时隙)。其中每个通道(时隙)长度固定为 32bit，并且每个通道(时隙)有效位可配置，支持 16bit、18bit、20bit 或 24bit，数据左对齐。

PCM 模式支持 4 线串行接口，可用于连接音频 codec 芯片或 Bluetooth 芯片。

PCM 接口接收和发送支持最多 4 个 slot，接收和发送通道的 slot 个数相同。每个 slot 包含 16bit 数据，接收通道数据以 32bit 写入接收 FIFO 中；发送数据从发送 FIFO 中读出，32bit 均为有效数。接收和发送数据在内存中以小端格式存放。对于每个 slot，先收到的数据为高位，发送时从每个 slot 的高位数据开始发送(不支持 LSB first 方式)。

PCM 接口也支持 Master 和 Slave 两种工作模式。在 Master 方式中，帧信号、SCLK 信号由 PCM_I2S 模块产生。在 Slave 方式中，帧信号、SCLK 由引脚输入。

在单通道模式下，PCM 接口接收支持两种帧头格式，帧头信号的上升沿或下降沿表示一帧开始。软件可配置模块在 SCLK 的上升沿或下降沿采样输入数据，在 SCLK 的上升沿或下降沿输出数据。在 Master 模式下，如果软件配置模块在 SCLK 上升沿输出数据，则模块输出的帧头信号与 SCLK 上升沿同步，如果软件配置模块在 SCLK 下降沿输出数据，则模块输出的帧头信号与 SCLK 下降沿同步。帧长度对应的 SCLK 时钟个数大于 slot 个数乘以 16 的情况，PCM 接口是支持的。

SCLK 时钟相位可配置翻转，Master 模式下，软件可控制输出 SCLK 相位与 PCM_I2S 模块内部采样或驱动输出数据的 SCLK 相位反相；Slave 模式下，软件可配置输入 SCLK 相位反相。

PCM 接口数据线上第一个输出数据，可以和帧信号同时出来，也可以滞后帧信号一个时钟周期。

模块内部包含接收 FIFO 和发送 FIFO 用于缓存数据。DMAS 通道将输出数据写入发送 FIFO 中，PCM 模块通过 PCM 接口将数据发送到片外接收设备；从芯片 PCM 接口输入的数据写入接收 FIFO，然后由 DMAS 读出到软件指定的内部存储空间。

模块支持 32bit APB 总线接口，接收数据 FIFO(32×32bit)缓存外部音频数据信号。发送数据 FIFO(32×32bit)缓存内部总线(COM_APB)数据，可以中断输出。

PCM_I2S 接口控制器可被 CP_A7、X1643、XC4210、TL420 和 AP_A53 访问。

13) MUX_PIN

MUX_PIN(引脚复用控制器)模块主要完成芯片外部引脚的功能选择、上下拉配置、测试引脚配置、引脚电压控制、引脚驱动能力控制等功能。

MUX_PIN 可以被 AP_A53、CP_A7、TL420、XC4210 和 X1643 访问。

MUX_PIN 可以配置内部不同的功能端口到外部引脚；配置外部引脚的上下拉；配置内部信号通过 test_pin 引脚引出进行观测；配置部分引脚的电压；配置引脚驱动能力。

14）BP147

BP147（安全属性控制器）为安全设置模块，只能被安全模式访问。它用于控制 TOP_RAM 的安全区域划分、AP 及 TOP 侧 DMA 各通道的安全属性和通道参数锁定。除此之外，还用于 MUX_PIN 中一些外设和一些安全时钟或复位的配置锁存信号。

BP147 模块可以被 AP_A53、TL420、XC4210、X1643 和 CPA7 访问。

BP147 控制 TOP_RAM 的安全区域划分和第一个 64KB 的 RAM 不被改写，控制 AP_DMAS/TOP_DMAS/TOP_DMAG 各通道的安全属性和参数锁定；控制 CP 到 DDR 和 TOP 的地址映射，TOP 到 CP 的地址映射；负责安全时钟或复位的配置锁存和 MUX_PIN 中 GPIO 的配置锁存信号。

15）TZC400

TZC400（TrustZone Address Space Controller，地址空间控制器）对传送交易执行安全检查，最大支持 4 个 filter unit，可以使用 TZC400 创建 8 块单独的地址空间，每块地址空间都可设置是否使能某个 filer unit，每个地址空间可分别进行安全属性设置。任何交易必须满足安全属性需求才能通过过滤器到达与其相连接的存储器或外设。根据需求，采用两块 TZC400，一块采用 4 个 filter，一块采用 1 个 filter（与 CCI_DDR 相连），分别称为 TZC0、TZC1。

TZC 模块可以被 TL420、CP_A7、X1643_D、XC4210_D、TL420_D 和 AP_A53 访问。

TZC 模块可以设置 8 个区域起始地址和尾地址，针对每个 filter 可配置寄存器实现在哪个区域使能。安全访问与非安全访问通过 filter 可通过寄存器配置实现，可以软件控制实现过滤器的开与关。针对非安全访问能否通过 filter 可通过 NSAID 与 TZC 相关寄存器位匹配成功与否实现。违反安全属性的访问会导致产生中断，违反信息可以通过软件读取。

16）GPIO

GPIO（通用 IO 控制器）是通用引脚输入输出控制器。GPIO 模块内包含 224 个 IO 端口（GPIO0～GPIO223）。SEC_GPIO 模块内包含 10 个 IO 端口。

GPIO 模块可以被 CP_A7、X1643、XC4210、TL420 和 AP_A53 访问。

GPIO 的 224 个 IO 端口均可独立配置，可分别配置为数据输入、数据输出、中断输入工作模式，均支持独立配置中断寄存器。GPIO 的中断输出到 CP_A7、X1643、XC4210、TL420 和 AP_A53，它们有自己独立的中断屏蔽寄存器和中断状态寄存器。

GPIO 的 224 个 IO 端口均支持多种类型的中断输入信号，包括高电平中断、低电平中断、gpio_clk（32K 时钟）上升沿中断、gpio_clk 下降沿中断、gpio_clk 沿中断、pclk（APB 总线时钟）上升沿中断、pclk 下降沿中断、pclk 沿中断。

可以用去毛刺操作来过滤外部中断输入信号，小于一个 gpio_clk（32K 时钟）周期的干扰脉冲输入将被去毛刺操作过滤掉。GPIO 的 224 个 IO 端口均可独立设置是否使能去毛刺操作。

17）SDMMC3

LC1881 芯片有四个 SDMMC 接口控制器，其中 SDMMC3 接口控制器位于 TOP 层，挂在 TOP_CTRL_BUS 总线下。本书只介绍 SDMMC3。

SDMMC3 接口控制器可以控制外部 SD memory、SDIO、MMC 与芯片进行数据和信息交换。

SDMMC3 接口控制器可被 TL420、CP_A7、X1643 和 AP_A53 访问。

SDMMC3 的 FIFO 宽度为 64bit，深度为 128。它支持 4 根数据线，支持多种类型的存储卡：SD 存储器(SD 3.0 协议的 SD 存储卡)、SDIO(SDIO 3.0 协议的 SDIO 接口)、MMC(MMC 4.41 协议)和 eMMC(eMMC 4.51 协议，兼容之前版本)；支持通过关闭卡时钟，防止 FIFO 溢出；支持退出 busy 状态时发生中断；支持命令完成信号和中断；支持 CRC 生成和错误检测；支持可编程波特率。但 SDMMC3 不支持安全访问属性，安全的和非安全的交易都能够访问 SDMMC3 控制器的各个寄存器；也不支持 HS400 模式。同时 SDMMC3 还提供时钟控制，支持挂起和恢复操作，支持读等待，支持 block size1-65535B。

18) SDIO_S

SDIO 控制器是支持全速和高速的卡控制器。SDIO 控制器支持 1bit SD、4bit SD 总线模式，它具有 AHB Slave 和 Master 接口，分别用于 ARM 处理器配置 SDIO 寄存器和数据的 DMA 传输。SD Host 需要通过命令来访问 SDIO 控制器。

SDIO 控制器满足 3.0 版本的 SDIO 卡协议，支持到 SD Host 控制器的异步中断；使用新的功耗状态控制功能增强功耗管理；支持读等待操作和挂起/恢复操作；支持 1bit，4bit SD 模式；支持功能 0 和功能 1。Master 接口具有 Scatter Gather DMA 功能，支持 CRC 的生成和校验；支持直接读写命令 CMD52 和扩展读写命令 CMD53；支持两种操作电压范围为 2.7~3.6V 和 1.7~1.9V。

19) MEMCTL

LC1881 配置了单通道外部存储器控制器 MEMCTL，实现片内总线和外部存储器之间的数据传输。它将外部存储器映射到芯片内部的地址空间，当片内总线对此地址空间进行操作时，MEMCTL 将总线上的操作转化为对芯片外部存储器的操作，最大支持 3GB。

MEMCTL 可外接 LPDDR2/LPDDR3 存储器，数据宽度为 32 位，2 位片选。MEMCTL 的内部寄存器和外部存储器对应不同的地址区域。MEMCTL 内部寄存器分为 DDR 控制器和 DDR PHY 两部分。

MEMCTL 有 5 个 AXI 数据总线接口和 1 个控制寄存器接口，还有 1 个外部低功耗接口，可通过其控制 DDR 控制器进入低功耗状态。它支持 LPDDR3/LPDDR2 存储器，最高可支持 100~933MHz 时钟的外部存储器。还支持自动时钟关断(clock-stop)、掉电模式(power-down) 和自刷新(self-refresh)功能，支持自动刷新(auto-refresh)，刷新间隔软件可配；支持自动预充电(auto pre-charge)功能，自刷新状态可软件配置进入或硬件自动驱动进入；支持动态调频功能，可以软件进行配置或硬件自动配置。支持多种方式进入低功耗(low-power)状态：软件配置状态机进入低功耗状态；利用硬件低功耗接口进入低功耗状态；利用自动自刷新特性进入低功耗状态。支持可编程的地址映射(address mapping)方式，支持写入平衡(Write Leveling)、读取平衡(Read Leveling)、Gate Training、CA Training 这些功能。

20) Debug&Test

Debug&Test 为调试与测试模块。

test_mode 完成 JTAG 端口的合并，并产生各种测试模式使能信号。

在调试模式下，JTAG0 和 JTAG1 分别选通 coresight 子系统、X1643，XC4210、TL420 的 JTAG 端口。

在测试模式下，产生各种测试模式使能信号。当 dftdisable 有效时，无法进入测试模式。

现场测试模式分为 filed_scan(文件扫描)和 field_test(文件测试)两种，test_mode 模块负责产生该模式下的控制信号。

3.2　LC1161

LC1161 是集成 PMU 和音频编解码器的 SoC，其中 PMU 满足 Leadcore LTE 产品 LC1881 的要求，音频编解码器满足 CMMC 多媒体智能产品的要求。LC1161 采用 1.8V/3.3V 混合信号处理技术，电池输入范围为 3.0～4.35V，充电器输入范围为 4.5～6V，最高可承受 15V 的电压。

LC1161 内部有线性充电器(Linear Charger)、CODEC(Coder-Decoder，编译码器)和 PMU 这些模块，PMU 中包含 RTC、电量计和 Power Manager。

3.2.1　PMU(电源子系统)

LC1161 可以完成系统开关机、系统复位、系统供电、睡眠唤醒电源控制等功能。相对更高性能的一些需求——开关充电、OTG 外供、背光驱动、闪光灯等的实现则由第三方芯片完成。

通过 POWER ON 按键控制 PMU 给整个系统上电，由 DBB(Digital Base Band，数字基带)输出 PWEN 信号保持供电。DBB 输出 OSCEN 信号控制 PMU 进入低功耗模式，使用 I^{2}C 接口和 SPI 对 PMU 进行控制，如图 3-6 所示。

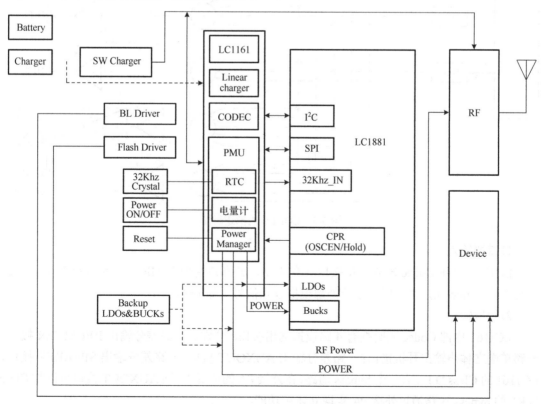

图 3-6　电源子系统图

3.2.2 CODEC 子系统

CODEC 集成在 LC116 里面，内部逻辑如图 3-7 所示。

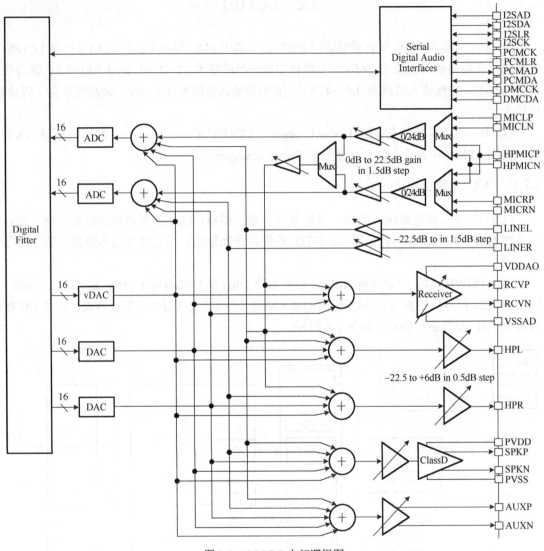

图 3-7 CODEC 内部逻辑图

1）模拟输入

LC1161 内部 Codec 输入模拟接口共有 4 个，分别是两个主 MIC、一个耳机 MIC、一路单端立体声 line_in，主要用于连接外部模拟音频信号，如 FM。

2）模拟输出

LC1161 内部 Codec 同时拥有 4 路模拟输出接口，分别是一路差分输出 RECEIVER 接口；一路单端立体声输出耳机接口；一路差分输出 AUXOUT 接口；一路差分输出 SPEAKER 接口，LC1161 的 Class D PA 有一个 bypass 通路，在外接 PA 的情况下，该 AUXOUT 接口可以与 Class D PA 的 bypass 通路通过外接 PA 实现立体声功能。

3)数字接口

LC1161 内部 Codec 还有 4 个数字接口：一个 I2S 接口主要用于播放音频；另一个 I²C 接口用于配置 CODEC；一个 PCM 接口用于连接 LC1881，接口支持 Master 模式和 Slaver 模式；还有一个数字 MIC 接口。

4)其他功能

CODEC 同时还具有耳机插拔检测功能、HOOKSWITCH 检测功能、音量加减按键检测功能。CODEC 有一个中断信号用于耳机插拔检测、HOOKWITCH 检测时通知 LC1881。

LC1161 内部 Codec 支持宽范围的时钟输入，典型输入有 12MHz、13MHz、26MHz、256fs 等。CODEC 具有一个 STEREO DAC 和一个 MONO DAC，STEREO DAC 的采样率达到 96kHz，MONO DAC 的采样率也达到 96kHz。

支持 5 段 EQ、支持数字滤波、支持 VOLUME CONTROL、ADC\DAC 路径，同时支持 ALC、支持 CAP-LESS 功能、支持耳机 CLICK-POP 抑制、Crosstalk 抑制、支持低功耗模式。Mixer 应该具有混音和对输入混音器的每路信号分别断开的功能。

3.3　存储系统(RAM+ROM)

RAM+ROM 是 XN101 模块内的存储部分。

RAM 即称为随机存储器，是与 CPU 直接交换数据的内部存储器，也叫主存(内存)。尽管在 RAM 的基础上还会细分 DRAM 和 SRAM，但是 RAM 更为广泛地被消费者们识别为内存。

RAM 可以随时读写，而且速度很快，通常作为操作系统或其他正在运行中的程序的临时数据存储媒介。当电源关闭时，RAM 不能保存数据。如果需要保存数据，就必须把它们写入一个长期的存储设备中(如硬盘)。

手机上的 RAM 是指系统运行及软件运行可需要的临时空间，RAM 越大，可同时运行的程序就越多，一些需要大量 RAM 的游戏也越流畅。同等 CPU 配置的情况下，RAM 越大运行就越流畅。同样的道理，开机系统服务及一些软件自动后台运行，都会占用一部分 RAM 空间。如果 RAM 是 3GB，实际开机后你看到的却远远少于 3GB，这也是正常的。

ROM 又称作非易失性数据存储器，类似于计算机的硬盘，使用 eMMC 芯片实现，主要用于存储程序数据和在掉电后需要保持的数据。eMMC 虽然可以读出和写入，但是写入速度比读出速度慢。当相同容量的 ROM 与 RAM，ROM 价格便宜。

手机上的 ROM 是指手机系统及可安装程序的空间，ROM 越大，能直接在系统里安装的程序就越多。当然 ROM 空间也是越大越好。不过现在很多程序都可以完全安装到 TF 卡，所以这个指标对于手机配置来说就不是那么重要了，但是也不能太小，安卓手机系统版本经常要升级，新版本有时候需要更大的 ROM 空间才能存储。ROM 的大小和手机运行快慢没有绝对的关系。

eMMC(Embedded Multi Media Card)是 MMC 协会订立、主要针对手机或平板电脑等产品的内嵌式存储器标准规格。eMMC 在封装中集成了一个控制器，提供标准接口并管理闪存，使得手机厂商就能专注于产品开发的其他部分，并缩短向市场推出产品的时间。

eMMC 优点如下:

(1)简化手机存储器的设计。eMMC 是当前最红的移动设备本地存储解决方案,目的在于简化手机存储器的设计,由于 NAND Flash 芯片有很多不同品牌,所以都需要根据每家公司的产品和技术特性来重新设计,而过去并没有技术能够通用所有品牌的 NAND Flash 芯片。

(2)更新速度快。每次 NAND Flash 制程技术改朝换代,包括 70nm 演进至 50nm,再演进至 40nm 或 30nm 制程技术,手机客户也都要重新设计,但半导体产品每 1 年制程技术都会推陈出新,存储器问题也拖累手机新机种推出的速度,因此像 eMMC 这种把所有存储器和管理 NAND Flash 的控制芯片都包在 1 颗 MCP 上的概念,随着不断地发展逐渐流行在市场中。

(3)加速产品研发速度。eMMC 的设计概念,就是为了简化手机内存储器的使用,将 NAND Flash 芯片和控制芯片设计成 1 颗 MCP 芯片,手机客户只需要采购 eMMC 芯片,放进新手机中,不需处理其他繁复的 NAND Flash 兼容性和管理问题,最大优点是缩短新产品的上市周期和研发成本,加速产品的推陈出新速度。

在 XN101 模块中,RAM 大小为 3GB,ROM 大小为 16GB,为了扩展 ROM 的容量,可使用 TF 卡,将图像和视频等比较占用 ROM 空间的文件数据保存在 TF 里。

3.4 射频子系统

3.4.1 射频子系统的工作原理

射频子系统主要实现射频信号与数字基带信号之间的转换功能,系统大体可以分为几个子模块:射频前端电路、射频收发信机、温度和功率检测电路和时钟电路。

3.4.2 射频前端电路

射频前端电路由开关、声表滤波器、功放、双工器等组成,主要完成不同模式和频段的信号收发选择及放大功能,本模块的射频前端电路用到的器件如表 3-5 所示。

表 3-5　射频前端电路器件

型号	类型	用途
RF1643	开关	DPDT 天线选择开关
RF1630	开关	SPDT 开关
RF1628	开关	SP3T 开关
RF1660	天线开关	SP10T 辅天线开关
SKY77916-11	TXM	SP16T 主天线 TXM
SKY77643-11	MMMB PA	TDS/WCDMA/LTE 多模多频 PA
B39881B8608P810	双工器	GSM850/B5W 双工器
B39941B8514P810	双工器	GSM900/B8WL 双工器
SAYEY1G74BC0B0A	双工器	DCS/B3L 双工器
B39202B8607P810	双工器	PCS/B2W 双工器
B39212B8518P810	双工器	B1WL 双工器
SAYEY2G53BA0F0A	双工器	B7L 双工器
RFLPF20121G8D1T	滤波器	B34T/39TL 抗 ISM 频率低通滤波器

型号	类型	用途
B39262B8329P810	滤波器	B41L CHINA Band 主辅路滤波器
ACPF-8240	滤波器	B40L 主辅路 FBAR 滤波器
B39212-B9876-P810	滤波器	B1WL/B4WL 辅路滤波器
B39202-B8806-P810	滤波器	B2W 辅路滤波器
B8812	滤波器	B3L 辅路滤波器
SAWFD881MAA0F0A	滤波器	B5W/B8WL 辅路滤波器
SAFEA2G59MB0F0A	滤波器	B38L 主路滤波器
B39272B8818P810	滤波器	B7L 辅路滤波器
SAFFB1G90KA0F0A	滤波器	B39L 辅路滤波器

3.4.3 射频收发信机

射频收发信机主要完成射频信号到基带信号的转换功能,目前考虑采用 ACP 的 IRIS411,该芯片为支持 GGE/TD-SCDMA/WCDMA/LTE-FDD/LTE-TDD 模式的全模芯片,同时集成了 ABB(模拟基带)功能,与 DBB(数字基带子系统,由 LC1881、Memory 和 2×SIM 卡组成)之间采用 DigRF v4 接口。IRIS411 包含 8 个独立发送通道、11 个主接收通道和 6 个辅助接收通道。

射频收发信机的其他主要特性如下。

(1)支持 TDD-LTE 和 FDD-LTE。

(2)支持 WCDMA/HSPA,HSDPA,支持 64QAM,HSUPA 和 16QAM。

(3)支持 TDS-CDMA/TD-HSPA。

(4)TD-HSDPA 支持 64QAM,TD-HSUPA 支持 16QAM。

(5)支持 4 频段 GGE。

(6)WCDMA 下行支持连续信道 Dual-Cell。

(7)TDD-LTE 和 TD-SCDMA RX 不需要 saw filter。

(8)支持 19.2MHz/26 MHz/38.4MHz /52MHz TCXO。

(9)提供 DigRF v4 接口。

(10)提供 MIPI RFFE 控制接口、SPI 和 12 根 GPO。

3.4.4 温度和功率检测电路

温度检测模块使用热敏电阻来实现,功率检测使用 couple 加 detector 的方式实现,如图 3-8 所示。

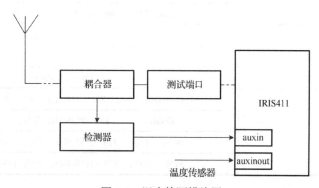

图 3-8　温度检测模块图

3.4.5　时钟电路

时钟电路外挂一个 26MHz 的晶振，送入 IRIS411 后输出 26MHz 的数字时钟（REFCLK）送给基带部分使用，该时钟既是 DigRF 接口的参考时钟，同时也用作 BB 的主时钟。26MHz 晶振所需的 AFC 信号由 IRIS411 内部的辅助 DAC 来实现，如图 3-9 所示。

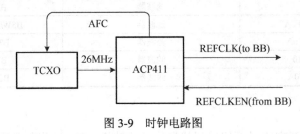

图 3-9　时钟电路图

3.4.6　主要指标与性能

XN101 模块支持 GGE（GSM+GPRS+EDGE）、WCDMA、LTE-TDD、LTE-FDD 和 TD-SCDMA 五种模式，支持多模单待功能。LTE/WCDMA 支持两收一发，发射不支持天线选择。支持的模式及频段详见表 3-6。

表 3-6　模块支持的模式 B 频段

模式	频段
LTE-FDD	band3（上行：1710～1785MHz，下行：1805～1880MHz）
	band7（上行：2500～2570MHz，下行：2620～2690MHz）
	band1（上行：704～716MHz，下行：734～746MHz）
LTE-TDD	band38（2570～2620MHz）
	band39（1880～1920MHz）
	band40（2300～2400MHz）
	band41（2496～2690MHz）
WCDMA	band1（上行：1920～1980MHz，下行：2110～2170MHz）
	band2（上行：1850～1910MHz，下行：1930～1990MHz）
	band5（上行：824～849MHz，下行：869～894MHz）
	band8（上行：880～915MHz，下行：925～960MHz）
TD-SCDMA	1880～1920MHz
	2010～2025MHz
	2300～2400MHz
GSM	GSM850：（上行：824～849MHz，下行：869～894MHz）
	EGSM：（上行：880～915MHz，下行：925～960MHz）
	DCS：（上行：1710～1785MHz，下行：1805～1880MHz）
	PCS：（上行：1850～1910MHz，下行：1930～1990MHz）

3.4.7 接口描述

射频子系统与 DBB 的接口类型有两类：DigRF 接口和 GPO 控制信号。

1）DigRF 接口

RF 与 DBB 间的数据接口采用 DigRF v4 接口协议，包括一路 Tx 差分线对（Tx path）、两路 Rx 差分线对（Rx path1/2）、一根 DigRF 接口使能信号（DIGRF_EN）、一根参考时钟使能信号（REFCLK_EN）、一路参考时钟（REFCLK），共 9 根信号线。DigRF 接口除了传输数据，也传输控制信息，包括对 RFIC 自身的控制以及通过 RFIC 实现对射频前端器件的控制。DigRF v4 信号连接如图 3-10 所示。

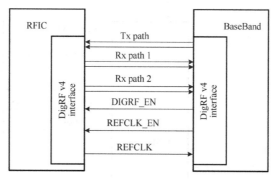

图 3-10　DigRF v4 信号连接

2）GPO\SPI\RFFE

这部分信号为基带给射频子系统的控制信号，用于控制 RFIC 及射频前端器件。射频控制信号如表 3-7 所示。

表 3-7　射频控制信号

信号名称		信号方向	说明
SPI 总线	DBB2RF_SPI_CS0	BB -> RF	SPI 总线片选信号
Mipi_RFFE	DBB2RF_RFFE_CLK	BB -> RF	RFFE 总线时钟信号
总线	DBB4RF_RFFE_DATA	BB <-> RF	RFFE 总线数据信号
RFGPO	RFGPO0-RFGPO44	BB -> RF	共 45 个 RFGPO，其中 RFGPO35 复用为 SPI 的片选信号

3）射频电源接口

射频部分需要 7 路电源，3 路是 RF 收发信机，还有 TCXO&Switchs、PA 用电源和 VBAT，如表 3-8 所示。

表 3-8　射频电源

电源属性	电压/V	使用的负载	最大电流	上下电控制	备注
RF 收发信机	1.6	ACP411:VLDOIN	400	SPI/I2C	由 DCDC 提供，开机默认不上电
RF 收发信机	2.85（1.8~3）	ACP411:VDD3	140	SPI/I2C	LDO（Low Dropout Regulator，线性稳压器）提供，开机默认有电
RF 收发信机	1.8（1.14~2）	ACP411:VDDIO	40	SPI/I2C	LDO 提供，开机默认有电
TCXO&Switchs	2.85	晶振、开关	<10	OSCEN	LDO 提供，开机默认有电
PA 用电源	0.5~3.5	PA	800	SPI/I2C	由 DCDC 提供，开机默认不上电
VBAT	3.2~4.2	PA	2000		

3.5 接口应用子系统

3.5.1 Wi-Fi/BT/FM 三合一

模块内置了蓝牙、无线网和收音机这些功能，Wi-Fi 是 2.4G、5G 双频，这些功能的实现采用了 Broadcom 公司的 BCM43455XKUBG 芯片。主要使用 UART、PCM、SDIO 接口进行通信。连接芯片框图如图 3-11 所示。

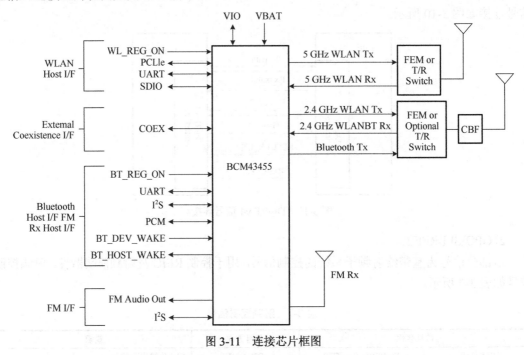

图 3-11　连接芯片框图

蓝牙是一种无线技术标准，可实现固定设备、移动设备和楼宇个人域网之间的短距离数据交换（使用 2.4～2.485GHz 的 ISM 波段的 UHF 无线电波）。蓝牙技术最初由电信巨头爱立信公司于 1994 年创制，当时作为 RS232 数据线的替代方案。蓝牙可连接多个设备，克服了数据同步的难题。

蓝牙的应用如下。

(1)移动电话和免提耳机之间的无线控制与通信。这是早期受欢迎的应用之一。

(2)移动电话与兼容蓝牙的汽车音响系统之间的无线控制与通信。

(3)对搭载 iOS 或 Android 的平板电脑和音箱等设备进行无线控制与通信。

(4)无线蓝牙耳机和对讲机。耳机有时被简称为"一个蓝牙"。

(5)输送至耳机的无线音频流、无线通信功能。

(6)计算机与输入输出设备间的无线连接，常见的有鼠标、键盘、打印机。

(7)在可进行对象交换的设备之间传输文件、详细通信录信息、日历安排、备忘录等。

(8)取代之前在测试设备、GPS 接收器、医疗设备、条形码扫描器、交通管制设备上的有线 RS232 串行通信。

(9)用于之前经常使用红外线的控制。

(10)无须更高的 USB 带宽、需要无线连接的低带宽应用。

(11)从采用蓝牙的广告版向其他可被发现的蓝牙设备发送小型广告。

(12)两个工业以太网(如 PROFINET)网络之间的无线网桥。

(13)个人计算机或 PDA 的拨号上网可使用有数据交换能力的移动电话作为无线调制解调器。

(14)健康传感器数据从医疗设备向移动电话、机顶盒或特定的远距离卫生设备进行短距离传输。

(15)允许无绳电话代替附近的移动电话响铃或接听电话。

(16)实时定位系统(RTLS)可用于实时追踪和确认物体位置,这是通过"节点"、粘贴或嵌入物体内的"标签"和从这些标签上接收并处理无线信号的"读写器"来确认位置的。

(17)智能手机上防止物品丢失或遭窃的个人保安应用。受保护的物件上有蓝牙标识(如一个标签),以与电话保持持续通信。如果连接中断(如标识离开电话的范围),那么警报会响起。这也可用作人落水警报,自 2009 年起已有了采用此技术的产品。

(18)音频的无线传输(比 FM 发射器更可靠的选择)。

3.5.2 GPS

模块内置有 GPS 功能,采用了 Broadcom 公司的 BCM47531A1IUB2G 的 GPS 芯片。该芯片通过 UART 口实现与基带处理器的数据通信。同时支持外部 GPS 方案,如我国的北斗卫星定位系统。

利用 GPS 定位卫星,在全球范围内实时进行定位、导航的系统,称为全球卫星定位系统,简称 GPS。GPS 是由美国国防部研制建立的一种具有全方位、全天候、全时段、高精度的卫星导航系统,能为全球用户提供低成本、高精度的三维位置、速度和精确定时等导航信息,是卫星通信技术在导航领域的应用典范,它极大地提高了社会的信息化水平,有力地推动了数字经济的发展。GPS 可以提供车辆定位、防盗、反劫、行驶路线监控及呼叫指挥等功能。要实现以上所有功能必须具备 GPS 终端、传输网络和监控平台三个要素。

第4章 软件架构

本章将从操作系统、板级支持包、平台接口和应用开发四个方面来介绍平台搭载的软件。

4.1 操 作 系 统

操作系统是一个用来和硬件打交道并为用户程序提供一个有限服务集的低级支撑软件。计算机系统是硬件和软件的共生体，它们互相依赖，不可分割。计算机的硬件，含有外围设备、处理器、内存、硬盘和其他的电子设备，它们共同组成了计算机的发动机。但是如果没有软件来操作和控制它，那么它自身是不能工作的。完成这个控制工作的软件就是操作系统。

西南大学物联智能创新产业中心研发的移动互联终端平台的操作系统是基于 Linux Kernel 的 Android 5.0 系统，后续支持更新。

本节将介绍与操作系统相关的知识，主要包括 Linux Kernel 和 Android 系统以及它们之间的关系。

4.1.1 Linux 与 Kernel

1. Linux

Linux 是一种开源计算机操作系统，有多个版本，如 Ubuntu 和 CentOS。它是用 C 语言写成的、符合 POSIX 标准的类 UNIX 操作系统。

Linux 最早是由芬兰黑客 Linus Torvalds 为尝试在英特尔 x86 架构上提供自由免费的类 UNIX 操作系统而开发的。至今为止，Linux 系统的开发及更新还在继续。Linux 系统架构图如图 4-1 所示。

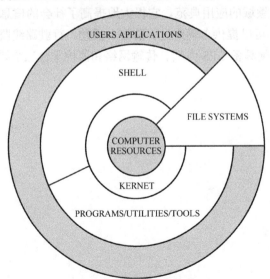

图 4-1 Linux 系统架构图

接下来将着重介绍有关 Linux Kernel 的内容，读者若对 Linux 系统的其余部分感兴趣，可以自行选择相关书籍进行学习。

2. Linux Kernel

1) Kernel

Kernel(内核)是指大多数操作系统的核心部分。它由操作系统中用于管理存储器、文件、外设和系统资源的部分组成。操作系统内核通常运行进程，并提供进程间的通信。

Kernel 的核心功能包括事件的调度和同步、存储器管理等。

如图 4-2 所示，Linux Kernel 只是 Linux 操作系统的一部分。对下，它管理系统的所有硬件设备；对上，它通过系统调用，向 Library Routine(如 C 库)或者其他应用程序提供接口。

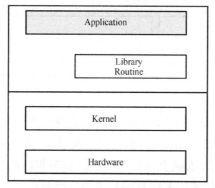

图 4-2　Linux 系统架构抽象图

Linux Kernel 的核心功能为管理硬件设备，供应用程序使用。而现代计算机(无论是 PC 还是嵌入式系统)的标准组成部件包括 CPU、Memory(内存和外存)、输入输出设备、网络设备和其他的外围设备。为了管理这些设备，Linux Kernel 提出了如下的架构。

2) Linux Kernel 体系结构

Linux Kernel 实现了很多重要的体系结构属性。Linux Kernel 被划分为多个子系统。Linux 也可以看作是一个整体，因为它会将所有基本服务都集成到 Kernel 中。

3) Linux Kernel 整体架构及子系统划分

整个 Linux 系统可以视为由用户空间和内核空间两部分组成，Linux Kernel 位于内核空间，如图 4-3 所示。

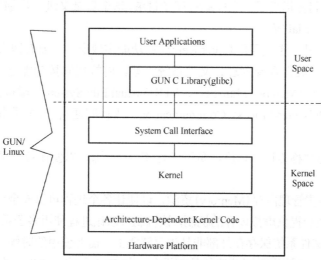

图 4-3　Linux 系统架构示意图

图 4-4 说明了 Linux 内核的整体架构，它主要分为三大板块：SCI、硬件控制代码和通用内核代码。

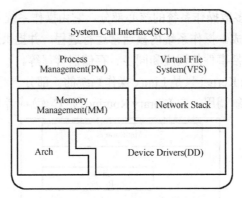

图 4-4　Linux Kernel 架构图

下面先简单介绍 SCI 和硬件控制，再着重介绍内核代码。

(1) SCI。SCI(System Call Interface，系统调用接口)层提供了某些机制，执行从用户空间到内核的函数调用。这个接口依赖于体系结构，甚至在相同的处理器家族内也是如此。SCI 实际上是一个非常有用的函数调用多路复用和多路分解服务。

(2) 硬件控制代码。

① Arch。Arch 是 Architecture 的缩写，其中存放着依赖体系结构的代码。

尽管 Linux 很大程度上独立于所运行的体系结构，但是有些元素则必须考虑体系结构才能正常操作并实现更高的效率。Linux 代码源文件中./linux/arch 子目录定义了内核源代码中依赖于体系结构的部分，其中包含了各种特定于体系结构的子目录，共同组成了 BSP(板级支持包，有关 BSP 的内容将在 4.3 节进行讲述)。对于一个典型的桌面系统来说，使用的是 i386 目录。每个体系结构子目录都包含了很多其他子目录，每个子目录都关注内核中的一个特定方面，如引导、内核、内存管理等。这些依赖体系结构的代码可以在./linux/arch 中找到。

② 设备驱动程序。Linux 内核中有大量代码都在设备驱动程序中，它们能够运转特定的硬件设备。Linux 源码树提供了一个驱动程序子目录，这个目录又进一步划分为各种支持设备，如 Bluetooth、I^2C、serial 等。

(3) 通用内核代码。这一层是 Linux Kernel 的功能实现层，主要有四大功能：系统内存管理、软件进程管理、硬件资源管理、文件系统管理。内核代码按功能分为进程管理(Process Scheduler)、内存管理(Memory Manager)、VFS(Virtual File System，虚拟文件系统)、网络子系统(Network)、IPC(Inter-Process Communication，进程间通信)五个子系统。子系统的划分如图 4-5 所示。

① 进程管理也被称为进程调度，负责管理 CPU 资源，以便让各个进程可以以尽量公平的方式访问 CPU。

② 内存管理负责管理内存(Memory)资源，以便让各个进程可以安全地共享机器的内存资源。另外，内存管理会提供虚拟内存的机制，该机制可以让进程使用多于系统可用内存的内存，不用的内存会通过文件系统保存在外部非易失存储器中，需要使用的时候，再取回到内存中。

③ VFS，Linux 内核将不同功能的外部设备，如 Disk 设备(硬盘、磁盘、NAND Flash、

NOR Flash 等)、输入输出设备、显示设备等,抽象为可以通过统一的文件操作接口(open、close、read、write 等)来访问。这就是 Linux 系统"一切皆是文件"的体现。

④ 网络子系统负责管理系统的网络设备,并实现多种多样的网络标准。

⑤ IPC 不管理任何硬件,它主要负责 Linux 系统中进程之间的通信。

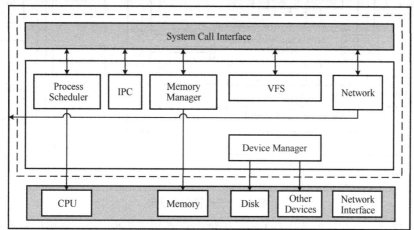

图 4-5 子系统划分

各子系统功能介绍如下。

① 进程管理。进程管理的重点是进程的执行。在内核中,这些进程称为线程,代表了单独的处理器虚拟化(线程代码、数据、堆栈和 CPU 寄存器)。在用户空间中,通常使用进程这个术语,不过 Linux 实现并没有区分进程和线程这两个概念。内核通过 SCI 提供了一个应用程序编程接口来创建新进程(fork、exec 或 Portable Operating System Interface of UNIX(POSIX)函数)、停止进程(kill、exit),并在它们之间进行通信和同步(signal 或者 POSIX 机制)。

进程管理还包括处理活动进程之间共享 CPU 的需求。内核实现了一种新型的调度算法,不管有多少个线程在竞争 CPU,这种算法都可以在固定时间内进行操作。这种算法就称为 O(1) 调度程序,这个名字就表示它调度多个线程所使用的时间和调度一个线程所使用的时间是相同的。O(1) 调度程序也可以支持多处理器(称为对称多处理器或 SMP)。

进程管理是 Linux 内核中最重要的子系统,它主要提供对 CPU 的访问控制。因为在计算机中,CPU 资源是有限的,而众多的应用程序都要使用 CPU 资源,所以需要"进程调度子系统"对 CPU 进行管理。

进程管理子系统包括 4 个子模块(图 4-6),它们的功能如下。

a. Scheduling Policy:实现进程调度的策略,它决定哪个(或哪几个)进程将拥有 CPU。

b. Architecture Specific Schedulers:体系结构相关的部分,将对不同 CPU 的控制抽象为统一的接口。这些控制主要在挂起(suspend)和唤醒(resume)进程时使用,涉及 CPU 的寄存器访问、汇编指令操作等。

c. Architecture Independent Scheduler:体系结构无关的部分。它会和 Scheduling Policy 模块沟通,决定接下来要执行哪个进程,然后通过 Architecture Specific Schedulers 模块 resume 指定的进程。

d. System Call Interface:系统调用接口。进程调度子系统通过系统调用接口,将需要提供给用户空间的接口开放出去,同时屏蔽不需要用户空间程序关心的细节。

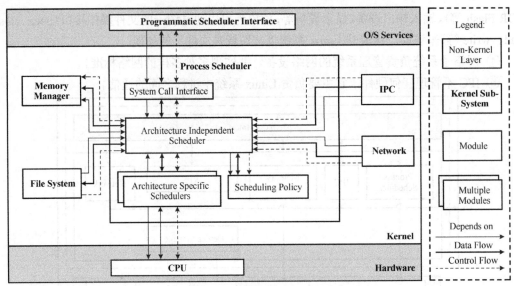

图 4-6　进程管理子系统

② 内存管理。内存管理同样是 Linux 内核中重要的子系统,它主要提供对内存资源的访问控制。Linux 系统会在硬件物理内存和进程所使用的内存(也就是虚拟内存,关于虚拟内存的介绍参见后面章节)之间建立一种映射关系,这种映射以进程为单位,因而不同的进程可以使用相同的虚拟内存,而这些相同的虚拟内存,可以映射到不同的物理内存上。

内核所管理的另外一个重要资源是内存。为了提高效率,如果由硬件管理虚拟内存,内存是按照所谓的内存页方式进行管理的(对于大部分体系结构来说都是 4KB,关于虚拟内存的介绍参见后面章节)。Linux 包括了管理可用内存的方式,以及物理和虚拟映射所使用的硬件机制。

不过内存管理要管理的可不止 4KB 缓冲区。Linux 提供了对 4KB 缓冲区的抽象,如 slab 分配器。这种内存管理模式使用 4KB 缓冲区为基数,然后从中分配结构,并跟踪内存页使用的情况,如哪些内存页是满的,哪些页面没有完全使用,哪些页面为空。这样就允许该模式根据系统需要来动态调整内存使用。

内存管理子系统包括 3 个子模块(图 4-7),它们的功能如下。

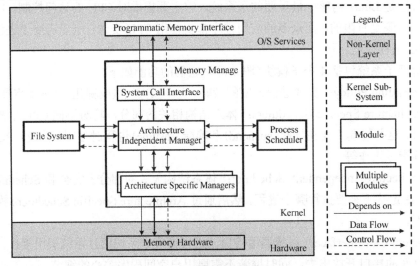

图 4-7　内存管理子系统

a．Architecture Specific Managers：体系结构相关部分，提供用于访问硬件 Memory 的虚拟接口。

b．Architecture Independent Manager：体系结构无关部分，提供所有的内存管理机制，包括以进程为单位的 memory mapping；虚拟内存的 Swapping。

c．System Call Interface：系统调用接口。通过该接口，向用户空间的应用程序提供内存的分配、释放，文件的 map 等功能。

③ VFS。传统意义上的文件系统，是一种存储和组织计算机数据的方法。它用易懂、人性化的方法（文件和目录结构），抽象计算机磁盘、硬盘等设备上冰冷的数据块，从而使对它们的查找和访问变得容易。因而文件系统的实质就是"存储和组织数据的方法"，文件系统的表现形式就是"从某个设备中读取数据和向某个设备写入数据"。

随着计算机技术的进步，存储和组织数据的方法也是在不断进步的，从而导致有多种类型的文件系统，如 FAT、FAT32、NTFS、EXT2、EXT3 等。而为了兼容，操作系统或者内核要以相同的表现形式，同时支持多种类型的文件系统，这就延伸出了 VFS 的概念。VFS 的功能就是管理各种各样的文件系统，屏蔽它们的差异，以统一的方式为用户程序提供访问文件的接口。

我们可以从磁盘、硬盘、NAND Flash 等设备中读取或写入数据，因而最初的文件系统都是构建在这些设备之上的。VFS 这个概念也可以推广到其他的硬件设备，如内存、显示器（LCD）、键盘、串口等。我们对硬件设备的访问控制，也可以归纳为读取或者写入数据，因而可以用统一的文件操作接口访问。Linux 内核就是这样做的，除了传统的磁盘文件系统，它还抽象出了设备文件系统、内存文件系统等。这些逻辑，都是由 VFS 子系统实现的。

VFS 是 Linux 内核中非常有用的一个方面，因为它为文件系统提供了一个通用的接口抽象。VFS 在 SCI 和内核所支持的文件系统之间提供了一个交换层。VFS 的结构如图 4-8 所示。

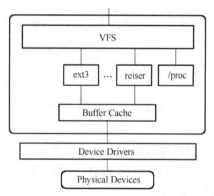

图 4-8　VFS 在用户和文件系统之间提供了一个交换层

在 VFS 上面，是对 open、close、read 和 write 等函数的通用 API 抽象。在 VFS 下面是文件系统抽象，它定义了上层函数的实现方式。它们是给定文件系统（超过 50 个）的插件。文件系统的源代码可以在./linux/fs 中找到。

文件系统层之下是缓冲区缓存，它为文件系统层提供了一个通用函数集（与具体文件系统无关）。这个缓存层通过将数据保留一段时间（或者随即预先读取数据以便在需要时就可用）优化了对物理设备的访问。缓冲区缓存之下是设备驱动程序，它实现了特定物理设备的接口。

VFS 子系统包括 5 个子模块（图 4-9），它们的功能如下。

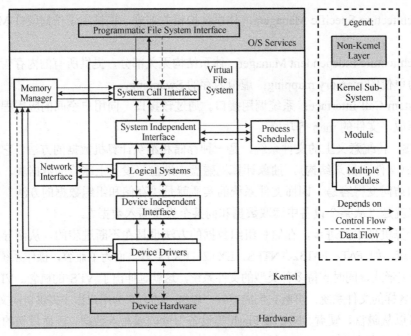

图 4-9　VFS 子系统

a. Device Drivers：设备驱动，用于控制所有的外部设备及控制器。由于存在大量不能相互兼容的硬件设备(特别是嵌入式产品)，所以也有非常多的设备驱动。因此，Linux 内核中将近一半的 Source Code 都是设备驱动。

b. Device Independent Interface：该模块定义了描述硬件设备的统一方式(统一设备模型)，所有的设备驱动都遵守这个定义，可以降低开发的难度，同时可以用一致的形式向上提供接口。

c. Logical Systems：每一种文件系统都会对应一个 Logical System(逻辑文件系统)，它会实现具体的文件系统逻辑。

d. System Independent Interface：该模块负责以统一的接口(块设备和字符设备)表示硬件设备和逻辑文件系统，这样上层软件就不再关心具体的硬件形态了。

e. System Call Interface：系统调用接口，向用户空间提供访问文件系统和硬件设备的统一接口。

④ 网络子系统。Linux 的网络堆栈在设计上遵循模拟协议本身的分层体系结构。回想一下，IP 是传输协议(通常称为传输控制协议或 TCP)下面的核心网络层协议。TCP 上面是 socket (套接字)层，它是通过 SCI 进行调用的。

socket 层是网络子系统的标准 API，它为各种网络协议提供了一个用户接口。从原始帧访问到 IP 协议数据单元(PDU)，再到 TCP 和 UDP(User Datagram Protocol)，socket 层提供了一种标准化的方法来管理连接，并在各个终点之间移动数据。

网络子系统在 Linux 内核中主要负责管理各种网络设备，并实现各种网络协议栈，最终实现通过网络连接其他系统的功能。在 Linux 内核中，网络子系统几乎是自成体系，它包括 5 个子模块(图 4-10)，它们的功能如下。

a. Network Device Drivers：网络设备的驱动，和 VFS 子系统中的设备驱动是一样的。

b. Device Independent Interface：和 VFS 子系统中的是一样的。

c. Network Protocols: 实现各种网络传输协议, 如 IP、TCP、UDP 等。

d. Protocol Independent Interface: 屏蔽不同的硬件设备和网络协议, 以相同的格式提供 socket。

e. System Call Interface: 系统调用接口, 向用户空间提供访问网络设备的统一的接口。

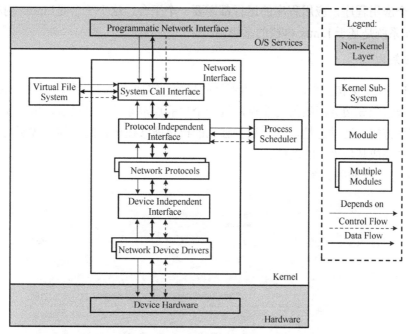

图 4-10　网络子系统

⑤ IPC。一般来说, Linux 下的进程包含以下几个关键要素: 有一段可执行程序; 有专用的系统堆栈空间; 内核中有它的控制块(进程控制块), 描述进程所占用的资源, 这样进程才能接受内核的调度; 具有独立的存储空间。

在 Linux 下多个进程间的通信机制叫作 IPC, 它是多个进程之间互相沟通的一种方法, 通过多任务机制, 每个进程可认为只有自己独占计算机, 从而简化程序的编写。每个进程有自己单独的地址空间, 并且只能由这一进程访问, 这样, 操作系统避免了进程之间的互相干扰以及"坏"程序对系统可能造成的危害。为了完成某特定任务, 有时需要综合两个程序的功能, 例如, 一个程序输出文本, 而另一个程序对文本进行排序。为此, 操作系统还提供进程间的通信机制来帮助完成这样的任务。

Linux 已经拥有的 IPC 手段包括: 管道、信号和跟踪、套接字、报文队列、共享内存和信号量。

3. 设备树

设备树(Device Tree)描述了硬件的数据结构, 许多硬件的细节可以直接通过它传递给 Linux。它由一系列节点和属性组成, 节点本身可包含更多的子节点。属性是成对出现的键值对。在设备树中主要描述如下信息: CPU 的数量及类别、内存基地址和 size、总线和桥、外设连接、中断、GPIO、CLOCK。

设备树在内核的作用有点类似于描述出 PCB 上的 CPU、内存、总线、设备及 IRQ GPIO 等组成的 tree 结构。然后经由 bootloader 传递给内核, 内核再根据此设备树解析出需要的 I^2C、SPI 等设备, 然后将内存、IRQ、GPIO 等资源绑定到相应的设备。

4.1.2 Android

Android 本质上是一个基于 Linux 内核运行的 Java 虚拟机,实际上就是一个解释程序。它相当于一个应用程序,应用程序的运行都需要一个平台,这个平台是Linux 内核。这就是 Android 操作系统是基于 Linux 内核的意思。

1. 系统架构

Android 在系统架构上采用了分层和混聚的思想,实现了模块化和动态性。模块化,就是应用的功能被封装成边界清晰的功能点,每一个功能点都像是一个黑盒,由预先定义的规则描述出其交互方式。而动态性,就是这些独立的模块能够在运行的时候,按照需求描述连接在一起,共同完成某项更大的功能。

Android 系统架构图如图 4-11 所示。

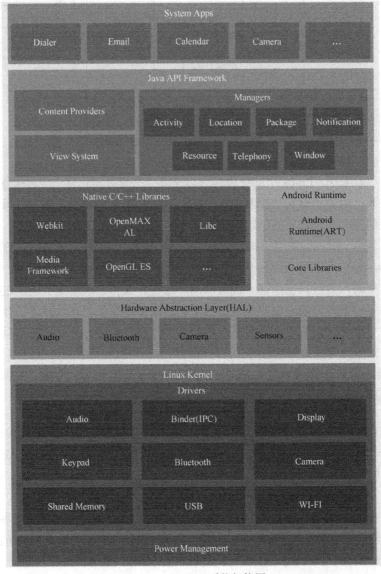

图 4-11 Android 系统架构图

从 Android 系统架构图来看，Android 分为五层，从高层到低层分别是应用程序层、应用程序框架层、系统运行库层、硬件抽象层和 Linux 内核层。

1）应用程序层

Android 平台的应用程序层包括各类与用户直接交互的应用程序和由 Java 语言编写的运行于后台的服务程序。例如，智能手机上实现的基本功能程序如 SMS 短信、电话拨号、图片浏览器、日历、游戏、地图、Web 浏览器等程序以及开发人员开发的其他应用程序。

2）应用程序框架层

这里包含所有开发所用的 SDK（Software Development Kit，软件开发包）类库和一些未公开接口的类库与实现，它们是整个 Android 平台核心机制的体现。

开发人员可以访问核心应用程序所使用的 API 框架。该应用程序的架构设计简化了组件的重用；任何一个应用程序都可以发布它的功能块，也可以使用其他程序发布的功能块（需要遵循框架的安全性）。同时，应用程序重用机制也使用户可以方便地替换程序组件。

应用程序框架层提供开发 Android 应用程序所需的一系列类库，使开发人员可以进行快速的应用程序开发，方便重用组件，也可以通过继承实现个性化的扩展。具体包括的模块如表 4-1 所示。

表 4-1　应用程序框架层类库及其功能

应用程序框架层类库名称	功能
活动管理器（Activity Manager）	管理各个应用程序生命周期并提供常用的导航回退功能，为所有程序的窗口提供交互的接口
窗口管理器（Window Manager）	对所有开启的窗口程序进行管理
内容提供器（Content Provider）	提供一个应用程序访问另一个应用程序数据的功能，或者实现应用程序之间的数据共享
视图系统（View System）	创建应用程序的基本组件，包括列表（lists）、网格（grids）、文本框（text boxes）、按钮（buttons），还有可嵌入的 Web 浏览器
通知管理器（Notification Manager）	使应用程序可以在状态栏中显示自定义的客户提示信息
包管理器（Package Manager）	对应用程序进行管理，提供的功能如安装应用程序、卸载应用程序、查询相关权限信息等
资源管理器（Resource Manager）	提供各种非代码资源供应用程序使用，如本地化字符串、图片、音频等
位置管理器（Location Manager）	提供位置服务
电话管理器（Telephony Manager）	管理所有的移动设备功能
XMPP 服务	是 Google 在线即时交流软件中一个通用的进程，提供后台推送服务

3）系统运行库层

系统运行库层包括两部分：一部分是系统类库（Native C/C++ Libraries）；另一部分是 ART（Android Runtime，Android 运行时）。

（1）系统类库。系统类库是一些核心的和扩展的类库，它们都是原生的 C++实现，通过 Android 应用程序框架为开发者提供服务，可提供 Java API 框架使用的 Java 编程语言大部分功能，包括一些 Java 8 语言功能（包括 SQLite、WebKit、OpenGL 等）。如果该层类库需要被上层函数调用，就必须要通过 JNI 导出相应的接口函数（有关 JNI 的知识将在 4.4.4 节介绍）。

Android 平台提供 Java 框架 API 以向应用显示其中部分原生库的功能，如通过 Android 框架 Java OpenGL API 访问 OpenGL ES，以支持在应用中绘制和操作 2D 和 3D 图形。

表 4-2 是一些核心库。

表 4-2 系统类库

系统类库名称	说明
Surface Manager	执行多个应用程序时，管理子系统的显示，另外也对 2D 和 3D 图形提供支持
Media Framework	基于 OpenCore (PacketVideo) 的多媒体库，支持多种常用的音频和视频格式的录制和回放，所支持的编码格式包括 MPEG4、MP3、H264、AAC、ARM
SQLite	本地小型关系数据库，Android 提供了一些新的 SQLite 数据库 API，以替代传统的耗费资源的 JDBC API
OpenGL ES	基于 OpenGL ES 1.0API 标准实现的 3D 跨平台图形库
FreeType	用于显示位图和矢量字体
WebKit	Web 浏览器的软件引擎
SGL	底层的 2D 图形引擎
Libc (bionic libc)	继承自 BSD 的 C 函数库 bionic libc，更适合基于嵌入式 Linux 的移动设备
SSL	安全套接层，是为网络通信提供安全及数据完整性的一种安全协议

除表 4-2 列举的主要系统类库之外，Android NDK (Native Development Kit)，即 Android 原生库，也十分重要。NDK 相关的知识将在 4.4.3 节进行详细的描述。

(2) ART。ART 管理虚拟机的创建、初始化、启动、退出等流程，一个 ART 对应一个虚拟机。

ART 的部分主要功能包括：预先 (AOT) 和即时 (JIT) 编译；优化的垃圾回收 (GC)；更好的调试支持，包括专用采样分析器、详细的诊断异常和崩溃报告，并且能够设置监视点以监控特定字段。

在 Android 5.0 (API 级别 21) 之前使用的虚拟机是 DVM (Dalvik Visual Machine)。

Dalvik 虚拟机是基于 Apache (世界排名第一的 Web 服务器) 的 Java 虚拟机，并被改进为适应低内存、低处理器速度的移动设备环境。Dalvik 虚拟机依赖于 Linux 内核，实现进程隔离与线程调试管理、安全和异常管理、垃圾回收等重要功能。

本质而言，Dalvik 虚拟机并非传统意义上的 Java 虚拟机 (JVM)。Dalvik 虚拟机不仅不按照 Java 虚拟机的规范来实现，而且两者不兼容。

Dalvik 和标准 Java 虚拟机有以下主要区别。

① Dalvik 基于寄存器，而 JVM 基于栈。一般认为，基于寄存器的实现虽然更多依赖于具体的 CPU 结构，硬件通用性稍差，但其使用等长指令，在效率速度上较传统 JVM 更有优势。

② Dalvik 经过优化，允许在有限的内存中同时高效地运行多个虚拟机的实例，并且每一个 Dalvik 应用作为一个独立的 Linux 进程执行，都拥有一个独立的 Dalvik 虚拟机实例。Android 这种基于 Linux 的进程"沙箱"机制，是整个安全设计的基础之一。

③ Dalvik 虚拟机从 DEX (Dalvik Executable) 格式的文件中读取指令与数据，进行解释运行。DEX 文件是一种专为 Android 设计的字节码格式，经过优化，使用的内存很少，DEX 文件由传统的、编译产生的 class 文件，经 dx 工具软件处理后生成。

④ Dalvik 的 DEX 文件还可以进一步优化，提高运行性能。通常，OEM 的应用程序可以在系统编译后，直接生成优化文件 (.odex)；第三方的应用程序则可在运行时在缓存中优化与保存，优化后的格式为 DEY (.dey 文件)。

由于 Dalvik 采取 JIT 编译 (Just In Time Compile)，运行效率较低。从 Android 5.0 开始，就用 ART 模式取代 Dalvik 了。ART 通过执行 DEX 文件在低内存设备上运行多个虚拟机。编译工具链将 Java 源代码编译为 DEX 字节码，使其可在 Android 平台上运行。

Dalvik 与 ART 的区别：Dalvik 包含一整套的 Android 运行环境虚拟机，每个 App 都会分配 Dalvik 虚拟机来保证互相之间不受干扰，并保持独立。从 Android 5.0 开始，就用 ART 模式取代 Dalvik 了，其中 Dalvik 是运行时编译，而 ART 是安装时编译。当然，对在其虚拟机环境运行的大部分 App 来说，它们都运行着同样的代码，只是编译时机不同。

4）硬件抽象层

Android 的 HAL(Hardware Abstract Layer，硬件抽象层)位于内核驱动和用户软件之间，它对硬件设备的具体实现加以抽象，将 Android 的应用框架层与 Linux 系统内核的设备驱动隔离，使应用程序框架的开发尽量独立于具体的驱动程序，则 Android 将减少对 Linux 内核的依赖。HAL 完成了对 Linux 内核驱动程序的封装，将硬件抽象化屏蔽底层的实现细节。HAL 规定了一套应用层对硬件层读写和配置的统一接口，本质上就是将硬件的驱动分为用户空间和内核空间两个层面，Linux 内核驱动程序运行于内核空间，HAL 运行于用户空间。HAL 的目的是把 Android Framework 与 Linux Kernel 隔开，让 Android 不致过度依赖 Linux Kernel，以达成 Kernel Independent 的概念，让 Android Framework 的开发能在不考量驱动程序实现的前提下进行发展。

HAL 架构图如图 4-12 所示。

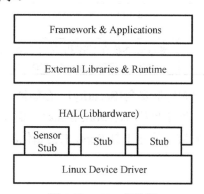

图 4-12　HAL 架构图

其中 HAL Stub 是一种代理人的概念，Stub 是以*.so 文件的形式存在的。Stub 向 HAL "提供" 操作函数(Operations)，并由 ART 向 HAL 取得 Stub 的操作函数，再 Callback 这些操作函数。HAL 里包含了许多 Stub(代理人)。ART 只要说明"类型"，即 Module ID，就可以取得操作函数。

5）Linux 内核层

Android 以 Linux 操作系统内核为基础，借助 Linux 内核服务实现硬件设备驱动、进程和内存管理、网络协议栈、电源管理、无线通信等核心功能。

Android 运行于 Linux Kernel 之上，但并不是 GNU/Linux。因为在一般 GNU/Linux 里支持的功能，Android 大都没有支持，包括 Cairo、X11、Alsa、FFmpeg、GTK、Pango 及 Glibc 等都被移除了。Android 又以 Bionic 取代 Glibc，以 Skia 取代 Cairo，再以 OpenCore 取代 FFmpeg 等。Android 为了达到商业应用，必须移除被 GNU GPL 授权证所约束的部分，例如，Android 将驱动程序移到 Userspace 中的 HAL，使得 Linux Driver 与 Linux Kernel 彻底分开。Bionic/Libc/Kernel/并非标准的 Kernel header files。Android 的 Kernel header 是利用工具由 Linux

Kernel header 产生的，这样做是为了保留常数、数据结构与宏。

Android 对 Linux Kernel 进行了增强，增加了一些面向移动计算的特有功能。例如，低内存管理器 LMK(Low Memory Keller)、匿名共享内存(Ashmem)，以及轻量级的进程间通信 Binder 机制等。这些内核的增强使 Android 在继承 Linux 内核安全机制的同时，进一步提升了内存管理、进程间通信等方面的安全性。表 4-3 列举了 Android 内核的主要驱动模块。

表 4-3　Android 内核主要驱动

驱动名称	说明
Android 电源管理(Power Management)	针对嵌入式设备的、基于标准 Linux 电源管理系统的、轻量级的电源管理驱动
低内存管理器	可以根据需要杀死进程来释放需要的内存。扩展了 Linux 的 OOM 机制，形成独特的 LMK 机制
匿名共享内存(Ashmem)	为进程之间提供共享内存资源，同时为内核提供回收和管理内存的机制
日志(Android Logger)	一个轻量级的日志设备
定时器(Android Alarm)	提供了一个定时器用于把设备从睡眠状态唤醒
物理内存映射管理(Android PMEM)	DSP 及其他设备只能工作在连续的物理内存上，PMEM 用于向用户空间提供连续的物理内存区域映射
Android 定时设备(Android Timed Device)	可以执行对设备的定时控制功能
Yaffs2 文件系统	Android 采用大容量的 NAND 闪存作为存储设备，使用 Yaffs2 作为文件系统管理大容量 MTD NAND Flash。Yaffs2 占用内存小，垃圾回收简洁迅速
Android Paranoid 网络	对 Linux 内核的网络代码进行了改动，增加了网络认证机制。可在 IPv4、IPv6 和蓝牙中设置，由 ANDROID_PARANOID_NETWORK 宏来启用此特性

Android 的 Linux Kernel 控制包括安全(Security)、存储器管理(Memory Management)、程序管理(Process Management)、网络堆栈(Network Stack)、驱动程序模型(Driver Model)等。下载 Android 源码之前，先要安装其构建工具 Repo 来初始化源码。Repo 是 Android 用来辅助 Git 工作的一个工具。

2. 应用后缀简介

APK 是 Android 应用的后缀，是 Android Package 的缩写，即 Android 安装包(APK)。APK 是类似 Symbian Sis 或 Sisx 的文件格式。通过将 APK 文件直接传到 Android 模拟器或 Android 手机中执行即可安装。APK 文件和 Sis 一样，把 Android SDK 编译的工程打包成一个安装程序文件，格式为 APK。APK 文件其实是 Zip 格式，但后缀名被修改为 apk，通过 UnZip 解压后，可以看到 DEX 文件，DEX 是 Dalvik VM Executes 的简称，即 Android Dalvik 执行程序，并非 Java ME 的字节码而是 Dalvik 字节码。

一个 APK 文件结构如下。

(1)META-INF\(注：JAR 文件中常可以看到)。

(2)res\(注：存放资源文件的目录)。

(3)AndroidManifest.xml (注：程序全局配置文件)。

(4)classes.dex(注：Dalvik 字节码)。

(5)resources.arsc(注：编译后的二进制资源文件)。

总结下可以发现 Android 在运行一个程序时首先需要 UnZip，然后类似 Symbian 那样直接执行安装，和 Windows Mobile 中的 PE 文件有区别，这样做程序的保密性和可靠性不是很高，通过 dexdump 命令可以反编译，但这样做符合发展规律，微软的 Windows Gadgets 或者说 WPF 也采用了这种构架方式。

在 Android 平台中 Dalvik VM 的执行文件被打包为 APK 格式，最终运行时加载器会解压然后获取编译后 AndroidManifest.xml 文件中的 permission 分支相关的安全访问，但仍然存在很多安全限制，如果将 APK 文件传到/system/app 文件夹下会发现执行是不受限制的。

最终我们平时安装的文件可能不是这个文件夹，而在 Android ROM 中系统的 APK 文件默认会放入这个文件夹，它们拥有 root 权限。

3. 中介软件

中介软件是操作系统与应用程序的沟通桥梁应用分为两层：函数层（Library）和虚拟机（Virtual Machine）。Bionic 是 Android 改良 libc 的版本。Android 同时包含了 WebKit，WebKit 就是 Apple Safari 浏览器背后的引擎。Surface flinger 把 2D 或 3D 的内容显示到屏幕上。Android 使用工具链（Toolchain）为 Google 自制的 Bionic Libc。

Android 采用 OpenCore 作为基础多媒体框架。OpenCore 可分为 7 大块：PVPlayer、PVAuthor、Codec、PVMF（PacketVideo Multimedia Framework）、OSCL（Operating System Compatibility Library）、Common、OpenMAX。

Android 使用 Skia 为核心图形引擎，搭配 OpenGL ES。Skia 与 Linux Cairo 功能相当，但相较于 Linux Cairo，Skia 功能还只是雏形。2005 年 Skia 公司被 Google 收购，2007 年初，Skia GL 源码被公开，Skia 也是 Google Chrome 的图形引擎。

Android 的多媒体数据库采用 SQLite 数据库系统。数据库又分为共用数据库及私用数据库。用户可通过 ContentResolver 类（Column）取得共用数据库。

Android 的中间层多以 Java 实现，并且采用特殊的 Dalvik 虚拟机。Dalvik 虚拟机是一种"暂存器形态"（Register Based）的 Java 虚拟机，变量皆存放于暂存器中，虚拟机的指令相对减少。

Dalvik 虚拟机可以有多个实例（Instance），每个 Android 应用程序都用一个自属的 Dalvik 虚拟机来运行，让系统在运行程序时可达到优化。Dalvik 虚拟机并非运行 Java 字节码（Bytecode），而是运行一种称为.dex 格式的文件。

4. 安全权限机制

Android 本身是一个权限分离的操作系统。在这类操作系统中，每个应用都以唯一的一个系统识别身份运行（Linux 用户 ID 与群组 ID）。系统的各部分也分别使用各自独立的识别方式。Linux 就是这样将应用与应用、应用与系统隔离开。

系统更多的安全功能通过权限机制提供。权限可以限制某个特定进程的特定操作，也可以限制每个 URI 权限对特定数据段的访问。

Android 安全架构的核心设计思想是，在默认设置下，所有应用都没有权限对其他应用、系统或用户进行较大影响的操作。这其中包括读写用户隐私数据（联系人或电子邮件）、读写其他应用文件、访问网络或阻止设备待机等。

安装应用时，在检查程序签名提及的权限且经过用户确认后，软件包安装器会给予应用权限。从用户角度看，一款 Android 应用通常会要求如下的权限：拨打电话、发送短信或彩信、修改/删除 SD 卡上的内容、读取联系人的信息、读取日程信息、写入日程数据、读取电话状态或识别码、基于 GPS 获取(精确的)地理位置、基于网络获取(模糊的)地理位置、创建蓝牙连接、对互联网的完全访问、查看网络状态、查看 Wi-Fi 状态、避免手机待机、修改系统全局设置、读取同步设定、开机自启动、重启其他应用、终止运行中的应用、设定偏好应用、振动控制、拍摄图片等。

一款应用应该根据自身提供的功能，要求合理的权限。用户也可以分析一款应用所需的权限，从而简单判定这款应用是否安全。例如，一款应用是不带广告的单机版，也没有任何附加的内容需要下载，那么它要求访问网络的权限就比较可疑。

4.1.3　Android 与 Linux 的关系

前面提到过 Android 是一个基于 Linux Kernel 的操作系统，但是它与其他基于 Linux Kernel 的操作系统(如 CentOS、Ubuntu)之间还是有很大的差别，例如，在前面介绍过，Android 在 Linux 内核的基础上添加了自己所特有的驱动程序。下面就来分析一下 Android 为什么会选择 Linux Kernel 以及它们之间究竟有什么关系。

1. Android 为什么会选择 Linux

成熟的操作系统有很多，但是 Android 为什么选择采用 Linux Kernel 呢?这就与 Linux 的一些特性有关了，例如，强大的内存管理和进程管理方案、基于权限的安全模式、支持共享库、经过认证的驱动模型、Linux 本身就是开源项目。

2. Android 与 Linux 的关系

Android 不是 Linux，它与 Linux 有如下区别。

1)没有本地窗口系统

本地窗口系统是指 GNU/Linux 上的 X 窗口系统或者 Mac OS X 的 Quartz 等。不同的操作系统的窗口系统可能不一样，Android 并没有使用(也不需要使用)Linux 的 X 窗口系统，这是 Android 不是 Linux 的一个基本原因。

2)没有 Glibc 支持

由于 Android 最初用于一些便携的移动设备上，所以，可能出于效率等方面的考虑，Android 并没有采用 Glibc 作为 C 库，而是 Google 自己开发了一套 Bionic Libc 来代替 Glibc。

3)并不包括一整套标准的 Linux 使用程序

Android 并没有完全照搬 Linux 系统的内核，除了修正部分 Linux 的 Bug 之外，还增加了不少内容，例如，它基于 ARM 构架增加的 Gold-Fish 平台以及 Yaffs2 Flash 文件系统等。

4)Android 专有的驱动程序

除了上面这些不同点之外，Android 还对 Linux 设备驱动进行了增强，主要如下。

(1)Android Binder：基于 OpenBinder 框架的驱动，用于提供 Android 平台的进程间通信功能。

(2)Android 电源管理：基于标准 Linux 电源管理系统的轻量级 Android 电源管理驱动，针对嵌入式设备做了很多优化。

（3）低内存管理器：比 Linux 的标准的 OOM（Out of Memory）机制更加灵活，它可以根据需要杀死进程以释放需要的内存。

（4）匿名共享内存：为进程间提供大块共享内存，同时为内核提供回收和管理这个内存的机制。

（5）Android PMEM（Physical）：PMEM 用于向用户空间提供连续的物理内存区域，DSP和某些设备只能工作在连续的物理内存上。

（6）Android Logger：轻量级的日志设备，用于抓取 Android 系统的各种日志。

（7）Android Alarm：提供了一个定时器，用于把设备从睡眠状态唤醒，同时它还提供了即使在设备睡眠时也会运行的时钟基准。

（8）USB Gadget 驱动：基于标准 Linux USB Gadget 驱动框架的设备驱动，Android 的 USB驱动是基于 Gaeget 框架的。

（9）Android RAM Console：为了提供调试功能，Android 允许将调试日志信息写入一个称为 RAM Console 的设备里，它是基于 RAM 的 Buffer。

（10）Android Timed Device：提供了对设备进行定时控制的功能，目前支持 Vibrator 和LED 设备。

（11）Yaffs2 文件系统：Android 采用 Yaffs2 作为 MTD NAND Flash 文件系统，源代码位于 fs/yaffs2/目录下。Yaffs2 是一个快速稳定的应用于 NAND 和 NOR Flash 的跨平台的嵌入式设备文件系统，与其他 Flash 文件系统相比，Yaffs2 能使用更小的内存来保存其运行状态，因此它占用内存小。Yaffs2 的垃圾回收非常简单而且快速，因此能表现出更好的性能。Yaffs2在大容量的 NAND Flash 上的性能表现尤为突出，非常适合大容量的 Flash 存储。

5）协议而非 GPL 协议

Android 的 HAL 是为了保护一些硬件提供商的知识产权而提出的，是为了避开 Linux 的GPL 束缚。思路是把控制硬件的动作都放到了 Android HAL 中，而 Linux Driver 仅仅完成一些简单的数据交互作用，甚至把硬件寄存器空间直接映射到 user space。而 Android 是基于Aparch 的 license，因此硬件厂商可以只提供二进制代码，所以说 Android 只是一个开放的平台，并不是一个开源的平台。也许正是因为 Android 不遵从 GPL，所以 Greg Kroah-Hartman才在 2.6.33 内核将 Android 驱动从 Linux 中删除。

6）程序编译过程不同

Android 程序编译过程比普通 Java 程序要多经过一个步骤，将 JVM 二进制码转换成 Dalvik二进制码。

4.2 板级支持包

BSP（Board Support Package，板级支持包）是介于主板硬件和操作系统中驱动层程序之间的一层，一般认为它属于操作系统的一部分，主要是实现对操作系统的支持，为上层的驱动程序提供访问硬件设备寄存器的函数包，使之能够更好地运行于硬件主板。在嵌入式系统软件的组成中，就有 BSP。BSP 是相对于操作系统而言的，不同的操作系统对应于不同定义形式的 BSP，例如，VxWorks 的 BSP 和 Linux 的 BSP 相对于某一 CPU 来说尽管实现的功能一样，但是写法和接口定义是完全不同的，所以 BSP 一定要按照该系统 BSP 的定义形式来写（BSP 的编程过程大多数在某一个成型的 BSP 模板上进行修改）。这样才能与上层 OS 保持正确的接口，从而良好地支持上层 OS。

BSP 的主要功能为屏蔽硬件、提供操作系统及硬件驱动，具体功能如下。

(1) 单板硬件初始化，主要是 CPU 的初始化，为整个软件系统提供底层硬件支持。

(2) 为操作系统提供设备驱动程序和系统中断服务程序。

(3) 定制操作系统的功能，为软件系统提供一个实时多任务的运行环境。

(4) 初始化操作系统，为操作系统的正常运行做好准备。

4.2.1　内存分配

1. 总体介绍

本平台的操作系统是基于 Linux Kernel 的 Android 5.0，是 64 位系统。Linux 操作系统将运行空间又分为物理地址空间和虚拟地址空间，前者一般对应于物理 DDR 内存，虽然 64 位系统可寻址 2^{64} 大小空间，实际只用了 2^{40} 的地址空间，共 1TB，0xFFFFFF8000000000～0xFFFFFFFFFFFFFFFF 内核使用，0x0000000000000000～0x0000007FFFFFFFFF 用户空间使用，中间的地址未被使用，是连续空洞。

在介绍本平台内存分配的情况之前，先介绍物理内存、虚拟内存和内存页的概念。

1) 物理内存与虚拟内存

物理内存(Physical Memory)是相对于虚拟内存(Virtual Memory)而言的。物理内存指通过物理内存条获得的内存空间，而虚拟内存则是指将硬盘(外部存储器)的一块区域进行划分来作为内存。内存的主要作用是在计算机运行时为操作系统和各种程序提供临时存储。当物理内存不足时，可以用虚拟内存代替。

虚拟内存是计算机系统内存管理的一种技术。它使应用程序认为它拥有连续的可用的内存(一个连续完整的地址空间)。而实际上，它通常被分隔成多个物理内存碎片，还有部分暂时存储在外部磁盘存储器上，在需要时进行数据交换。目前，大多数操作系统都使用了虚拟内存，如 Windows 家族的"虚拟内存"、Linux 的"交换空间"等。

Linux 系统中物理内存和虚拟内存的映射关系如图 4-13 所示。

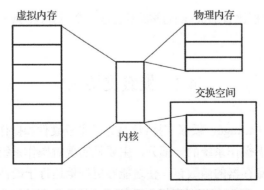

图 4-13　物理内存和虚拟内存映射关系示意图

下面以我们熟悉的 Windows 系统为例介绍一下虚拟内存技术。

内存在计算机中的作用很大，计算机中所有运行的程序都需要经过内存来执行，如果执行的程序很大或很多，就会导致内存消耗殆尽。为了解决这个问题，Windows 运用了虚拟内存技术，即拿出一部分硬盘空间来充当内存使用，这部分空间即称为虚拟内存，虚拟内存在硬盘上的存在形式就是 PageFile.sys 这个页面文件。

虚拟内存也称虚拟存储器。系统中所运行的程序均需经由内存执行，若执行的程序占用内存很多，则会导致内存消耗殆尽。为解决该问题，Windows 中运用了虚拟内存技术，即匀出一部分硬盘空间来充当内存使用。当内存耗尽时，计算机就会自动调用硬盘来充当内存，以缓解内存的紧张。若计算机运行程序或操作所需的 RAM 不足，则 Windows 会用虚拟存储器来进行补偿。它将计算机的 RAM 和硬盘上的临时空间组合。当 RAM 运行速率缓慢时，它便将数据从 RAM 移动到称为"分页文件"的空间中。将数据移入分页文件可释放 RAM，以便完成工作。一般而言，计算机的 RAM 容量越大，程序运行得越快。若计算机的速率由于 RAM 可用空间匮乏而减缓，则可尝试通过增加虚拟内存来进行补偿。但是，计算机从 RAM 读取数据的速率要比从硬盘读取数据的速率快，因而扩增 RAM 容量(可加内存条)是最佳选择。

虚拟内存(图 4-14)是 Windows 作为内存使用的一部分硬盘空间。虚拟内存在硬盘上其实就是一个硕大无比的文件，文件名是 PageFile.sys，通常状态下是看不到的，必须关闭资源管理器对系统文件的保护功能才能看到这个文件。虚拟内存有时候也被称为"页面文件"，就是从这个文件的文件名中得来的。

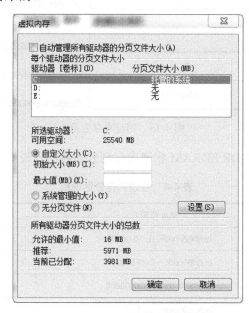

图 4-14　Windows 系统虚拟内存

2) 内存页

大多数使用虚拟存储器的系统都使用一种分页(Paging)机制。虚拟地址空间划分成页(Page)的单位，而相应的物理地址空间也进行划分，单位是页帧(Frame)，一个在磁盘，一个在内存，页和页帧的大小必须相同。32 位地址的机器，它的虚拟地址范围为 0～0xFFFFFFFF(4GB)，而这台机器只有 256MB 的物理地址，因此它可以运行 4GB 的程序，但该程序不能一次性调入内存运行。这台机器必须有一个达到可以存放 4GB 程序的外部存储器（如磁盘或 Flash），以保证程序片段在需要时可以被调用。

2. 本平台内存分配

1）物理内存

LC1881 配置了 MEMCTL（外部存储控制器），地址范围最大可达 3GB 即 0x00000000～0xC0000000。LC1881 平台将 DDR 物理内存划分为两部分，Modem 占用 0 地址开始的 128MB 空间，Framebuffer（帧缓冲驱动）占用之后的 8MB 空间，用来在 boot 阶段显示 logo，Kernel 启动后会释放该区域，收归给 Kernel 使用，中间位置有给 TL420 和 Kernel 死机 debug 的固定内存，最高端位给 ATF（ARM Trusted Firmware）固定内存，剩余的都为 Kernel 空间。

图 4-15 显示的是 MEMCTL 外接 3GB DDR SDRAM 的内存划分示意图。

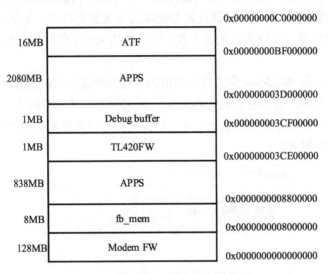

图 4-15　物理内存划分

MEMCTL 外接 3GB DDR SDRAM 物理内存划分的各部分说明如表 4-4 所示。

表 4-4　物理内存分区说明

序号	分区名	地址范围	说明
1	Modem	0x00000000～0x08000000	Modem 加载和运行空间
2	Framebuffer	0x08000000～0x08800000	Framebuffer 空间
3	Kernel	0x08800000～0xC0000000	Kernel 空间
4	TL420 FW	0x3CE00000～0x3CF00000	音频 TL420 运行范围
5	Debug buffer	0x3CF00000～0x3D000000	异常死机预留保存信息地址
6	ATF	0xBF000000～0xC0000000	ARM Trusted Firmware 运行地址
7	APPS	0x8800000～0x3CE000000 与 0x3D00000～0xBF0000000	Kernel 使用地址

2）虚拟内存

虚拟内存空间分配结构如图 4-16 所示。

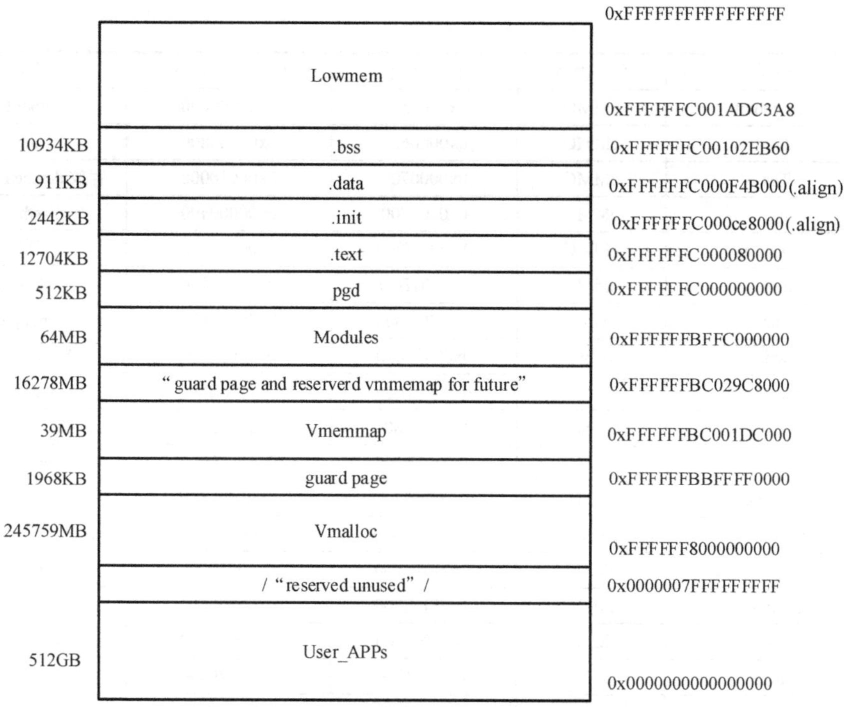

		0xFFFFFFFFFFFFFFFF
	Lowmem	
		0xFFFFFC001ADC3A8
10934KB	.bss	0xFFFFFC00102EB60
911KB	.data	0xFFFFFC000F4B000(.align)
2442KB	.init	0xFFFFFC000ce8000(.align)
12704KB	.text	0xFFFFFC000080000
512KB	pgd	0xFFFFFC000000000
64MB	Modules	0xFFFFFBFFC000000
16278MB	"guard page and reserverd vmmemap for future"	0xFFFFFBC029C8000
39MB	Vmemmap	0xFFFFFBC001DC000
1968KB	guard page	0xFFFFFBBFFF0000
245759MB	Vmalloc	0xFFFFF8000000000
	/ "reserved unused" /	0x0000007FFFFFFFFF
512GB	User_APPs	0x0000000000000000

图 4-16 虚拟内存分配

虚拟内存空间分区的各部分说明如表 4-5 所示。

表 4-5 虚拟内存分区说明

虚拟地址分区名		开始地址	结束地址	大小
用户空间		0x000000000000000	0x0000007FFFFFFFFF	512GB
内核空间	总共	0xFFFFFF8000000000	0xFFFFFFFFFFFFFFFF	512GB
	低端内存	0xFFFFFFC000000000	0xFFFFFFFFFFFFFFFF	256GB
	内核代码和数据, bss 段	0xFFFFFFC000080000	0xFFFFFFC001ADC3A8	—
	Vmalloc 区域	0xFFFFFF8000000000	0xFFFFFFBBFFFF0000	245759MB
	Vmemmap	0xFFFFFFBC001DC000	0xFFFFFFBC029C8000	39MB
	Modules	0xFFFFFFBFFC000000	0xFFFFFFC000000000	64MB

3)eMMC

本平台使用 eMMC 作为内部固定存储，用来存放各种程序镜像、系统数据和用户数据。平台将 eMMC 分成了 21 个分区。

表 4-6 以大于 8GB eMMC 为例，详细描述了除用户(user)分区占用部分外，剩余部分每个分区的起始地址，大小和用途。

表 4-6 eMMC 分区说明

序号	分区名	分区类型	分区起始地址	分区大小(sector)	分区说明
1	bootstrap	eMMC	0x0000000	0x00004000	bootstrap 分区
2	Amt	Ext4	0x0000400	0x00001000	安全启动分区

序号	分区名	分区类型	分区起始地址	分区大小(sector)	分区说明
3	secure_monitor	eMMC	0x0000580	0x00000400	uboot 分区
4	uboot	eMMC	0x0000600	0x00000800	tee 分区
5	Tos	eMMC	0x0000700	0x00010000	存放 devicetree 编译文件
6	dtb	eMMC	0x0001700	0x00000400	Fastboot 画面
7	fastboot_logo	eMMC	0x00017800	0x00004000	开机画面
8	logo	eMMC	0x0001B80	0x00004000	Fota 分区
9	fota	eMMC	0x0001F800	0x00000800	Kernel panic 信息
10	panic	eMMC	0x00020000	0x00001000	Modem arm 镜像
11	modemarm	eMMC	0x00021000	0x0000B800	Modem dsp0 镜像
12	modemdsp	eMMC	0x0002C800	0x0000F000	Linux Kernel 镜像
13	kernel	eMMC	0x0003B800	0x00010000	Android ramdisk 镜像
14	ramdisk	eMMC	0x0004B800	0x00001800	Android recovery 镜像
15	ramdisk_recovery	eMMC	0x0004D000	0x00001800	Recovery Linux Kernel 镜像
16	kernel_recovery	eMMC	0x0004E800	0x00010000	存放 DDR 参数
17	ddronflash	eMMC	0x0005E800	0x00000400	Android misc 分区
18	misc	eMMC	0x00060000	0x00001000	Android misc 分区
19	cache	Ext4	0x00061000	0x00040000	Android cache 分区
20	system	Ext4	0x000A1000	0x002C0000	Android system 分区
21	userdata	Ext4	0x000361000	0x00B2FDC2	Android data 分区

4.2.2　AMT

本平台支持 AMT，用于为工厂操作人员或测试工程师提供一个简单的用户接口，来验证硬件模块的功能是否正常。在使用之前，必须针对特定板卡编译一个镜像文件，并存放在存储设备指定的分区。当启动设备时，需要结合特定的组合按键来进入生产测试模式。进入生产测试模式后，将会显示一个测试菜单，操作人员可以通过该菜单来验证设备上各硬件模块的功能性。

本平台搭载的 AMT 应用属于 Java 应用，而 AMT 服务是一个独立的进程，AMT 和 App/PC 两者之间既可以通过同步模式又可以通过异步的消息机制进行控制和通信，通过 16 进制数据流来进行交互。

AMT 界面示意图如图 4-17 所示。

图 4-17　AMT 界面

本平台 AMT 支持对各硬件单项调试和连续调试。支持对 LCD、铃声、振动、USIM 卡、TF 卡、键盘、TP、RTC 时间、电池、话筒、电话、闪光灯、前后置摄像头、加速度传感器、光传感器、接近传感器、蓝牙、收音机、GPS、WLAN 进行测试。

1. AMT 模块架构

本平台 AMT 方案以 "Modem+AP" 的方式构成，而 Modem 侧没有和 PC 直接连接的端口，因此需要在 AP 侧实现数据的中转。另外，对于部分和 AP 侧直接连接的外设(如蓝牙、GPS 等)，其测试需要通过 AP 侧的测试代理来直接进行控制。LC-OMS-AMT 即满足上述需求的生产测试服务，其在系统中的定位如图 4-18 所示。

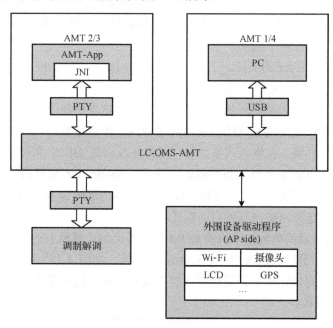

图 4-18　AMT 架构

2. AMT 通信接口

1) 和 PC 侧的通信

本场景通常应用在 AMT 模式 1/4 下。AMT 服务通过 AP 侧提供的 USB 驱动，直接和 PC 侧的测试软件通信、收发数据。在 AMT 服务中会建立一个线程，通过函数 amt_handle_read_pc_loop 来读取 PC 侧下发的命令请求，解析出命令 ID、命令类型、命令数据等信息，然后根据命令 ID 来查询调用相关的处理函数。对于由 AMT 服务直接处理的命令(如部分硬件测试)，则在 AMT 服务中处理完毕后返回应答；否则，将命令透传给 Modem，由 Modem 处理后返回应答。在 AMT 服务中会建立一个线程，通过函数 amt_handle_read_modem_loop 来读取 Modem 应答的数据。

2) 和 App 的通信

本场景通常应用在 AMT 模式 2/3 下。AMT 服务和 App 的通信使用标准的 Linux PTY 设备驱动，App 可使用标准的 open()、read()、write()、close()等函数来实现数据通信。在 AMT 服务中会建立一个线程，通过函数 amt_handle_read_app_loop 来读取 App 的命令请求，解析出命令 ID、命令类型、命令数据等信息，然后根据命令 ID 来查询调用相关的处理函数。

3）和 Modem 的通信

对于需要 Modem 侧完成的测试，AMT 服务会把测试数据打包成 AT 指令，然后发送给 Modem，再根据 Modem 的应答数据来组包并将结果发出。

4.2.3　fastboot

fastboot 是一套 PC 与 UE（Undertest Equipment）之间交互的通信系统，包含 PC 工具、PC 驱动、UE 侧驱动和 fastboot 基础通信协议等内容。fastboot 是一种比 recovery 更底层的刷机模式（俗称引导模式），是 bootloader 后期进入的一个特殊阶段，它可以将软件直接 flash 到各个分区中。用户可以通过数据线与计算机连接，然后在计算机上通过 fastboot 命令行工具执行一些命令，如下载系统镜像到手机上。

fastboot 需要 bootloader 的支持，下面介绍 bootloader 和分区的概念。

（1）bootloader。机器首先要启动，CPU 最先执行的一段程序就是 bootloader。bootloader 就是在操作系统内核运行之前运行的一段小程序。通过这段小程序，可以初始化硬件设备、建立内存空间映射图，从而将系统的软硬件环境带到一个合适状态，以便为最终调用操作系统内核准备好正确的环境。在嵌入式系统中，通常并没有像 BIOS 那样的固件程序，因此整个系统的加载启动任务就完全由 bootloader 来完成。bootloader 通常指的是 secondary stage bootloader。不过我们不需要关心太多的细节，可以简单地理解为 bootloader 就是一段启动代码，根据用户按键有选择地进入某种启动模式。

（2）分区。我们可以简单地把手机的 ROM 存储类比为计算机上的硬盘，这个硬盘被分成几个分区：bootloader 分区、boot 分区、system 分区等，如图 4-19 所示。后面会逐渐介绍各个分区的用途。刷机可以简单地理解成把软件直接安装在手机的某些分区中，类似于在计算机上安装 Windows 系统。

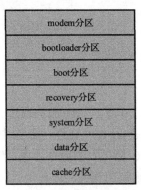

图 4-19　bootloader 分区示意图

当按下电源键，手机上电启动后，首先从 bootloader 分区中一个固定的地址开始执行指令，bootloader 分区分成两个部分，分别称为 primary bootloader 和 secondary stage bootloader。primary bootloader 主要执行硬件检测，确保硬件能正常工作后将 secondary stage bootloader 复制到内存（RAM）开始执行。secondary stage bootloader 会进行一些硬件初始化工作，以获取内存大小等信息，然后根据用户的按键进入某种启动模式。例如，大家所熟知的通过电源键和其他一些按键的组合，可以进入 recovery、fastboot 或者选择启动模式的启动界面等。

1. fastboot 的作用与功能

UE(Undertest Equipment)侧与 PC 通过 USB 连接进入 fastboot 模式，可实现 PC 侧对 UE 侧的各种操作，主要包括以下几点。

(1)对 UE 侧单个分区下载。

(2)对 UE 侧多个分区一键下载。

(3)对 UE 侧单个分区的擦写。

(4)获取 UE 侧参数。

(5)设置 UE 侧 Kernel 启动 cmdline(内核命令行)。

(6)列出 PC 连接的 fastboot 设备。

(7)重新启动 UE。

2. fastboot 通信基础协议

fastboot 协议是一个简单的主从应答同步协议，主机(PC)给从机(UE)命令，从机做出相应的回应，实现主从两端数据通信，主机命令和从机应答必须一一对应，且不支持从机给主机发送命令，如图 4-20 所示。

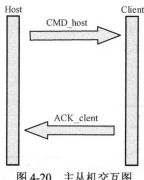

图 4-20　主从机交互图

3. fastboot 平台架构设计

UE 侧 fastboot 实现主要分为以下几层，如图 4-21 所示。

(1)主机命令处理层。

(2)协议实现层。

(3)分区文件抽象层。

(4)硬件驱动层(USB 驱动，软件最小系统，eMMC 驱动)。

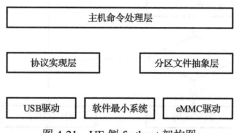

图 4-21　UE 侧 fastboot 架构图

下面依次介绍每层的作用。

1）主机命令处理层

主机命令处理层主要作用如下。

（1）UE 侧 fastboot 命令的注册，安装子命令处理函数。

（2）数据接收内存的分配。

（3）解析 PC 端过来的数据，识别子命令，进入相应的子命令处理流程，例如，当收到 download 命令时，进入分区文件下载流程。此层的变化随着支持命令的变化而变化，属于后期重点修改和维护的对象。

2）协议实现层

协议实现层的主要作用为调用分区文件抽象层和硬件驱动层接口，实现 UE 侧 fastboot 协议内容，供主机命令处理层调用。

3）分区文件抽象层

分区文件抽象层的主要作用为提供访问分区信息和分区文件校验的抽象接口。

4）硬件驱动层

硬件驱动层的主要硬件驱动包括 USB 底层驱动和 eMMC 驱动。

4．单分区下载流程分析

单分区下载是整个 fastboot 功能的基石，本平台支持分区下载功能。下面将从单分区下载流程和单分区下载交互两个方面简单介绍。

1）单分区下载流程

单分区下载流程如图 4-22 所示。

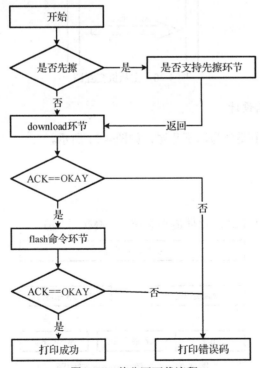

图 4-22　单分区下载流程

针对于单个分区下载，主要分为两个环节。

（1）download 环节。将 PC 侧分区文件下载到 UE 侧内存中。

（2）flash 环节。将 UE 侧内存中的分区文件写到 eMMC 相应分区中，同时 PC 侧 fastboot 程序会向 UE 侧发送是否支持先擦命令，如果是，则执行先擦环节,然后再发起 download 环节 和 flash 环节。

2）单分区下载交互

图 4-23 为单分区下载交互图，更形象地描述了单分区下载命令的交互动作。

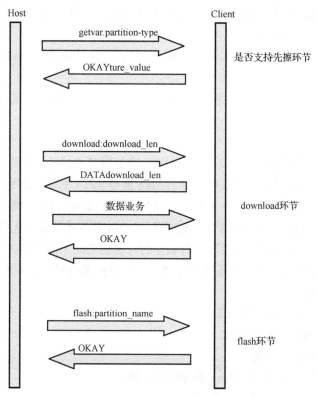

图 4-23　单分区下载交互图

5. fastboot 资源使用

fastboot 运行于 UBoot 中,无真正意义上的操作系统,对资源的使用除去软件最小系统外, 主要包括以下资源。

（1）中断资源：开启中断模式，并使能 USB 中断。

（2）内存资源：LC1860 fastboot 实现需要申请 800MB 内存用于接收 PC 端数据。

（3）USB-OTG 控制器：fastboot 采用 USB 协议与 PC 连接，UE 侧 USB-OTG 使用 device 模式与 PC 端通信。

（4）eMMC 控制器及 eMMC 卡：LC1860 采用 eMMC 卡作为主要的存储方式，fastboot 接 收 PC 端的分区文件，写入 eMMC。

4.2.4　开机流程

本书主要着重于正常启动方式下 AP 侧的开机初始化流程。整个系统的初始化包括以下几步。

（1）BootRom 启动过程。此过程从上电开始，执行 BootRom 内部的代码，在满足一定条件的情况下跳转指定地址为止。

（2）ATF 启动。此过程从 BootRom 跳转出来开始，ATF 是 ARM v8 体系用以安全启动和异常模式切换的运行程序，分为几个不同运行程序。其中 bl2 在启动中担当第一级启动功能，BootRom 运行后运行 bl2，bl2 继续运行 bl31，bl31 担当第二级启动，启动 UBoot，然后常驻内存等待异常切换中断唤起执行其他功能。

（3）UBoot 启动过程。此过程从 ATF 的 bl31 将控制权交给 UBoot 开始，执行 UBoot 内部代码，到跳转到 Kernel 为止。

（4）Kernel 启动过程。该过程从 Kernel 初始化开始到执行 Init 进程，Init 进程解析执行 Init.rc 为止。

（5）Android 启动过程。此过程完成 Android 系统的启动，直到系统进入待机。大致流程见图 4-24。

1. BootRom

BootRom 也就是常说的无盘启动 ROM 接口，它是用来通过远程启动服务构造无盘工作站的。远程启动服务（RemoteBoot，通常也叫 BootRom 插槽 RPL）使通过使用服务器硬盘上的软件来代替工作站硬盘，从而引导一台网络上的工作站成为可能。网卡上必须装有一个 RPL（Remote Program Load，远程初始程序加载），ROM 芯片才能实现无盘启动，每一种 RPL ROM 芯片都是为一类特定的网络接口卡而制作的，它们之间不能互换。带有 RPL 的网络接口卡发出引导记录请求的广播，服务器自动建立一个连接来响应它，并加载 MS-DOS 启动文件到工作站的内存中。

通常，BootRom 软件有以下功能。

（1）通过串口下载操作系统映像。

（2）通过串口升级自身映像。

（3）通过串口下载系统配置文件、系统信息文件。

（4）加载操作系统映像，使其正常启动。

（5）接通电源后，引导芯片代码从预定义的地方（固化在 ROM）开始执行，并加载引导程序到 RAM，然后加载引导程序（bootloader）。

（6）其他的辅助功能，如地址内容查看功能、地址内容修改功能和 BootRom 菜单显示信息控制功能。

详细启动步骤如下。

（1）把 CORE0 从 x0 到 x30 除 x19 外的通用寄存器，还有 sp_el0、sp_el1、sp_el3 存储到 x19 指定的 0xf805fc00 开始的地址中。

（2）通过配置 AP_PWR_PWENCTL 寄存器把输出信号 PWEN 置 1。PWEN 是 SoC 的输出，也是 PMU 的输入，控制 PMU 是否给 SoC 供电。PWEN 为 0，PMU 给 SoC 断电；PWEN 为 1，PMU 给 SoC 供电。PMU 上电复位之后的几毫秒（具体是几毫秒由 PMU 决定）之内不判断 PWEN，所以 SoC 只要在这段时间内把 PWEN 置 1 就可以保证 SoC 的上电。AP_PWR_PWENCTL 没有复位端，这样做的目的是保证芯片软复位的时候不会因为该寄存器复位成 0 而强制 PMU 断电或者该寄存器复位值为 1 而强制 PMU 供电，软复位的时候 PMU 是否断电完全由寄存器 AP_PWR_PWENCTL 复位前的值决定。

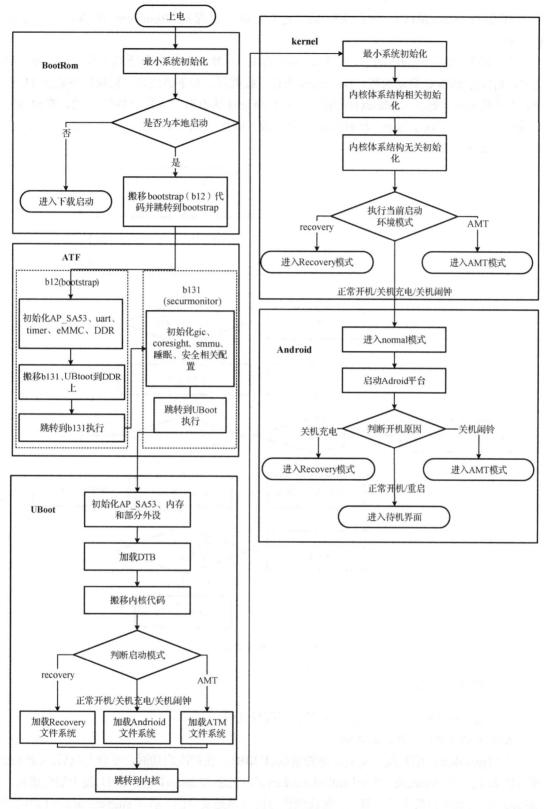

图 4-24 平台开机流程

（3）等待 SECURITY 中的 EFUSE 更新完成，以保证 BootRom 能够正确地读取 EFUSE 值。

（4）判断引脚 boot_ctl1 的值。若 boot_ctl1 为 1，则 BootRom 执行下载流程；若 boot_ctl1 为 0，则执行 eMMC 启动流程。BootRom 执行下载流程，若下载成功，则执行下载的 TL 程序；若下载失败，则进入 while(1)死循环。当 boot_ctl1 为 0 时，执行 eMMC 启动，若 eMMC 启动成功，则执行 bootstrap；若 eMMC 启动失败，则执行 USB/COM_UART 下载。BootRom 启动流程如图 4-25 所示。

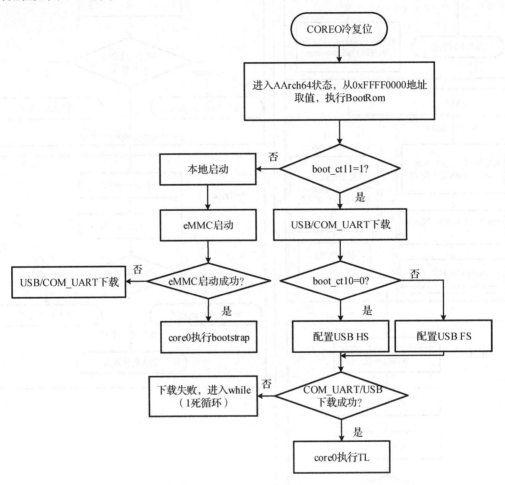

图 4-25　BootRom 启动流程图

2. ATF 启动流程

ATF 是针对 ARM 芯片给出的底层的开源固件代码。

ATF 主要包括三个方面的功能。

（1）Trust Boot。ATF 满足安全启动的规范（TBBR），在初次启动时，平台上电后，CPU 处于 el3 模式，从 romcode 到 spl-sml-uboot-kernel，在进入 kernel 前，CPU 处于安全模式，spl/sml/uboot 都可以带上安全签名，保证软件与硬件都是安全的。后续 suspend or reset 启动的时候，CPU 处于 el3 及 secure word，sml code 开始运行，而后切到 kernel normal word，注意

reset 与 suspend 回到 kernel 的地址是不一样的。

（2）PSCI（Power State Coordination Interface）。ATF 另外一个主要的功能是提供芯片相关的电压管理接口，将 CPU 相关的底层操作抽象出来给 kernel 调用，主要包括 CPU idle/CPU boot/CPU off/system off/system rest 以及预留的 CPU migrate 相关的接口。kernel 通过 smc 来调用 sml API。

（3）Manage Interrupts。ARM 可信固件实现了一个用于配置和管理的框架在任一安全状态下产生的中断。

本平台的 L1881，根据 ARM 体系结构需要对安全与异常模式进行处理和切换，启动的第一阶段由 ATF 来执行。ATF 分 bootstrap 和 secure_monitor 两个阶段，分别对应 bl2.bin 和 bl31.bin，起到的主要作用如下。

bl2.bin：配置 SoC 工作频率和电压；初始化 DDR；加载 bl31 以及 UBoot；跳转执行 bl31。

bl31.bin：bl31 是 running 态的程序，用来进行 CPU psci 协议下断电流程，需要在 boot 阶段启动起来；跳转执行 UBoot。

ATF 启动流程如图 4-26 所示。

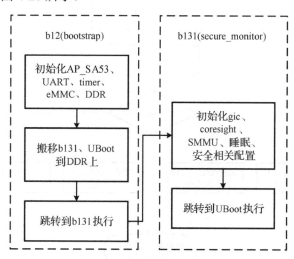

图 4-26　ATF 启动流程

流程说明：

BootRom 从 eMMC 中将 bootstrap 搬移到 TOPRAM 中执行，bootstrap 采用 ATF 的 bl2 阶段代码。

bl2 的主要工作是初始化 DDR 以及从 eMMC 搬移 secure_monitor、UBoot 到 DDR 上，secure_monitor 采用 ATF 的 bl31 阶段代码。

bl31 的主要工作是初始化安全配置以及多核运行环境，然后跳转到 UBoot 执行。

bl2、bl31、UBoot 分别处于不同的 EL 级别，运行中会进行切换。

3. UBoot 启动过程

bootloader 的概念在 4.2 节已经介绍过，本节不再赘述。

bootloader 有很多种，最常见的就是 UBoot，L1860/L1881 平台使用的 bootloader 是 UBoot，UBoot 的主要工作有：判断启动模式；加载 Kernel 镜像并跳转到 Kernel 执行处。

DDR 内存的大小和用途划分、判断启动模式的组合按键都在 UBoot 里定义。

UBoot 启动流程如图 4-27 所示。

UBoot 启动会先配置 AP_HA53 的工作时钟，配置串口输出波特率为 115200，然后从 EMMC 中加载内核镜像到指定的 DDR 地址中，并在 board_init 函数中根据按键不同，加载不同的 ramdisk 文件镜像到 DDR 中指定的位置，最后跳转到内核镜像的 DDR 地址开始处执行。

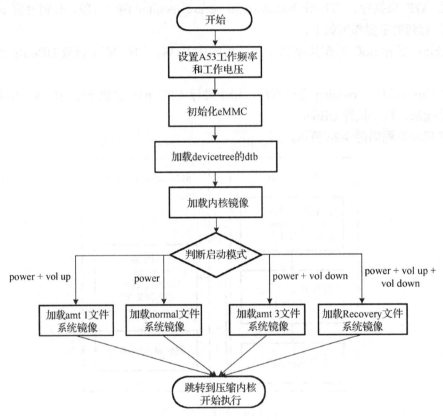

图 4-27　UBoot 启动流程

4. Kernel 启动过程

Kernel 启动流程如图 4-28 所示，内核启动过程是从 UBoot 加载了 Kernel 和 ramdisk 之后开始的。

(1) zImage 的初始引导部分的执行，它检测 UBoot 的加载相关信息后，做一定的内存等本阶段必要的初始化，并创建一个临时内核栈，随后跳转到 C 函数的解压内核入口。

(2) 解压前先输出 "Uncompressing Linux…" 这样的信息，以提示正在解压内核，解压后便进入真正内核代码空间。

(3) 首次进入内核代码空间，首要做的事情就是进行体系结构相关的初始化，包括建立永久内核栈，填充映像段，检测 CPU type 等信息。

(4)进入 start kernel 的全 C 空间，首先一个标志就是输出内核版本信息。

(5)建立内核最小系统相关的初始构件。

(6)对引导参数进行全面解析。

(7)大规模建立内核各个基础子系统，包括硬件中断系统、调度系统、时钟、高精度定时器、软中断、内存、kmem_cache 缓冲、校准延迟、pid 子系统、信号机制等。

(8)建立处理器级别的 bug 检测机制。

(9)内核其他子系统的构建，包括 SMP、驱动(驱动的初始化正是在此过程进行的，后面会详细介绍比较重要的驱动的初始化配置信息，以指导客户对系统启动问题的把握)以及初始内存回收等过程。

(10)系统创建两个线程，两个并发执行，包括 INIT 进程以及启动内核守护线程的线程(随着 INIT 进程后续的执行，整个系统包括 Android 的整体会渐渐建立起来)。注意：三个启动模式(normal、AMT、recovery)是执行 INIT 进程来进行启动的，而对 Linux Kernel 来讲只有一个，它无须感知哪个模式，真正决定当前处于哪个模式是在 UBoot 加载三个模式各自 ramdisk 映像的时候，对于 Kernel 来说目前是透明的。

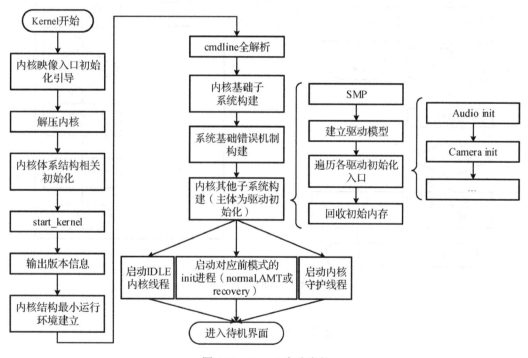

图 4-28　Kernel 启动流程

5. Android 启动过程

在 Kernel 顺利启动完成后，系统就会进入 Android 平台的启动阶段，这一阶段从 Linux 系统的第一个用户空间的进程 init 开始。根据开机原因的不同，这一阶段会包含以下几个不同的流程分支：正常开机(加密/非加密)、关机充电、关机闹钟。

Android 启动过程如图 4-29 所示。

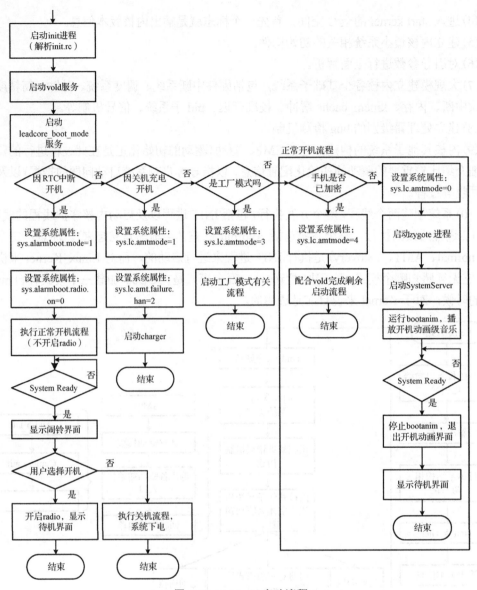

图 4-29 Android 启动流程

4.3 平台接口

4.3.1 Android 原生接口

本平台对外的 Android 原生接口，符合 Android 原生标准，本书不单独描述，感兴趣的读者可以在http://www.android-doc.com/reference/packages.html上自行查阅。

4.3.2 平台拓展接口

本平台上搭载有电信业务、AGPS、WAPI、FM、Camera 五个拓展接口。

1. 电信业务

1) 电信业务架构

本平台电信业务架构如图 4-30 所示。

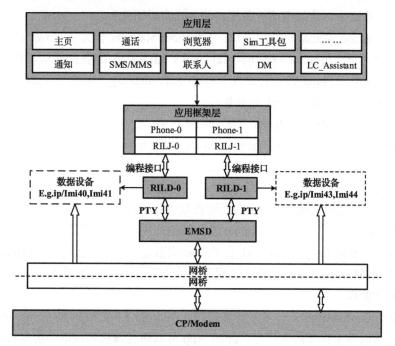

图 4-30　电信业务架构

其中相关接口的调用如图 4-31 所示。

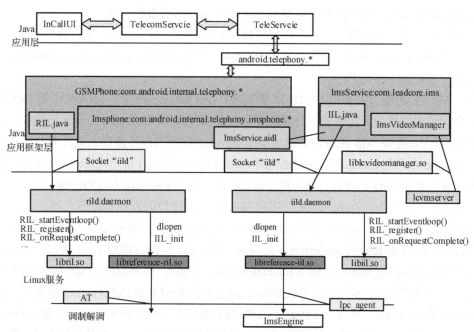

图 4-31　电信业务接口调用

其中多卡多待的能力主要由 Framework 来实现并对此提供相关接口。实现的总体思路是，通过 PhoneFactory 生成多个 Phone 实例，每个实例对应一个"待"，通过各自独立的 RILD 来和特定的 Modem 进行通信。

2) 调用接口方式

在 Android 系统中，访问电信业务接口的方式有以下几种。

(1) 通过 TelephonyManager 调用接口。TelephonyManager 作为 Android Context 系统管理服务之一，主要用于提供 open App 访问 Telephony framework 服务的接口。Telephony 主要通过 ITelephony.aidl 访问 Phone 进程注册在 system ServerManager 中的 Telephony 服务。该服务提供大部分的 Telephony framework 对外接口。

(2) 通过 TelephonyManager.listen 监听 Phone 状态。

Void TelephonyManager.listen (PhoneStateListener listener, int events) 是 TelephonyManager 的一个重要常用接口，用于监听 Phone 状态变化。listener 为回调监听器，events 为定义在 PhoneStateListener 里的一系列监听事件常量。这些常量可以通过或的方式叠加，当 phone 相应的状态发生变化时会在 listener 对应的回调函数中得到处理。

(3) 由 Phone 主动发出广播或者 Intent 通知其他应用，本方式是在 Phone 应用收到 Modem 主动上报事件后，Telephony framework 在 Phone 状态发生改变时会调用 TelephonyRegister 服务通知 TelephonyManager.listen 注册到该服务里的 listener，同时还会 broadcast 相应的 Intent 以通知应用进行处理。

(4) SubscriptionManager——多卡管理接口。Android 5.0 之后新增了 SubscriptionManager 接口用于专门访问多卡在线的卡信息，open App 可以通过该接口获取当前在线的 sim 具体信息，包括 subid、slotid、carrier name 等。

(5) SmsManager——短信发送接口。发送 Text 或 PDU 短信，并监听短信发送状态等。

(6) Content:\\icc\adn\subId\#…访问 sim 卡电话本，包括增删查改。

在传统电信业务的基础上，本平台为支持 VoLTE (Voice over LTE，基于 IMS 的语音业务) 功能新增了 Ims Service 模块。平台中的 GSMPhone 增加 ImsPhone、ImsPhoneCallTracker 等实例，用于与 Ims Service 进程交互。

由于 VoLTE 的能力主要由 MODEM 侧实现，Ims Service 封装了 MODEM 侧 IMS 协议栈并对平台提供相关接口。实现的总体思路是，Ims Service 以 Android Service 形式实现，平台通过 bindServcie 连接 IMS 服务，并通过 Ims Service 对外的相关接口获取注册、电话和短信等服务。Ims Service 通过 socket 与 iild 进程相连，其运行机制与 RIL/rild 相同，iild 使用 libipc_agent.so 连接 MODEM 侧的 IMS 协议栈，作为消息透传模块连接 Ims Service 和 MODEM 侧。

在 Android 系统中，Framework 层访问 VoLTE 业务接口的方式有以下几种。

(1) 通过 ImsManager 调用静态类 isVolteEnabledByPlatform，判断系统当前是否开启 IMS 服务。

(2) 通过 ImsManager 的 getInstance 获得 ImsManager 实例后调用 open 接口，并传入对应的 incomingCallPendingIntent 和 ImsConnectionStateListener，得到返回的 serviceId 用户后续对 ImsService 的持续访问。本方式只会在 Framework 中的 ImsPhoneCalLTracker 中调用，open 接口传入的参数 incomingCallPendingIntent 用来接收 VoLTE 来电，ImsConnectionStateListener 用来接收 IMS 注册状态变化消息的回调，serviceId 在后续拨号时作为参数传递给 ImsServcie，以甄别 phone 实例。

（3）通过 ImsManager 的 getInstance 获得 ImsManager 实例后调用 isConnected 方法。本方式是应用层不通过 phone 进程的 GsmPhone/ImsPhone 实例进行判断 IMS 注册状态的方法，通过 isConnected 参数的传递可以获知卡 1 或卡 2 当前是否处于 IMS 注册成功状态。

（4）通过绑定 android.service.carrier.CarrierMessagingService 并制定 packageName 为 com.leadcore. ims 绑定 IMS 短信服务，用于发送短信。

平台新增或修改的接口见表 4-7。

表 4-7　平台新增或修改电信业务表

接口实现	函数、常量及变量原型	功能
CallManager	public void registerForIncomingMTCall (Handler h, int what, Object obj)	语音电话来电注册，应用在收到本函数注册的消息回调上报后，判断当前来电号码是否是黑名单来电
	public void unregisterForIncomingMTCall (Handler h)	来电去注册
	public void registerForCallHold (Handler h, int what, Object obj)	注册通话对端的呼叫保持通知，以便当通话对端将本端进行保持/恢复通话时，本端能进行相应的提示
	public void unregisterForCallHold (Handler h)	取消注册通话对端的呼叫保持通知
GSMPhone	public void confirmCall (int gsmIndex, boolean confirm, Message result)	来电注册后，判断是否黑名单来电，通知 Framework 是否允许本次来电
	public void changeBarringPassword (String facility, String oldPwd, String newPwd, Message result)	更改呼叫限制密码
	public void setFacilityLock (String facility, boolean lockState, String password, int serviceClass, Message response)	设置呼叫限制
	public void getPreferredPLMNList (Message response)	获取卡上的优先网络列表
	int format	设置卡上的优先网络列表
	String oper	设置卡上的优先网络列表
	int gsmAct	设置卡上的优先网络列表
	int gsmCompactAct	设置卡上的优先网络列表
	int utranAct	设置卡上的优先网络列表
	Message response	设置卡上的优先网络列表
IccCardProxy	public void queryFacilityLock (String facility, String password, int serviceClass, Message response)	查询呼叫限制状态
GsmMmiCode	public void sendUssd (int mode, int dcs, String ussd-Message)	用指定模式和字符格式发送 USSD 字符串
UiccCardApplication	public boolean getIccFdnEnabled ()	查询当前 FDN 功能是否开启
SubscriptionInfoHelper	public int getSubId ()	获取当前 GsmMmiCode 对象对应的值
TelephonyManager	public String getVoiceMailAlphaTag ()	获取语音信箱号码对应的标签
	public String getVoiceMailNumber ()	获取语音信箱号码
	public String getCompleteVoiceMailNumber ()	获取完整的语音信箱号码
	public String getLine1AlphaTag ()	获取线路 1 号码对应的标签
	public String getLine1Number ()	获取线路 1 号码
SmsManager	public boolean updateMessageOnIcc (int messageIndex, int newStatus, byte[] pdu)	更新 SIM 卡指定的短信的状态或 PDU
	boolean copyMessageToIcc (byte[] smsc, byte[] pdu, int status)	复制短信至 SIM 卡

接口实现	函数、常量及变量原型	功能
SmsManager	int copyMessageToIccWithIndex（byte[] smsc, byte[] pdu, int status）	更新 SIM 卡指定的短信的状态或 PDU
	static ArrayList<SmsMessage> getAllMessagesFromIcc（）	获取指定的 SIM 卡中所有短信
	boolean deleteMessageFromIcc（int messageIndex）	删除 SIM 卡指定的短信
	String getSmsCenter（）	获取短信中心
	boolean setSmsCenter（String sc）	设置短信中心
	boolean getIccFdnEnabled（int subID）	获取 FDN 使能标识
	public String getRecipientAddress（）	用于获取 submit 类型的 sms 中收件人地址
IccSmsInterfaceManager（短信业务）	public boolean updateMessageOnIccEf（String callingPkg, int messageIndex, int newStatus, byte[] pdu）	更新 SIM 卡指定的短信的状态或 PDU
	boolean copyMessageToIccEf（String callingPkg,int status, byte[] pdu, byte[] smsc）	复制短信至 SIM 卡
	int copyMessageToIccEfWithIndex（String callingPkg, int status, byte[] pdu, byte[] smsc）	更新 SIM 卡指定的短信的状态或 PDU
	String getSmsCenter（）	获取短信中心
	List<SmsRawData> getAllMessagesFromIccEf（String callingPkg）	获取指定的 SIM 卡中所有短信
	void sendData（String callingPkg,String destAddr, String scAddr, int destPort, byte[] data, PendingIntent sentIntent, PendingIntent deliveryIntent）	发送端口短信
	void sendRawPdu（String callingPkg,byte[] smsc, byte[] pdu, PendingIntent sentIntent, PendingIntent deliveryIntent, String destAddr）	发送短信，参数为 PDU
	void sendText（String callingPkg,String destAddr, String scAddr, String text, PendingIntent sentIntent, PendingIntent deliveryIntent，boolean persistMessage- ForNonDefault-SmsApp）	发送短信，参数为文本
	void sendMultipartText（String callingPkg,String destination-Address, String scAddress, List<String> parts, List<PendingIntent> sentIntents, List<PendingIntent> delivery-Intents, boolean persistMessageForNonDefaultSms-App）	发送级联短信
	boolean getIccFdnEnabled（）	获取 FDN 使能标识
Telephony	public static final String WAP_PUSH_RECEIVED_ACTION = "android.provider.Telephony.WAP_PUSH_RECEIVED"	广播终端收到一条 WAP PUSH 消息
	public static final String SMS_RECEIVED_ACTION = "android. provider. Telephony. SMS_RECEIVED"	广播收到新短信
ITelephony	public int supplyPin（String pin）	基于原生接口的修改，PIN 被锁后，用户输入 PIN 码供 modem 解锁
	public int supplyPuk（String puk, String pin）	基于原生接口的修改，PUK 被锁后，用户输入 PUK 码供 modem 解锁，并设置新的 PIN 码
TelephonyIntents	public static final String ACTION_SIM_STATE_CHANGED = "android.intent.action.SIM_STATE_CHANGED"	修改，广播（U）SIM 卡状态变化
	public static final String SPN_STRINGS_UPDATED_ACTION="android.provider.Telephony.SPN_STRINGS_UPDATED"	修改，广播 SPN 信息已更新

接口实现	函数、常量及变量原型	功能
TelephonyIntents	public static final String ACTION_SIGNAL_STRENGTH_ CHANGED = "android.intent.action.SIG_STR"	广播网络信号已更新
	public static final String ACTION_PHONE_STATE_ CHANGED = "android.intent.action.PHONE_STATE"	修改，广播电话状态发生变化
PreferredPlmnInfo	int index	列表项的 index（来自读取时获取的值），通常取值范围是 1~8
	int format	运营商信息数据格式：0：长格式（如 China Mobile）；1：短格式（如 CMCC）；2：数字格式（如 46002）
	String oper	运营商数据信息，格式由 format 决定；
	int gsmAct	GSM 接入技术，0：本接入技术未选中；1：本接入技术已选中
	int gsmCompactAct	GSM compact 接入技术，0：本接入技术未选中；1：本接入技术已选中
	int utranAct	UTRAN 接入技术，0：本接入技术未选中；1：本接入技术已选中
	getIndex ()	获取要操作列表项的 index
	public int getFormat ()	获取运营商信息数据格式
	public String getOper ()	获取运营商数据信息
	public int getGsmAct ()	获取 GSM 接入技术
	public int getGsmCompactAct ()	获取 GSM compact 接入技术
ImsUtInterface	int action	更新操作
	int condition	呼叫转移条件
	String number	呼叫转移号码
	int serviceClass	呼叫转移服务生效类别：语音、视频
	int timeSeconds	呼叫转移延迟时间，用于无应答呼转
	String timeInterval	无条件呼转生效时间段（中国移动）
	Message result	设置结果

2. AGPS

AGPS（Assisted GPS）即辅助 GPS 技术，它可以提高 GPS 的性能。通过移动通信运营基站，它可以快速地定位，广泛用于含有 GPS 功能的手机上。GPS 通过卫星发出的无线电信号来进行定位。当在很差的信号条件下时，例如，在一座城市中，这些信号可能会被许多不规则的建筑物、墙壁或树木削弱。在这样的条件下，非 AGPS 导航设备可能无法快速定位，而 AGPS 可以通过运营商基站信息来进行快速定位。

本平台支持 GPS 和 AGPS 功能，其中 GPS 接口是 Android 原生库支持的，本平台新增了 AGPS 接口，如表 4-8 所示。

表 4-8　新增 AGPS 接口

接口实现	函数、常量及变量原型	接口功能
LocationManager	public int setAgpsRoamSwitch (int onOff)	设置漫游时 AGPS 数据连接开关
	public int getAgpsRoamSwitch ()	获取漫游时 AGPS 数据连接开关状态

3. WAPI

WAPI（Wireless LAN Authentication and Privacy Infrastructure，无线局域网鉴别和保密基础结构）是一种安全协议，同时也是中国无线局域网安全强制性标准。

WAPI 像红外线、蓝牙、GPRS、CDMA1X 等协议一样，是无线传输协议的一种，只不过与它们不同的是，WAPI 是无线局域网(WLAN)中的一种传输协议，它与 802.11(Wi-Fi)传输协议是同一领域的技术。

当前全球无线局域网领域仅有的两个标准，分别是美国行业标准组织提出的 IEEE 802.11 系列标准(俗称 Wi-Fi，包括 802.11a/b/g/n/ac 等)以及中国提出的 WAPI 标准。WAPI 是我国首个在计算机宽带无线网络通信领域自主创新并拥有知识产权的安全接入技术标准。

WAPI 方案已由国际标准化组织 ISO/IEC 授权的机构 IEEE Registration Authority(IEEE 注册权威机构)正式批准发布，分配了用于 WAPI 协议的以太类型字段，这也是中国在该领域唯一获得批准的协议。

与 Wi-Fi 的单向加密认证不同，WAPI 双向均认证，从而保证传输的安全性。WAPI 安全系统采用公钥密码技术，鉴权服务器(AS)负责证书的颁发、验证与吊销等。无线客户端与无线接入点(AP)上都安装有 AS 颁发的公钥证书，作为自己的数字身份凭证。当无线客户端登录至无线接入点时，在访问网络之前必须通过 AS 对双方进行身份验证。根据验证的结果，持有合法证书的移动终端才能接入持有合法证书的无线接入点。

本平台支持 WAPI，新增了三个接口文件。

(1)Credentials 接口。该文件主要新增 WAPI 证书相关的几个固定字段定义，这些固定字段都是以常量定义的。

(2)WifiManager 接口。该文件主要新定义了几个与 Supplicant 上报的 WAPI 事件相关的固定字段，这些固定字段都是以常量定义的。

(3)WifiConfiguration 接口。WifiConfiguration 保存 AP 相关的信息，增加 WAPI 功能后，WifiConfiguration 中也需要同步增加相应的常量或变量用来保存 WAPI 相关的信息，包括 WAPI 加密方式以及 PSK 和 Cert 两种加密方式下对应的信息。

新增 WAPI 接口具体定义如表 4-9 所示。

表 4-9　新增 WAPI 接口

接口	函数、常量及变量原型	功能
Credentials	public static final String WAPI_AS_ CERTIFICATE	用于标识 WAPI 认证服务器证书 AS 字段
	public static final String WAPI_USER_ CERTIFICATE	用于标识 WAPI 用户证书 USER 字段
	public static final String EXTRA_WAPI_USER_CERTIFICATES_ NAME	用于标识 WAPI 用户证书名称字段
	public static final String EXTRA_WAPI_USER_CERTIFICATES_ DATA	用于标识 WAPI 用户证书数据字段
	public static final String EXTRA_WAPI_AS_CERTIFICATES_ NAME	用于标识 WAPI 认证服务器证书名称字段
	public static final String EXTRA_WAPI_AS_CERTIFICATES_ DATA	用于标识 WAPI 认证服务器证书数据字段
WifiManager	public static final String SUPPLICANT_WAPI_EVENT	用于标识 WAPI 事件字段，该字段内容将以 Intent 的方式通知给应用，事件包括 WAPI_EVENT_AUTH_FAIL_CODE 和 WAPI_EVENT_CERT_FAIL_CODE
	public static final int WAPI_EVENT_AUTH_FAIL_CODE	Supplicant 上报的 WAPI 事件的一种类型，表示 WAPI 鉴权失败
	public static final int WAPI_EVENT_CERT_FAIL_CODE	Supplicant 上报的 WAPI 事件的一种类型，表示 WAPI 证书打开失败

接口	函数、常量及变量原型	功能
WifiConfiguration	public String wapiAsCert	用于保存 WAPI 认证服务器证书信息
	public String wapiUserCert	用于保存 WAPI 用户证书信息
	public int wapiCertIndex	用于保存证书索引号
	public static final int WAPI_ASCII_PASSWORD	PSK 密码格式为 ASCII
	public static final int WAPI_HEX_PASSWORD	密码格式为 16 进制
	public static final int WAPI_PSK	用于表示当前 WAPI 使用的是 PSK 加密方式
	public static final int WAPI_CERT	用于表示当前 WAPI 使用的是证书加密方式

4. FM

FM（这里是指 BCM4343 芯片）主要的接口中，新增了音频模式 AudioManager.MODE_FM，如表 4-10 所示。

表 4-10　新增 FM 接口

接口实现	函数、常量及变量原型	接口功能
AudioManager	public static final int MODE_FM	用于设定音频模式为 FM 模式
FmProxy	public synchronized int turnOnRadio(int functionalityMask, String clientPackagename)	打开 FM chip
	public synchronized int seekStationCombo(int startFrequency, int endFrequency, int minSignalStrength, int scanDirection, int scanMethod, boolean multi_channel, int rdsType, int rdsTypeValue)	全频段扫描
	public synchronized int seekStation(int scanMode, int minSignalStrength)	从当前频率向上或向下搜索
	public synchronized int tuneRadio(int freq)	设置频率
	public synchronized int turnOffRadio()	关闭 FM
	public synchronized int seekRdsStation(int scanMode, int minSignalStrength, int rdsCondition, int rdsValue)：	向下或向上搜索支持 RDS 的电台
	public synchronized int seekStationAbort()：	停止搜索 FM
	public synchronized int setRdsMode(int rdsMode, int rdsFeatures,int afMode, int afThreshold)	Enables/disables RDS(Radio Data System，广播数据系统)/RDBS feature(特征) and AF(Audio Frequency，音频) algorithm(算法)
	public synchronized int setAudioMode(int audioMode)	Configures FM audio mode to be mono, stereo or blend
	public synchronized int setAudioPath(int audioPath)	Configures FM audio path to AUDIO_PATH_NONE AUDIO_PATH_SPEAKER,AUDIO_PATH_WI RED_HEADSET or AUDIO_PATH_DIGITAL
	public synchronized int setStepSize(int stepSize)	设置搜索电台时的最小步长
	public synchronized int setFMVolume(int volume)	设置 FM 音量
	public synchronized int setWorldRegion(int worldRegion, int deemphasisTime)	Sets a the world frequency region and the deemphasis time
	public synchronized int estimateNoiseFloorLevel(int nflLevel)	Estimates the noise floor level given a specific type request
	public synchronized int setSnrThreshold(int snrThreshold)	Sets the SNR threshold for the subsequent FM frequency tuning
	public synchronized int muteAudio(boolean mute)	Mutes/unmutes radio audio. If muted the hardware will stop sending audio

接口实现	函数、常量及变量原型	接口功能
FmProxy	public boolean getRadioIsOn ()	Get the On/Off status of FM radio receiver module
	public int getMonoStereoMode ()	Get the Audio Mode
	public int getTunedFrequency ()	Returns the present tuned FM Frequency
	public boolean getIsMute ()	Returns whether MUTE is turned ON or OFF

5. Camera

Camera 原生不支持录像暂停功能，因此 Framework 层提供新的接口实现供应用调用；另外，新增笑脸识别、连续对焦、normal 场景参数；同时约定一些 Key 值供应用直接调用。新增 Camera 接口如表4-11 所示。

表 4-11　新增 Camera 接口

接口实现	函数、常量或变量原型	接口功能
MediaRecorder	public native void pause ()	提供录像暂停功能
Camera	public int smile	是否笑脸的标识
	const char CameraParameters::SCENE_MODE_NORMAL[] = "normal"	用来设置场景模式中的"正常"模式

	"brightness"; //亮度
	"max-brightness";//最大亮度值, 3
	"min-brightness"; //最小亮度值, −3
	"brightness-step";//亮度步进, 1
		不提供新增接口，APP 直接 get/set 相应 Key 值进行亮度配置

	"iso"; //ISO
	"iso‐mode‐values"; //支持的 ISO, "auto,100,200,400,800"
		不提供新增接口，APP 直接 get/set 相应 Key 值进行感光度配置

	"contrast"; //对比度
	"max-contrast";//最大对比度,3
	"min-contrast";//最小对比度, −3
	"contrast-step";//对比度步进,1
		不提供新增接口，APP 直接 get/set 相应 Key 值进行对比度配置

	"metering"; //测光模式 key 值，char 型，取值 center‐weighted, spot‐metering, frame-average	不提供新增接口，APP 直接 get/set 相应 Key 值进行测光模式配置
	"snapshot-picture-flip"; //镜像 key 值，int 型，取值 0,1；0 为关闭，1 为开启；	不提供新增接口，APP 直接 get/set 相应 Key 值进行镜像开关设置

4.4　应用开发

本节仅简单介绍应用开发用到的语言、IDE(集成开发环境)，以及 Android 架构下顶层的应用程序如何访问底层硬件资源，读者若对此感兴趣可自行进行深入的学习。

4.4.1　开发环境

用户应用开发：Eclipse + JDK+ADT；Android Studio+JDK+SDK。
API 和底层驱动开发：Visual Studio；Eclipse + CDT；Android Studio + NDK；Code：：Blocks。

4.4.2　开发语言

用户应用开发用 Java 语言，API 和底层驱动开发用 C/C++语言。下面将简单介绍这三种语言的特性，读者若感兴趣可自学相关内容。

1. Java

Java 是目前使用最广泛的网络编程语言之一，它有如下特点。

1）简单性

Java 没有指针的概念，能够自动处理对象的引用和间接引用，实现自动的无用单元收集，使用户不必为存储管理问题而烦恼，能将更多的时间和精力花在研发上。同时包含一些简单易用的标准库（如 JDBC）。

2）面向对象

Java 是一个面向对象的语言。面向对象的三个基本特征是：封装、继承、多态。通过面向对象的方式，将现实世界的事物抽象成对象，将现实世界中的关系抽象成类并继承，帮助人们实现对现实世界的抽象与数字建模。通过面向对象的方法，更利于用人理解的方式对复杂系统进行分析、设计与编程。同时，面向对象能有效提高编程的效率，通过封装技术，消息机制可以像搭积木一样快速开发出一个全新的系统。面向对象是指一种程序设计范型，同时也是一种程序开发的方法。对象指的是类的集合。它将对象作为程序的基本单元，将程序和数据封装其中，以提高软件的重用性、灵活性和扩展性。

3）分布性

Java 支持在网络上应用，它是分布式语言。Java 既支持各种层次的网络连接，又以 Socket 类支持可靠的流（stream）网络连接，所以用户可以产生分布式的客户机和服务器。

网络变成软件应用的分布运载工具。Java 程序只要编写一次，就可到处运行。

4）编译和解释性

Java 编译程序生成字节码，而不是通常的机器码。Java 字节码对体系结构提供中性的目标文件格式，代码设计可有效地传送程序到多个平台。Java 程序可以在任何实现了 Java 解释程序和运行系统（run-time system）的系统上运行。

在一个解释性的环境中，程序开发的标准"链接"阶段大大消失了。如果说 Java 还有一个链接阶段，那么它只是把新类装进环境的过程，它是增量式的、轻量级的过程。因此，Java 支持快速原型和容易试验，它将导致快速程序开发。这是一个与传统的、耗时的"编译、链接和测试"形成鲜明对比的精巧的开发过程。

5）稳健性

Java 是一个强类型语言，它在扩展编译时检查潜在类型不匹配问题。Java 要求显式的方法声明，它不支持 C 语言风格的隐式声明。这些严格的要求保证编译程序能捕捉调用错误，这就使程序更可靠。

可靠性方面最重要的增强之一是 Java 的存储模型。Java 不支持指针，它消除重写存储和讹误数据的可能性。类似的，Java 自动的"无用单元收集"预防存储泄漏和其他有关动态存储分配和解除分配的有害错误。Java 解释程序也执行许多运行时的检查，如验证所有数组和串访问是否在界限之内。

异常处理是 Java 中使程序更稳健的另一个特征。异常是某种类似于错误的异常条件出现的信号。使用 try/catch/finally 语句，程序员可以找到出错的处理代码，这就简化了出错处理和恢复的任务。

6）安全性

Java 的存储分配模型是它防御恶意代码的主要方法之一。Java 没有指针，所以程序员不能得到隐蔽起来的内幕和伪造指针去指向存储器。更重要的是，Java 编译程序不处理存储安排决策，所以程序员不能通过查看声明去猜测类的实际存储安排。编译的 Java 代码中的存储引用在运行时由 Java 解释程序决定实际存储地址。

Java 运行系统使用字节码验证过程来保证装载到网络上的代码不违背任何 Java 语言限制。这个安全机制部分包括类如何从网上装载。例如，装载的类是放在分开的名字空间而不是局部类，预防恶意的小应用程序用它自己的版本来代替标准 Java 类。

7）与平台无关

Java 使语言声明不依赖于实现的方面。例如，Java 显式说明每个基本数据类型的大小和它的运算行为（这些数据类型由 Java 语法描述）。

Java 环境本身对新的硬件平台和操作系统是可移植的。Java 编译程序也用 Java 编写，而 Java 运行系统则用 ANSI C 语言编写。

8）高性能

Java 是一种先编译后解释的语言，所以它不如全编译性语言快。但是有些情况下，性能是很重要的，为了支持这些情况，Java 设计者制作了“及时”编译程序，它能在运行时把 Java 字节码翻译成特定CPU的机器代码，也就是实现全编译。

Java 字节码格式设计时考虑到这些“及时”编译程序的需要，生成机器代码的过程相当简单，它能产生相当好的代码。

9）多线索性

Java 是多线索语言，它提供支持多线索的执行（也称为轻便过程），能处理不同任务，使具有线索的程序设计很容易。Java 的 lang 包提供一个Thread类，它支持开始线索、运行线索、停止线索和检查线索状态的方法。

Java 的线索支持也包括一组同步原语。这些原语是基于监督程序和条件变量防范的，由 C.A.R.Haore 开发的广泛使用的同步化方案。用关键词synchronized，程序员可以说明某些方法在一个类中不能并发地运行。这些方法在监督程序控制之下，确保变量维持在一个一致的状态。

10）动态性

Java 语言适应变化的环境，它是一个动态的语言。例如，Java 中的类是根据需要载入的，甚至有些是通过网络获取的。

JVM 是 Java Virtual Machine（Java虚拟机）的缩写，JVM 是一种用于计算设备的规范，它是一个虚构出来的计算机，是通过在实际的计算机上仿真模拟各种计算机功能来实现的。

Java 语言的一个非常重要的特点就是与平台的无关性。而使用 Java 虚拟机是实现这一特点的关键。一般的高级语言如果要在不同的平台上运行，至少需要编译成不同的目标代码。而引入 Java 语言虚拟机后，Java 语言在不同平台上运行时不需要重新编译。Java 语言使用 Java 虚拟机屏蔽了与具体平台相关的信息，使 Java 语言编译程序只需生成在 Java 虚拟机上运行的目标代码（字节码），就可以在多种平台上不加修改地运行。Java 虚拟机在执行字节码时，把字节码解释成具体平台上的机器指令执行。这就是 Java 能够“一次编译，到处运行”的原因。如图 4-22 所示。

JVM 是 Java 的核心和基础，它是在 Java 编译器和 OS 平台之间的虚拟处理器。它是一种基于下层的操作系统和硬件平台并利用软件方法来实现的抽象的计算机，可以在上面执行 Java 的字节码程序。

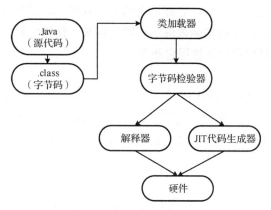

图 4-32　Java 代码编译过程

Java 编译器只需面向 JVM，生成 JVM 能理解的代码或字节码文件。Java 源文件经编译器，编译成字节码程序，通过 JVM 将每一条指令翻译成不同平台机器码，通过特定平台运行。

2. C 语言

C 语言的特点如下。

(1)高级语言：它是把高级语言的基本结构和语句与低级语言的实用性结合起来的工作单元。

(2)结构式语言：结构式语言的显著特点是代码及数据的分隔化，即程序的各个部分除了必要的信息交流外彼此独立。这种结构化方式可使程序层次清晰，便于使用、维护以及调试。C 语言是以函数形式提供给用户的，这些函数可方便地调用，并具有多种循环、条件语句控制程序流向，从而使程序完全结构化。

(3)代码级别的跨平台：由于标准的存在，几乎同样的C代码可用于多种操作系统(如Windows、DOS、UNIX等)，也适用于多种机型。对于编码需要进行硬件操作的场合，C 语言优于其他高级语言。

(4)使用指针：可以直接进行靠近硬件的操作。

3. C++

C++是 C 语言的继承，它既可以进行 C 语言的过程化程序设计，又可以进行以抽象数据类型为特点的基于对象的程序设计，还可以进行以继承和多态为特点的面向对象的程序设计。C++擅长面向对象程序设计的同时，还可以进行基于过程的程序设计，因而 C++能从容应对不同规模的问题。

C++不仅拥有计算机高效运行的实用性特征，同时还致力于提高大规模程序的编程质量与程序设计语言的问题描述能力。

C++语言的特点如下。

1)支持数据封装和数据隐藏

在 C++中，类是支持数据封装的工具，对象则是数据封装的实现。C++通过建立用户定义类支持数据封装和数据隐藏。

在面向对象的程序设计中，将数据和对该数据进行合法操作的函数封装在一起作为一个类的定义。对象被说明为具有一个给定类的变量。每个给定类的对象包含这个类所规定的若干私有成员、公有成员及保护成员。完好定义的类一旦建立，就可看成完全封装的实体，可以作为一个整体单元使用。类的实际内部工作隐藏起来，使用完好定义的类的用户不需要知道类是如何工作的，只要知道如何使用它即可。

2) 支持继承和重用

在 C++现有类的基础上可以声明新类型，这就是继承和重用的思想。通过继承和重用可以更有效地组织程序结构，明确类间关系，并且充分利用已有的类来完成更复杂、更深入的开发。新定义的类为子类，称为派生类。它可以从父类那里继承所有非私有的属性和方法，作为自己的成员。

3) 支持多态性

C++采用多态性为每个类指定表现行为。多态性形成由父类和它们的子类组成的一个树型结构。在这个树中的每个子类可以接收一个或多个具有相同名字的消息。当一个消息被这个树中一个类的一个对象接收时，这个对象动态地决定给予子类对象的消息的某种用法。

继承性和多态性的组合，可以轻易地生成一系列虽然类似却独一无二的对象。由于继承性，这些对象共享许多相似的特征。由于多态性，一个对象可有独特的表现方式，而另一个对象有另一种表现方式。

4.4.3 开发工具包

1. JDK

JDK 是 Java 语言的软件开发工具包，主要用于移动设备、嵌入式设备上的 Java 应用程序。JDK 是整个 Java 开发的核心，它不仅提供了 Java 程序运行所需的 JRE(JVM+Java 系统类库)，还提供了一系列的编译、运行等工具，如 javac、javaw 等。它包含了 Java 的运行环境和 Java 工具。

2. Android SDK

Android SDK 提供了在 Windows/Linux/Mac 平台上开发 Android 应用的开发组件，包含了在 Android 平台上开发移动应用程序的各种工具集。

3. Android NDK

Android NDK(Native Development Kit，本地开发工具包)，即 Android 原生库。NDK 为开发者提供了直接使用的 Android 系统资源，并采用 C 或 C++语言编写程序的接口。帮助开发者快速开发 C(或 C++)的动态库，并能自动将 so 文件和 Java 应用一起打包成 APK。NDK 集成了交叉编译器(交叉编译器需要 UNIX 或 Linux 系统环境)，并提供了相应的 mk 文件(描述了整个工程的编译、连接等规则)隔离 CPU、平台、ABI(Application Binary Interface，应用程序二进制接口)的差异，开发人员只需要简单修改 mk 文件(指出"哪些文件需要编译"、提出"编译特性要求"等)，就可以创建出 so。Android 中用到的 so 文件是一个 C++的函数库。在 Android 的 JNI 中，要先将相应的 C 语言打包成 so 库，然后导入 lib 文件夹中供 Java 调用。

核心 Android 系统组件和服务(如 ART 和 HAL)构建自原生代码,需要以 C 和 C++编写的原生库。若要开发相关的应用,可以使用 Android NDK 直接从原生代码访问某些原生平台库。

注意,使用原生库无法访问应用框架层 API,兼容性可能无法保障。而且从安全性角度考虑,Android 原生库用非类型安全的程序语言 C、C++编写,更容易产生安全漏洞,原生库的缺陷(bug)也可能更容易直接影响应用程序的安全性。

4.4.4 用户应用如何访问底层

在介绍用户应用如何访问底层之前,先介绍一个在访问过程中会用到的重要技术。

JNI 通过 JVM 调用系统提供的 API。操作系统,无论是 Linux、Windows 还是 Mac OS,或者一些汇编语言写的底层硬件驱动都是 C/C++写的。Java 和 C/C++不同,它不会直接编译成平台机器码,而是编译成虚拟机可以运行的 Java 字节码的.class 文件,通过 JIT 技术即时编译成本地机器码,所以运行效率就比不上 C/C++代码,JNI 技术解决了这一痛点,JNI 可以说是 C 语言和 Java 语言交流的适配器、中间件,下面我们来看 JNI 调用示意图,如图 4-33 所示。

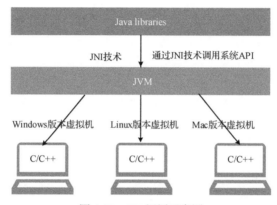

图 4-33　JNI 调用示意图

通过前面的介绍,我们知道 Android 的应用是用 Java 语言进行开发的,但底层的 Linux Kernel 是用 C 语言开发的,二者并不兼容,那么 Android 的应用是如何访问底层的呢?

Android 系统为硬件增加了一个 HAL 模块,HAL 通过接口访问 Linux 内核驱动程序,但 Java 应用并不能直接访问 HAL,还必须在硬件抽象层编写 JNI 方法,并在 Android 系统的 Application Framework 层增加 API,使上层应用程序能够使用下层提供的硬件服务。Java 应用程序需先调用 Application Frameworks 层的 API,才能通过调用硬件抽象层接口访问硬件。

其大致流程如图 4-34 所示。

可以看到,应用程序运行时,调用了 Java Framework Service 中的 API。API 再调用 JNI,进而通过调用相应的 HAL 接口访问位于 Linux Kernel 中的驱动程序来访问硬件。

所以,在进行应用开发时,可以直接调用现有的 API,由它们负责调用对应的 JNI,它们包含在谷歌公司提供的 Android SDK 中。如果要开发一些特有的功能,则需要先安装 NDK,再使用其中的方法编写自己的 JNI,并在应用程序中调用。

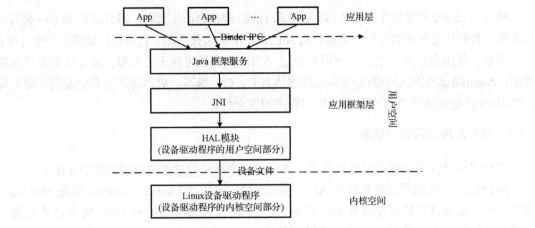

图 4-34   App 访问底层

第5章 数据流程

5.1 语音通信

5.1.1 语音通信流程概述

用户的语音从麦克风输入后，转变成模拟电信号，然后在音频部分进行模/数转换，得到64Kbit/s 的数字信号，成为位编码的语音信号后进入 DSP，在 DSP 中按相应的通信制式标准对信号进行语音编码、信道编码、加密，并形成突发模式的格式后又进行调制和数/模转换，成为调制的语音信号，送入射频模块调制、功放，并由天线发送到相应基站；从空中来的语音信号则经过相反的过程，最终解码成为普通的语音模拟信号送到受话器。流程分别如图 5-1 和图 5-2 所示。

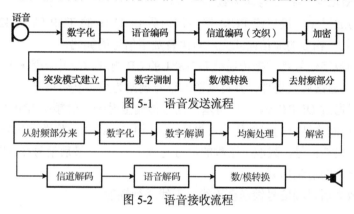

图 5-1 语音发送流程

图 5-2 语音接收流程

手机拨出对方的号码后，信号首先被传送到基站，再送到交换台。交换台会搜寻对方所在的基站，从而连通对方的手机。接通后，声音信号便会转为数字信号，由射频经天线产生电磁波再传送到基站，如图 5-3 所示。

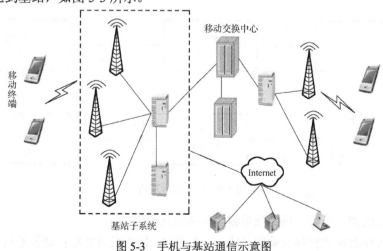

图 5-3 手机与基站通信示意图

5.1.2 本平台语音信号发送流程

如图 5-4 所示，本平台语音信号在发送过程中经过了如下处理过程。

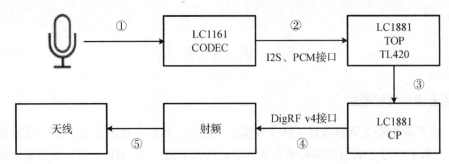

图 5-4 语音信号发送

① 语音信号(模拟信号)从 MIC(话筒)输入，然后传输至 LC1161 芯片。在 LC1161 中 CODEC 模块的 ADC 将模拟信号转为数字信号。

② 数字信号通过 I^2C 接口或 PCM 接口传输至 LC1181 的 TOP 侧 TL420 模块，也就是 DSP 模块，在此处按相应的通信制式完成对语音数字信号的编码。

③ 编码后的数字信号将数据传递给 LC1881 的 CP 侧，在 CP 中按照相应的通信制式对数字信号进行加密、通信协议处理，并将低频的信号调制为数字基带信号。

④ 基带信号通过 DigRF v4 接口将基带信号传输至射频，射频中 IRIS411 芯片会将基带信号按相应的通信制式调制为射频信号，并且，射频中的 ABB 会将数字信号调制到高频的模拟载波上(载波是模拟信号，载波上搭载的信号是数字信号)，最后信号在 RF PA(射频功率放大器)上获得足够大的射频功率。

⑤ 将功率放大后射频信号馈送至天线，天线进行辐射。

5.1.3 本平台语音信号接收流程

如图 5-5 所示，本平台语音信号在接收过程中经过了如下处理过程。

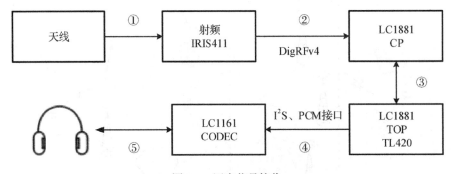

图 5-5 语音信号接收

① 天线接收到信号后，将高频电磁波转换成高频信号。

② RF PA 中将接收到的射频信号放大，提高 RF 接收机灵敏度；滤波器将接收射频信号

与发射射频信号分离，以防止强的发射信号对 RF 接收机造成影响；ABB 模块将模拟信号转换为数字信号；IRIS 芯片将高频射频信号解调为基带信号，通过 DigRF v4 接口将基带信号传递至 LC1881 的 CP 侧。

③ 基带信号在 CP 中解调为低频数字信号，并对数字信号进行算法、通信协议处理，将数字信号传输至 LC1881 TOP 侧。

④ TOP 中的 TL420 对数字信号按通信制式解码，并通过 I^2S 接口或 PCM 接口将信号传输至 LC1161 中的 CODEC 中。

⑤ 在 LC1161 中的 CODEC 模块中将数字信号转换为模拟信号，并将模拟信号输出至耳机。

最后语音信号从耳机或听筒中输出。

5.2　短信收发流程

短信服务是通过使用 SS#7 协议中的 MAP（Mobile Application Part）将短消息协议的数据元素作为 MAP 信息中的数据域在网络中传输来实现的。这些 MAP 信息通过使用传统的基于时分复用的信令或者使用基于 IP 层的 SIGTRAN 信令传送协议和适配层来传输。

短信收发过程的四个 MAP 过程为：移动终端发起的短消息服务的传送；移动终端接收的短消息服务的传送；短消息警戒程序；短消息等待数据集程序。

5.2.1　移动终端发起短消息服务的传送流程

图 5-6 是一个简化了的成功递交的起始于移动终端的短消息呼叫流程。

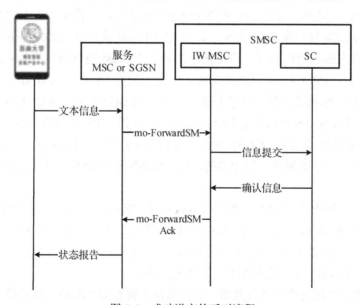

图 5-6　成功递交的呼叫流程

当用户发送一条信息时，手机会通过空中接口将文本信息发送给 VMSC（拜访移动交换中心）/SGSN（Service GPRS Support Node，GPRS 服务支持节点）。

该文本信息不仅包含用户编辑的短信正文，还包括短信的目的地址和短信服务中心(SMSC)的地址，其中 SMSC 的地址是从存储在 SIM 卡中的手机配置信息中得到的。

略过空中接口技术不谈，VMSC/SGSN 会调用 MAP 服务包中的 MAP_MO_FOREARD_SHORT_MESSAGE 发送信息给服务中心 mo-ForwardSM MAP 操作到 SMSC，该操作在手机的短信息递交中识别、嵌入在一个 TCAP(Transaction Capabilities Application Part)消息中，使用 SCCP(Signalling Connection Control Part)经由核心网传输。

SMSC 的互通移动交换中心(IW MSC)在收到 MAP mo-ForwardSM 信息后，就传送包含着文本信息的 SMS-PP APDU(SMS-PP 的应用协议数据单元 APDU(Application Protocol Data Unit))到短消息服务中心的实际服务中心(SC)中存储起来。随后会将该文本信息转发或者交付给目的地址并且 SC 会返回一个表示成功或失败的确认信息。SMSC 的 IW MSC 在收到确认信息后，会发送一个适当的回执给发送用户的 VMSC/SGSN。最后通过空中接口给手机用户发送状态报告，这个发送报告只是表明短信已经提交给了 SC，并不意味着短信已经成功被交付给最终的目的用户。

SGSN 作为 GPRS/WCDMA 核心网分组域设备的重要组成部分，主要完成分组数据包的路由转发、移动性管理、会话管理、逻辑链路管理、鉴权和加密、话单产生和输出等功能。

SGSN 通过 Gb 接口提供与无线分组控制器(PCU)的连接，进行移动数据的管理，如永和身份识别、加密、压缩等功能；通过 Gr 接口与 HLR 相连，进行用户数据库的访问及接入控制；它还通过 Gn 接口与 GGSN 相连，提供 IP 数据包到无线单元之间的传输通路和协议变换等功能；SGSN 还可以提供与 MSC 的 Gs 接口连接以及与 SMSC 的 Gd 接口连接，用于支持数据业务和电路业务的协同工作与短信收发等功能。

SGSN 与 GGSN 配合，共同承担 WCDMA 的 PS 功能。当作为 GPRS 网络的一个基本的组成网元时，通过 Gb 接口和 BSS 相连。其主要的作用就是为本 SGSN 服务区域的 MS 进行移动性管理，并转发输入输出的 IP 分组，其地位类似于 GSM 电路网中的 VMSC。此外，SGSN 中还集成了类似于 GSM 网络中 VLR 的功能，当用户处于 GPRS Attach(GPRS 附着)状态时，SGSN 中存储了同分组相关的用户信息和位置信息。当 SGSN 作为 WCDMA 核心网的 PS 域功能节点时，它通过 Iu_PS 接口与 UTRAN 相连，主要提供 PS 域的路由转发、移动性管理、会话管理、鉴权和加密等功能。GGSN9811 主要提供 PS 与外部 PDN(Packet Data Network，分组数据网)的接口，承担网关或路由器的功能。SGSN 和 GGSN 合称为 GSN(GPRS Support Node)。

MSC 即移动交换中心，MSC 是整个 GSM 网络的核心，它控制所有 BSC 的业务，提供交换功能和与系统内其他功能的连接，MSC 可以直接提供或通过移动网关 GMSC 提供和公共电话交换网(PSTN)、综合业务数字网(ISDN)、公共数据网等固定网的接口功能，把移动用户与移动用户、移动用户和固定网用户互相连接起来。

MSC 从 GSM 系统内的三个数据库，即归属位置寄存器(HLR)、拜访位置寄存器(VLR)和鉴权中心(AUC)中获取用户位置登记和呼叫请求所需的全部数据。另外，MSC 也根据最新获取的信息请求更新数据库的部分数据。作为 GSM 网络的核心，MSC 还支持位置登记、越区切换、自动漫游等具有移动特征的功能及其他网络功能。

对于容量比较大的移动通信网，一个 NSS（网络子系统）可包括若干个 MSC、HLR 和 VLR。当某移动用户 A 进入一个 VMSC 时，为了建立对该移动用户 A 的呼叫，要通过移动用户 A 所归属的 HLR 获取路由信息。

在现有的网络中，一个 MSC 必然与一个 VLR 相随，当用户漫游到新的 MSC 服务区时，与此 MSC 相连的 VLR 就会向用户归属位置寄存器 HLR 请求发送用户数据，以便在新的 MSC 中提供相应的服务。HLR 将用户信息复制到新的 VLR 中，以完成用户位置更新。现在 MSC 和 VLR 是合一的，均称作 G 局。

5.2.2 移动终端接收短信息服务的传送

图 5-7 是移动终端接收短信的流程。为了简化，VMSC 与 VLR 间、VMSC 与手机间的信息交互都省略了。

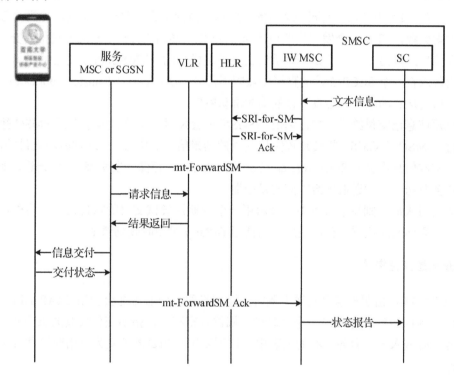

图 5-7 移动终端接收短信的流程

当 SMSC 决定交付短信息给目的地时，它会发送包含文本信息、B-Party 和其他细节的 SMS-PP APDU 到 GMSC，网关移动交换中心是短信息交换中心的逻辑元件。网关移动交换中心收到该短信息后，需要查找 B-Party 的位置以便能够正确地把信息交付给收信人（从上下文来看，这里的网关移动交换中心应该是一个负责从 HLR 获取路由信息的 MSC）。为此，GMSC 调用 MAP 服务包 MAP_SEND_ROUTING INFO_FOR_SM，它会发送一个 MAP 信息 sendRoutingInfoForSM（简写为 SRI-for-SMD）给目的号码的归属位置寄存器，请求获取目的号码的当前位置。这个归属 HLR 可能和短信息服务中心是同一个网络，也可能属于另外一个 PLMN（公共陆地移动网），这取决于目的用户属于哪个网络。

归属位置寄存器扮演着数据库的角色，查找并获取 B-Party 的当前位置，并将一个确认回应信息发送给 SMSC 的 GMSC 实体。当前位置信息可能是目的用户当前漫游到的移动交换中心的地址或者 SGSN 的地址，或者是二者的地址。当目的号码不可用时，HLR 也可能返回一个失败回应信息。

从 HLR 获得路由信息后，网关移动交换中心就试图交付信息给收信人。这是通过调用 MAP_MT_FORWARD_SHORT_MESSAGE 服务来完成的，该服务会发送一个 MAP mt-ForwardSM 信息给目的号码的当前地址，无论该地址是一个 MSC 还是一个 SGSN。

VMSC 为了交付短信息给收信人，它会先发送请求消息 Send_Info_for_MT_SMS 给访问 VLR。

VMSC 会发起一个寻呼请求或者用户搜索，来获取目的用户的移动用户 ISDN（即 MSISDN，其中 ISDN 全称为综合业务数字网（Integrated Services Digital Network）），并将结果返回给 VMSC。

由于一般 VLR 和 MSC 是同一站点的，所以消息流通常是平台内部的。如果寻呼请求或者用户搜索失败，VLR 将会发送失败原因给 VMSC，VMSC 将会中断本条短信的交付流程，并将失败信息返回给 SMSC。如果对手机的寻呼是成功的，VMSC 将会发送短信息 APDU，通过使用载入在一个 SCCP 连接的直接传输应用部分 DIAP（Direct Transfer Application Part）经由空中接口到达目的端，并会收到目的端的确认响应。

一旦短信息已交付给目的端，VMSC/SGSN 就会发送一个确认消息告诉 SMSC 短信已经成功交付。SMSC 的 GMSC 将传递该短信交付的结果给服务中心。在这种成功交付的情况下，已交付的文本信息将会从 SFE（Store and Forward Engine，存储转发引擎）中被删除，如果有要求，则还会发送一个发送报告给短信的发送端。

如果交付失败，则短信服务中心会启用一个周期性尝试交付的重传机制。另外，短信服务中心可能会向归属位置寄存器注册，以便当 B-Party 可用时收到通知。

5.2.3　短信息交付失败

VMSC/SGSN 指明短信息发送失败时，短信息服务中心可能会使用 MAP REPORT_SM DELIVERY_STATUS 程序发送一个消息给归属位置寄存器，指明交付失败的原因并请求将短信息服务中心放入一个服务中心的列表中，该列表用于当目的地变为可用时这些服务中心能够得到通知。

归属位置寄存器将在目的地的账目上设置一个标记，来表明短信交付不可用，并且将短信息服务中心的地址存储在该目的地的消息等待数据（Message Waiting Data）列表中。有效的标记有：移动终端不可达（Mobile Not Reachable Flag，MNRF）、内存空间满（Memory Capacity Exceeded Flag，MCEF）和移动终端 GPRS 不可达（Mobile Not Reachable for GPRS，MNRG）。归属位置寄存器将回应请求 sendRoutingInfoForSM（简写为 SRI-for-SM）一条失败信息，指明失败原因，并自动将发送该请求的短信息服务中心的地址加入目的地的消息等待数据列表中。

归属位置寄存器可能通过以下几种方式得知用户可以接收短信息。

用户从网络中脱离后重新接入时，会触发一个位置更新消息给归属位置寄存器。

用户离开了网络覆盖区，但是还没有完全脱离网络，并且正在往覆盖区返回的过程中，此时用户会对来自访问位置寄存器的寻呼请求(page request)做出回应。然后访问 VLR 将会发送一个 Ready-for-SM(移动终端存在)消息给归属位置寄存器。

在移动台(MS)内存已满时,若用户删除了一些信息,则消息 Ready-for-SM(内存可用)将把从 VMSC 或 VLR 发给 HLR。

在接收到目的地现在可以接收短信息的指示后,归属位置寄存器会发送一个 AlertSC MAP 消息给注册在用户的消息等待数据列表中的每一个短信息服务中心,促使短信息服务中心再次从头开始短信息交付的过程。另外,短信息服务中心将会进入一个重传程序中,试图周期性地、无警告地交付短信息。重传的时间间隔取决于最初的失败原因,若为暂时的网络失败,则重传间隔小;而不在服务区则通常会使重传间隔较长。

5.3 摄像头的数据流程

5.3.1 硬件层部分

手机摄像头由 PCB、镜头、固定器和滤色片、DSP(CCD 用)、传感器等部件组成。

1) PCB

PCB 就是摄像头中用到的印刷电路板,分为硬板、软板、软硬结合板三种,这三种材料的应用范围不同,CMOS 可以使用任何一种,但 CCD 只能使用软硬结合板,并且软硬结合板的造价成本最高。

2) 镜头

镜头是将拍摄景物在传感器上成像的器件,它通常由几片透镜组成。从材质上看,摄像头的镜头可分为塑胶透镜和玻璃透镜。玻璃透光性以及成像质量都具有较大优势,但玻璃透镜成本也高。因此一个摄像头品质的好坏,与镜头也有一定的关系。

镜头有两个较为重要的参数:光圈和焦距。光圈是安装在镜头上控制通过镜头到达传感器的光线多少的装置,除了控制通光量,光圈还具有控制景深的功能,光圈越大,景深越小,平时在拍人像时背景朦胧效果就是小景深的一种体现。

另外镜头的另一重要参数是焦距。焦距是从镜头的中心点到传感器平面上所形成的清晰影像之间的距离。根据成像原理,镜头的焦距决定了该镜头拍摄的物体在传感器上所形成影像的大小。例如,在拍摄同一物体时,焦距越长,就能拍到该物体越大的影像。长焦距类似于望远镜。

3) 固定器和滤色片

固定器的作用,实际上就是固定镜头,另外固定器上还会有一块滤色片。滤色片即"分色滤色片",目前有两种分色方式,一种是 RGB 原色分色法,另一种是 CMYK 补色分色法。原色 CCD 的优势在于画质锐利,色彩真实,但缺点则是噪声问题,一般采用原色 CCD 的数码相机,ISO 感光度多半不会超过 400。相对地,补色 CCD 多了一个 Y 黄色滤色器,牺牲了部分影像的分辨率,但 ISO 值一般都可设定在 800 以上。

4) DSP

DSP 又叫数字信号处理芯片,它的功能是通过一系列复杂的数学算法运算,对数字图像信号进行优化处理，最后把处理后的信号传到显示器上。目前 DSP 厂商的设计和生产技术都比较成熟，各项技术指标相差不大。

上面所说的 DSP 会在 CCD 中使用，是因为在 CMOS 传感器的摄像头中，其 DSP 已经集成到 CMOS 中，从外观上来看，它们就是一个整体。而采用 CCD 传感器的摄像头则分为 CCD 和 DSP 两个独立部分。

5) 传感器

传感器是摄像头组成的核心，也是最关键的技术，它是一种用来接收通过镜头的光线，并且将这些光信号转换成为电信号的装置。简单地说，我们可以把传感器看作传统相机用的胶片，虽然两者原理不同，但在相机整体组成结构中有一定的相似度。感光器件面积越大，捕获的光子越多，感光性能越好，信噪比越高。

常见的摄像头传感器主要有两种：一种是 CCD 传感器，一种是 CMOS 传感器。两者的区别在于：CCD 的优势为成像质量好，但是由于制造工艺复杂，只有少数的厂商能够掌握，所以导致制造成本居高不下，特别是大型 CCD，价格非常昂贵。在相同的分辨率下，CMOS 价格比 CCD 低，但是 CMOS 器件产生的图像质量相比 CCD 来说要低一些。

相对于 CCD 传感器，CMOS 影像传感器的优点之一是电源消耗量比 CCD 低，CCD 为提供优异的影像品质，付出的代价是较高的电源消耗量，为使电荷传输顺畅，噪声降低，需由高压差改善传输效果。但 CMOS 影像传感器将每一画素的电荷转换成电压，读取前便将其放大，利用 3.3V 的电源即可驱动，电源消耗量比 CCD 低。

另外偶尔还会提到 CCM 传感器，CCM(Compact CMOS Module) 实际上是 CMOS 的一种，只是 CCM 经过一些处理，画质比 CMOS 高一点，拍照时感应速度也较快，但照片品质还是逊色于 CCD。

Camera 的成像原理如下。

景物(Scene)通过镜头(Lens)生成的光学图像投射到图像传感器(Sensor)表面上，然后转为电信号，经过 A/D(模/数转换)转换后变为数字图像信号，送到 DSP 中加工处理，再通过 I/O 接口传输到 CPU 中处理，最后转换成手机屏幕上能够看到的图像，如图 5-8 所示。

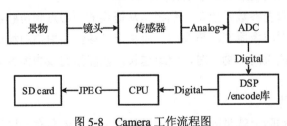

图 5-8　Camera 工作流程图

CCD 或 CMOS 接收光学镜头传递来的影像，经模/数转换器转换成数字信号，经过编码后存储。流程如下。

(1) CCD/CMOS 将被摄体的光信号转变为电信号——电子图像(模拟信号)。

(2) 由模/数转换器(ADC)芯片来将模拟信号转化为数字信号。

(3) 数字信号形成后，由 DSP 或编码器对信号进行压缩并转化为特定的图像文件格式来储存。

5.3.2 软件层部分

Android 中基本的架构都是 C/S 层架构，客户端提供调用接口，实现工作由服务端完成，那么 Camera 也同样满足此条件：Client 进程虽然不曾拥有任何实质的 Camera 数据，但是 Service 端为它提供了丰富的接口，它可以轻松地获得 Camera 数据的地址，然后处理这些数据。两者通过 Binder 进行通信。

其工作流程如图 5-9 所示。

按照图 5-9 的流程，一路下来都是客户端调用与实现，而这些接口的真正实现却在服务端，如图 5-10 所示。

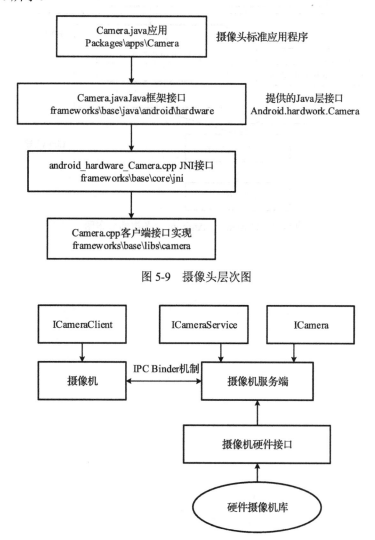

图 5-9 摄像头层次图

图 5-10 Camera 摄像头 C/S 结构图

Android 的 Camera 子系统提供一个拍照和录制视频的框架。它将 Camera 的上层应用与 Application Framework、用户库串接起来，而正是这个用户库来与 Camera 的硬件层通信，从而实现操作 Camera 硬件。Camera 在 Android 上各层的分布图如图 5-11 所示。

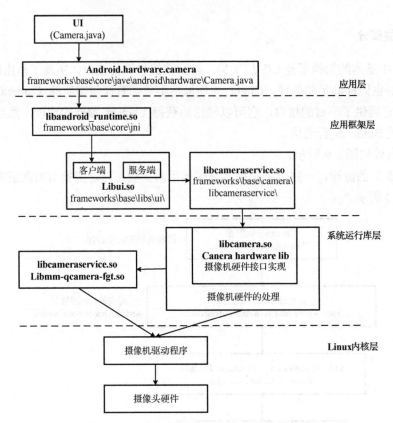

図 5-11 Camera 在 Android 上各层的分布图

第6章　电源系统、模拟量和音频接口

教学平台的电源系统如图 6-1 所示。DC 电源供电方案：DV 5V/4A 适配器将输入的市电为 220VAC 交流电源转换为 5VDC 电源，该 5VDC 电源经 DC 电源插头与试验平台相连，经平台上的线性稳压 LDO 降到 4V 为 VSYS 供电，USB OTG 可为外设供电。

电池供电方案：电压为 3.7V 的锂电池经 FAN54511 锂电管理芯为 VSYS 供电，USB OTG 接口输入 5VDC 时可为锂电池充电。

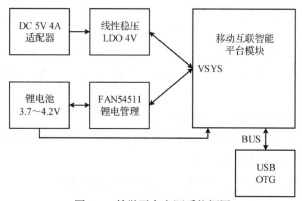

图 6-1　教学平台电源系统框图

用户可采用 DC 电源直接给模块供电，也可以采用电池方案供电。针对聚合锂电池场景，本模块定制支持线性和开关两种充电模式，用户依据需求选择一种。其中线性充电板内支持（需跳线），最大支持 500mA；开关充电，通过模块接口由用户扩展支持。

6.1　DC 供电

本模块系统供电引脚为 VSYS，电源范围为 3.6~4.35V。由于模块瞬态电流可能导致压降，要求 VSYS 电流供给能力至少为 2A，考虑到电磁兼容等可靠性需求，建议阶梯配置若干电容。此外，为了抑制电源浪涌，推荐增加一颗稳压二极管，这些器件就近模块放置，该设计适用于所有供电方式。

（1）外部适配器为 5V/4A，通过 LDO 芯片转换到 4V，给 VSYS 供电（教学平台中将 J6 的 DC4V 和 VSYS 短接）。

（2）VBAT 在模块内用作电平检测，将 VSYS 和 VBAT 短接起来达到识别电源存在的目的（教学平台中将 J6 的 VBAT_SYS 和 VSYS 短接）。

（3）1161_CSP 通过 20mΩ 电阻短接到地。

6.2　电 池 供 电

（1）将电池的电源 VBAT 给 VSYS，DC4V 和 VSYS 之间悬空。

(2) 1161_CSP 通过 20mΩ 电阻短接到地。

6.3 线性充电

考虑到低成本用户需求，用户可定制内置 500mA 充电能力模块。

线性充电相关信号如表 6-1 所示。

表 6-1 线性充电相关信号

信号名	信号定义	详细说明
VBUS_5V	充电输入	一般是 USB 接口 VBUS
VSYS	充电输出/系统供电	与 VBAT 短接，建议跳电阻
VBAT	电池正极	与 VSYS 短接，建议跳电阻
BAT_TEMP_LC1161	电池温度检测	实现电池温度检测
LC1161_CSP	电池负极	配合 VBAT 做差分检测电压
GND	系统地	系统参考地

该配置可满足基本电池管理需求。可实时检测电压、电流、电池温度。设计注意事项如下。

(1) VBUS/VBAT/VSYS 通流能力推荐 2A。

(2) 温度检测要求电池内置 10kΩ 下拉 NTC，预留 10kΩ 对地电阻应对无温度检测电池。

(3) VBAT/LC1161_CSP 要求走差分。

(4) 模块支持 4.2V、4.35V 电池充电，但要注意与软件配合。

(5) PCB 布局走线注意与弱信号的隔离。

(6) 从散热角度考虑，不建议采用线性充电方案。

(7) 电阻 R_8 可直接对地短接，但要保证 VBAT 并行一个地组成伪差分到电池。该电阻可配合其他电路用于电流测试。

6.4 开关充电

强烈建议用户采用开关充电的方案，具有极大的灵活性，充电能力强，散热好。以 Fairchild 厂家的 FAN54511UCX 为例，最高可支持 3A 充电。主要信号如表 6-2 所示。

表 6-2 开关充电相关信号

信号名	信号定义	详细说明
VBUS_5V	充电输入	一般是 USB 接口 VBUS
VSYS	充电输出/系统供电	核心模块供电
VBAT	电池正极	电池电压检测
VIO_D1V8	默认电平配置电源	与模块引脚电平匹配，设置默认值
DBB_COM_I2C_SDA	充电管理 IIC 数据线	与模块通信
DBB_COM_I2C_SDA	充电管理 IIC 时钟	与模块通信
DBB2SW_DIS	充电使能	充电使能控制
DBB2SW_INT	CHARGER 中断	
DBB2SW_PG	VBUS 异常检测	
BAT_TEMP_LC1161	电池温度检测	实现电池温度检测
LC1161_CSP	电池负极	配合 VBAT 测电压
GND	系统地	系统参考地

该方案可实时检测电压、电流、电池温度。具有电源通路管理功能，充电芯片依据电压高低自动选择降压或者电池给系统供电。设计注意事项如下。

（1）VBUS/VBAT/VSYS 通流能力要满足最大通流要求。

（2）温度检测要求电池内置 10kΩ 下拉 NTC，可预留 10kΩ 对地电阻位置应对无温度检测电阻电池。

（3）LC1161_CSN/ LC1161_CSP 要求走伪差分。

（4）模块支持 4.2V、4.35V 电池充电，但要注意与软件配合。

（5）IIC 总负载电容控制在 200pF 内。

（6）PCB 布线的时候注意与弱信号的隔离。

（7）注意充电管理电路的散热需求。

（8）电阻 R_{16} 可直接对地短接，但要保证 VBAT 并行一个地组成伪差分到电池。该电阻可配合其他电路用于电流测试。

（9）用户可以在模块接受电压允许范围内自由配置充电方案。

6.5 电 源 输 出

XN101 移动互联智能终端模块提供丰富的电源输出，软件可调输出等级、开关等，如表 6-3 所示。

表 6-3　电源输出信号表

信号	编程范围	默认电压	驱动电流
D1V8A	BUCK6:1.150～1.925V	1.8V	500mA
D2V85A	DLDO1:1.75～3.30V	2.85V	300mA
VCAM0AVDD_A2V85	ALDO7: 1.75～3.30V	2.85V	300mA
VLCDIO_D1V8	ALDO8: 1.75～3.30V	1.8V	400mA
VCC_SD1	DLDO3:1.75～3.30V	3V	400mA
VSIM0	DLDO4: 1.75～3.30V	1.8V/3V	200mA
USB_TYPE-C	ALDO8（定制支持）	1.8V	400mA
VSIM1	DLDO5: 1.75～3.30V	1.8V/3V	200mA
VLCDAVDD_A2V85	DLDO7: 1.75～3.30V	2.85V	200mA
VCTPAVDD_A2V8	DLDO8: 1.75～3.30V	2.85V	100mA
VUSB_D3V3A	DLDO6: 1.75～3.30V	3.3V	100mA

6.6 开 关 机

XN101 移动互联智能终端模块支持多种开关机模式。

（1）power_key 开机。VSYS 供电正常，给 power_on 信号一个至少 1s 的低电平脉冲触发模块的开机流程，模块自带滤波去抖功能，模块内置上拉电阻。可通过 com_uart 口打印信息来诊断开机状态。

（2）充电开机。当 VBUS 满足要求的时候，如果 VSYS 电压达到开机要求，即可触发充电开机。

（3）RTC 开机。模块设置了 RTC 开机，且 RTC 工作正常，电池电量足够可触发 RTC 开机。

(4) Power_key 关机。模块工作正常的情况下，其实现逻辑与 Power_key 开机相同。

(5) 软件关机。模块支持 AT 指令关机。

(6) 异常关机。模块工作异常，可能导致模块关机的异常(如温度异常、软件异常等)，本模块不建议采用掉电的方式强行关机，有可能出现不可预测的损害。

6.7 电源子系统

电源子系统如图 6-2 所示。

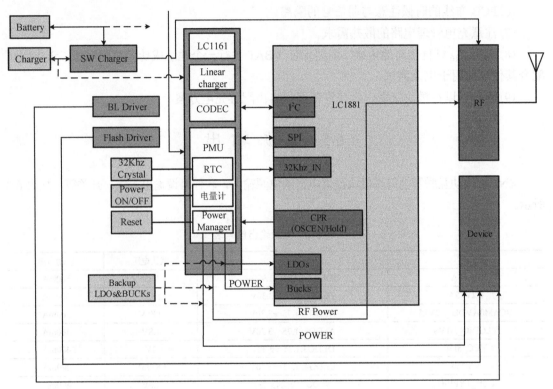

图 6-2 电源子系统

由 LC1161 完成系统开关机、系统复位、系统供电、睡眠唤醒电源控制等功能。相对更高性能的一些需求——开关充电、OTG 外供、背光驱动、闪光灯等的实现则由第三方芯片完成。

通过 Power ON 按键控制 PMU 给整个系统上电，由 DBB 输出 PWEN 信号保持供电。

DBB 输出 OSCEN 信号控制 PMU 进入低功耗模式，使用 I2C 接口和 SPI 接口对 PMU 进行控制。

6.8 模拟量接口

XN101 移动互联智能终端模块提供两路 ADC 接口，信号名是 LC1160_ADC0 与 LC1160_ADC4，接口电平为 2.85V，推荐采样范围在 1.5V 附近。注意对 ADC 电源和信号做好抗干扰防护。

6.9 音 频 接 口

6.9.1 MIC

XN101 移动互联智能终端模块支持两路主 MIC 输入,一路用作常规 MIC,一路用作噪声消除。MIC 参考设计如图 6-3 所示,采用硅麦 SPQ 0410 HRSH-B,提供 ESD 防护,并做了滤波预留。

设计注意事项如下。

(1)走差分信号。

(2)做好地保护和与强信号的隔离。

(3)走线保证 6mil(1mil=0.0254mm)宽度,并要尽量短。

(4)结构上做好音腔、摆放位置等设计。

(5)VMIC 也需要做好包地防护,线宽大于 8mil。

(6)鉴于 MIC 集成化的趋势,建议用户采用偏置电路内置的方案,简化设计。

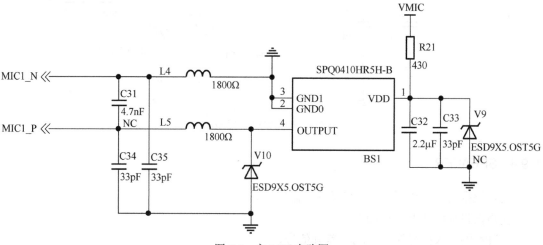

图 6-3 主 MIC 电路图

6.9.2 HP

模块支持美标和国标两种耳机。考虑到耳机线长且常插拔,推荐磁珠做电磁干扰抑制,稳压二极管做电浪涌抑制。设计注意事项如下。

(1)做好地保护。

(2)走线保证 6mil 并要尽量短。

(3)EAR-FM_AN1 走线要粗,至少 10mil。

(4)避免与其他强电磁信号靠得太近。

(5)VHMIC 也需要做好包地防护,线宽大于 8mil。

(6)美标和国标的耳机线序不一样,用户注意区分。

6.9.3 RECEIVER

本模块支持一路 RECEIVER 接口,设计的时候注意做 ESD 防护和一些滤波处理,参考设计如图 6-4 所示。为了保证音频质量,设计要求如下。

(1) 走差分信号。

(2) 做好地保护。

(3) 保证走线 10mil 并要尽量短。

(4) 结构上做好音腔设计。

(5) 确保 REC EIVER 选型与输出能力匹配。

(6) 避开其他强电磁场信号。

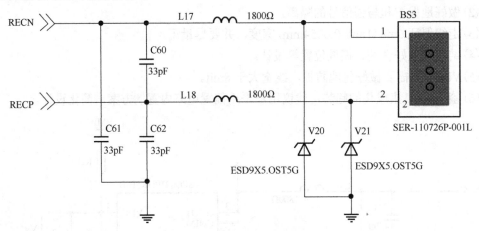

图 6-4 RECEIVER 电路图

6.9.4 SPEAKER

用户根据需求,外置 PA 来实现扬声器驱动。

扬声器设计的注意事项如下。

(1) PA 的输入信号保证 8mil,差分信号。

(2) PA 的输出信号保证 15mil,差分信号。

(3) 音频信号注意做好包地保护。

(4) PA 的电源 VSYS 保证 0.5A 的供电能力,滤波处理靠近 PA 放置。

(5) 确保扬声器选型与 PA 匹配。

(6) 结构做好音腔设计。

6.9.5 AUXOUT

LC1161 的 Class D PA 有一个 bypass 通路:在外接 PA 的情况下,该 AUXOUT 接口可以与 Class D PA 的 bypass 通路通过外接 PA 实现立体声功能。

第7章 数字接口及通信

7.1 UART

7.1.1 UART 概述

UART 是一种通用串行数据总线，是计算机硬件的一部分。它的作用是将要传输的资料在串行通信与并行通信之间加以转换，通常被集成于其他通信接口的连接上。

7.1.2 基本结构

UART 提供了 3 个独立的异步串行 I/O(Serial I/O，SIO)端口(或通道)。这 3 个端口的功能是产生中断或 DMA 请求，以在 CPU(或内存)与 UART 之间传输数据。UART 的各通道也支持查询方式在 UART 与 CPU 之间传输数据。使用系统时钟时，UART 的位传输速率最高能够达到 230Kbit/s。如果外设为 UART 提供时钟 UEXTALK，那么 UART 还能够以更高的速度操作。每个 UART 通道含有两个 16 字节的先进先出(First In First Out，FIFO)寄存器。两个寄存器的功能分别是接收数据和发送数据。

UART 的每个端口都分别含有波特率发生器、发送器、接收器和控制单元。结构如图 7-1 所示。

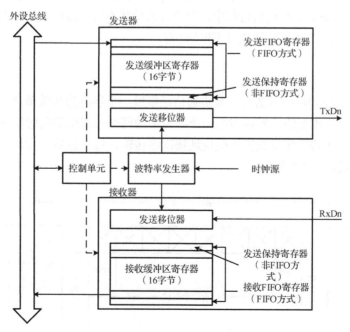

图 7-1 带 FIFO 的 UART 框图

在信息传输通道中，携带数据信息的信号单元叫码元。波特率为每秒钟通过信道传输的码元数。所以波特率是指数据信号对载波的调制速率，用单位时间内载波调制状态改变次数来表示。它是传输通道频宽的指标。而波特率发生器的作用是从输入时钟转换出需要的波特率。波特率发生器使用 PCLK 或 UEXTALK 时钟。发生器和接收器各有一个 16 字节的 FIFO（即缓冲区）寄存器和移位器。波特率发生器有两种工作方式，分别为 FIFO 和非 FIFO 方式。两种方式都需要将发送的数据复制到发送寄存器，通过 TxDn 引脚移位输出，并通过 RxDn 引脚输入要接收的数据并移位。但不同的是在将数据复制到发送寄存器之前，FIFO 方式需要先将数据写入 FIFO 寄存器，而非 FIFO 方式会把数据写入发送保持寄存器。在接收数据时，FIFO 方式会将数据从接收移位器复制到 FIFO 寄存器，而非 FIFO 方式会将数据从接收移位器复制到接收保存寄存器。所以在 FIFO 方式中每个缓冲区寄存器的全部字节都用作 FIFO 寄存器。在非 FIFO 方式中，每个缓冲区寄存器只需要 1 字节用作保持寄存器。

UART 有以下 6 种寄存器。

(1)输出缓冲寄存器，它的作用是接收并保存 CPU 通过数据总线送来的并行数据。

(2)输出移位寄存器，它接收从输出缓冲器送来的并行数据，以发送时钟的速率把数据逐位移出，即将并行数据转换为串行数据输出。

(3)输入移位寄存器，它以接收时钟的速率把出现在串行数据输入线上的数据逐位移入，当数据装满后，并行送往输入缓冲寄存器，即将串行数据转换成并行数据。

(4)输入缓冲寄存器，它从输入移位寄存器中接收并行数据，然后由 CPU 取走。

(5)控制寄存器，它接收 CPU 送来的控制字，由控制字的内容，决定通信时的传输方式以及数据格式等。例如，采用异步方式还是同步方式、数据字符的位数、有无奇偶校验、是奇校验还是偶校验、停止位的位数等参数。

(6)状态寄存器。状态寄存器中存放着接口的各种状态信息，例如，输出缓冲区是否为空、输入字符是否准备好等。在通信过程中，当符合某种状态时，接口中的状态检测逻辑将状态寄存器的相应位置变为"1"，以便让 CPU 查询。

7.1.3 通信协议

UART 使用的是异步串行通行。异步通信是指以一个字符为传输单位，在通信中两个字符间的时间间隔是不固定的，然而在同一个字符中的两个相邻位间的时间间隔是固定的。串行通信是指使用一条传输线将数据一位位地按次序传输，每一位数据占据一个固定的时间长度。数据通信格式如图 7-2 所示。

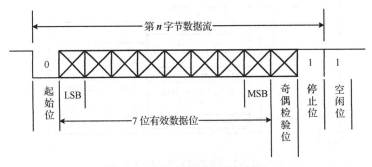

图 7-2　UART 的数据传输格式

其中各位的意义如下：

起始位：先发出一个逻辑"0"的信号，表示传输字符的开始。

数据位：数据位可以是5～8位逻辑"0"或"1"，从最低位开始传送，靠时钟定位。

奇偶校验位：数据位加上这一位后，使"1"的位数为偶数(偶校验)或奇数(奇校验)，以此来校验资料传送的正确性。

停止位：它是一个字符数据的结束标志，可以是1位、1.5位、2位的高电平。由于数据是在传输线上定时的，并且每一个设备都有自己的时钟，所以很可能出现在通信过程中两台设备间有稍微不同步的现象。因此停止位在表示结束传输的同时提供计算机校正时钟同步的机会。停止位的位数越多，不同时钟同步的容忍程度越大，但是数据传输率也会越慢。

空闲位：当其处于逻辑"1"状态时，表示当前线路上没有数据传送。

在串行通信中，数据传输速率用波特率来表示，即每秒钟传送的二进制位数。例如，数据传送速率为120字符/秒，而每一个字符为11位(1个起始位，8个数据位，1个校验位，1个停止位)，则其传送的波特率为11×120＝1320字符/秒＝1320波特。

7.1.4　平台特性

XN101模块最大支持3组UART接口：UART0支持硬件流控，电平1.8V；UART1支持硬件流控，电平1.8V，需要定制跳线支持，推荐在UART接口不够的情况下，用于GPS功能；COM_UART不支持硬件流控，电平2.85V，用于串口调试或者AT命令控制。串行I/O帧定时图如图7-3所示，红外发送方式帧定时图如图7-4所示，红外接收方式帧定时图如图7-5所示。

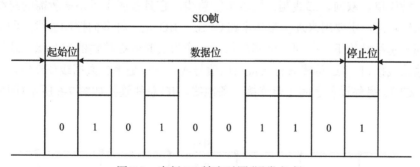

图7-3　串行I/O帧定时图(通常方式)

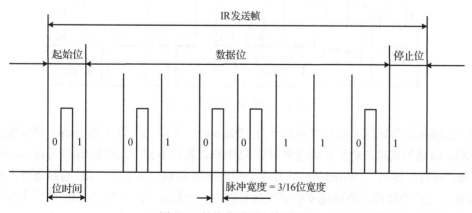

图7-4　红外发送方式帧定时图

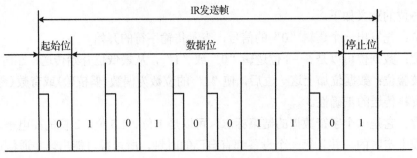

图 7-5　红外接收方式帧定时图

通用设计注意事项如下。

(1)跨模块建议做适当的 ESD 防护。

(2)注意电平匹配。

(3)软件注意适配速率、流控、数据位等参数。

7.2　IIC

7.2.1　IIC 总线接口概述

IIC(Inter Integrated Circuit，内部集成电路)也写作 I^2C，是 20 世纪 80 年代初由飞利浦公司推出的一种简单、双向、二线制、同步串行总线。它具备多主机系统所需的总线裁决和高低速器件同步功能，主要用来连接整体电路(ICS)。IIC 是一种多向控制总线，即多个芯片可以连接到同一总线结构下，任何一个芯片都可以作为实时数据传输的控制源。这种方式简化了信号传输总线接口。IIC 总线只有两根双向信号线，一根是串行数据线(SDA)，另一根是串行时钟线(SCL)。另外设备之间还要连接一条地线。IIC 总线连接如图 7-6 所示(图中并未画出地线)。

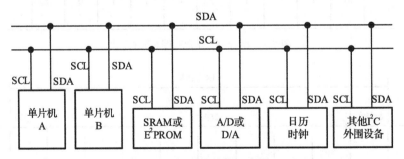

图 7-6　IIC 总线连接示意图

IIC 总线数据传送速率在标准模式下为 100Kbit/s；快模式下为 400Kbit/s；高速模式下为 3.4Mbit/s，极速模式单向数据传输速率可达 5Mbit/s。各设备使用集电极/漏极开路门电路连接 IIC 总线，通过"线与"(Wired-AND)方式分别连接到 SDA、SCL 上。IIC 总线通过上拉电阻接正电源。上拉电阻的大小由速度和容性负载决定，一般为 $3.3\sim10\text{k}\Omega$。IIC 总线上可以连接多个总线主设备和总线从设备。多主 IIC 的总线结构如图 7-7 所示。

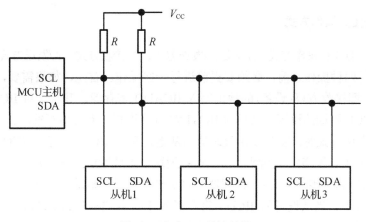

图 7-7　多主 IIC 总线结构

IIC 总线主设备能够发起和结束传送，发出从设备地址和数据传送方向标识，发送或接收数据，产生时钟同步信号。IIC 总线从设备能够被主设备寻址，接收主设备发出的数据传送方向标识和数据，或者给主设备发送数据。

每一个连接到 IIC 总线上的设备，在系统中都有一个唯一的地址，地址为 7 位，用二进制数来表示。前 4 位用来鉴定器件类别，一般是固定的，后 3 位由器件本身引脚 A_0、A_1、A_2 编程。所以同类器件一般最多可以挂 8 个。地址为 0000000 的为通用广播地址。在极少数情况下，扩展的 IIC 总线有 10 位地址。

因为 IIC 总线是多主总线结构，所以不需要一个全局的主控设备在 SCL 上产生时钟信号，而是需要传送数据的主设备驱动 SCL。当总线空闲时，SDA 和 SCL 同时为高电平。IIC 总线很有可能会遇到多个主设备同时要求发送数据的情况。为了避免数据冲突，IIC 多主总线接口中包含了冲突监测机制。各设备使用的集电极/漏极开路门电路能够防止两个主设备同时改变 SDA 和 SCL 到不同电平时发生的电路错误。为了确保传输数据间不会产生影响，每个主设备在传送时必须监听总线的状态。

总线主设备要发送数据到从设备或由从设备读取数据时，都必须先送出从设备地址和数据传送方向标识。0 表示发送数据，1 表示读取数据。

总线主设备数据传送基本状态及转换如图 7-8 所示。

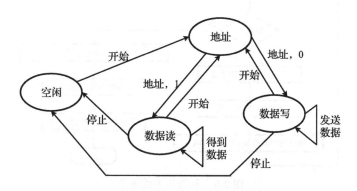

图 7-8　总线主设备数据传送基本状态及转换

7.2.2 IIC 总线接口操作方式

IIC 总线接口有 4 种操作方式,分别是主/发送方式、主/接收方式、从/发送方式和从/接收方式。

在 IIC 进行四种操作之前,必须要提前进行一些操作。首先,如果需要,通过处理器将自己的从地址,即接收方(从设备)的地址写入 IICADD 寄存器。其次,对 IICCON 寄存器进行中断允许和 SCL 周期的设置。最后对 IICSTAT 进行设置,允许串行输出。

在进行主/发送方式时,首先要由处理器将从地址写入 IICDS 寄存器(IIC 总线发送/接收数据移位寄存器)中。要指定从地址,由主设备把这个地址发送给从设备。

相应地,在进行从/接收方式时,处理器会将从设备自己的地址写入其 IICADD 寄存器(IIC 总线地址寄存器)中。当从设备的 IICDS 寄存器从 IIC 总线接收到从地址时,将其与自己的 IICADD 寄存器中保存的从地址进行比较,判断收到的地址是否是自己的地址。如果是,该从设备才能接收由主设备发送来的数据。

在 IIC 总线系统中,由于可以有多个主设备,所以主设备也会有需要接收数据的情况。此时是主/接收方式,要指定的从地址变成了从设备发送方的地址。主设备要将这个地址发送出去,传送到从设备,所以在主/接收方式时,从地址要写入 IICDS 寄存器中。

相应地,当处在从/发送方式的设备的 IICDS 寄存器收到这个地址时,要先将其与 IICADD 寄存器中自己的地址比较。判断收到的地址是否是自己的地址。如果是,从设备才可以发送数据。

(1)主/发送方式操作。主/发送方式写作 M/T,发送也写作 Tx。主/发送方式操作如图 7-9 所示。

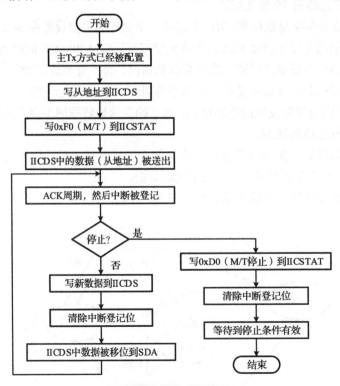

图 7-9　主/发送方式操作

(2)主/接收方式操作。主/接收方式写作 M/R,接收也写作 Rx。主/接收方式操作如图 7-10所示。

（3）从/发送方式操作。从/发送方式也写作 S/T，发送也写作 Tx。从/发送方式操作如图 7-11 所示。

（4）从/接收方式操作。从/接收方式也写作 S/R，接收也写作 Rx。从/接收方式操作如图 7-12 所示。

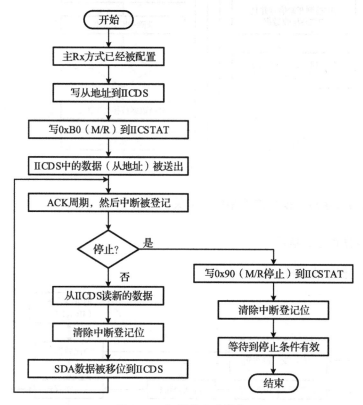

图 7-10　主/接收方式操作

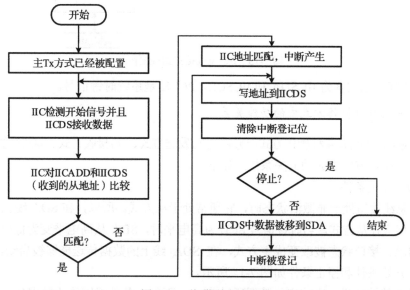

图 7-11　从/发送方式操作

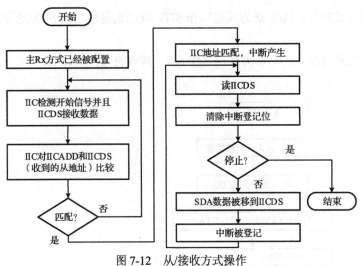

图 7-12　从/接收方式操作

7.2.3　IIC 总线接口组成与操作方式中的功能关系

1. IIC 总线接口组成框图

IIC 总线接口组成框图如图 7-13 所示。

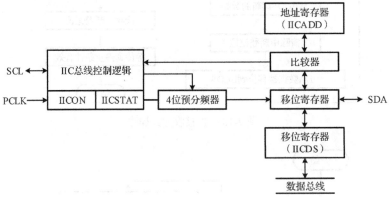

图 7-13　IIC 总线接口组成框图

SDA 和 SCL 也被称为 IICSDA 和 IICSCL。PCLK 是系统时钟信号。

2. IIC 总线接口操作方式中的功能关系

IIC 总线接口一共有 4 种操作方式，分别是主/发送方式、主/接收方式、从/发送方式和从/接收方式。这些操作方式中的功能关系描述如下。

1) 开始和停止条件

当 IIC 总线接口处于非激活状态时，它通常处于从方式。所以，在 SDA 线上检出开始条件之前，接口应在从方式。当时钟信号 SCL 为高电平时，SDA 从高电平变为低电平，开始条件能够被启动，接口状态被改变成主方式，在 SDA 线上的数据传送能够被启动，并且 SCL 信号产生。开始条件和停止条件如图 7-14 所示。

开始条件能够传送一字节串行数据通过 SDA，而停止条件能够终止数据传送。停止条件在 SCL 为高电平，SDA 从低电平变为高电平时出现，开始和停止条件总是由主设备产生。当开始条件产生时，IIC 总线忙；当停止条件几个时钟周期之后，IIC 总线被释放。

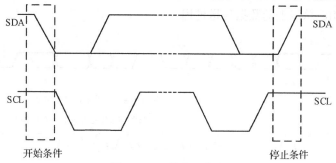

图 7-14　开始停止条件

当主设备启动开始条件后，它应该发送一个从设备地址，用于通知从设备。一字节的地址域由 7 位地址和 1 位传送方向标识(读或写)组成。

主设备通过发送一个停止条件表示结束传送操作。如果主设备要再次传送数据到从设备，它应该产生另一个开始条件，并且含有从设备地址和读写标识。

2)数据传送格式

放在 SDA 上的每字节长度是 8 位。每次传送的字节数没有限制。第一字节跟随开始条件并且含有地址和读写标识，地址和读写标识由主设备发送。每字节后应跟随 1 位响应位 ACK。数据或地址的最高有效位(MSB)总是被首先发送。

IIC 总线接口数据传送格式如图 7-15 所示。

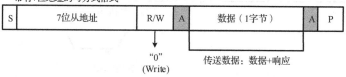

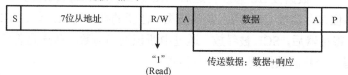

图 7-15　IIC 总线接口数据传送格式

图 7-15 中 S 表示开始条件，P 表示停止条件，A 表示响应位 ACK，rS 表示重复开始。浅色部分表示由主设备传到从设备，深色部分表示由从设备传送到主设备。

图 7-16 表示 IIC 总线上的数据传送过程。

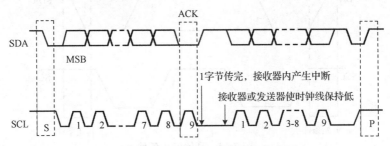

图 7-16　在 IIC 总线上的数据传送过程

3) ACK 信号传送

为了结束 1 字节传送，接收器应该发送 1 个 ACK 位给发送器。ACK 脉冲应该出现在 SCL 上第 9 个时钟脉冲期间，主设备产生这个时钟脉冲，请求传送 ACK 位。在此期间发送器释放 SDA（使 SDA 为高电平）。接收器驱动 SDA 为低电平，表示 ACK 信号。

ACK 位传送功能能够被允许或禁止，可以通过软件设置 IICCON 寄存器的 bit[7]实现。

在 IIC 总线上的响应信号如图 7-17 所示。

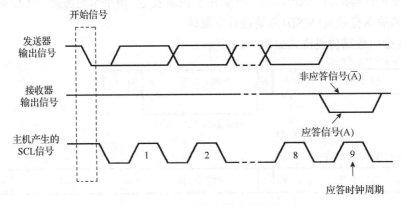

图 7-17　IIC 总线上的响应信号

4) 读写操作

发送方式，也就是写方式，一个数据被 IIC 总线传送后，IIC 总线接口将等待，直到 IICDS 多主 IIC 总线发送/接收数据移位寄存器被 CPU 写入新的数据。在新的数据写入之前，SCL 保持低电平。新数据写入 IICDS 寄存器后，SCL 被释放。通过中断识别当前数据传送是否完成。CPU 收到中断请求后，应该写一个新的数据到 IICDS 寄存器。

在接收方式中，一个数据被 IIC 总线接口接收后，IIC 总线接口将等待，直到 IICDS 寄存器被 CPU 读出。在这个新的数据被 CPU 读出前，SCL 保持低电平。CPU 从 IICDS 寄存器读出这个新的数据后，SCL 被释放。通过中断识别，新的数据接收已经完成，CPU 收到中断请求后，应该从 IICDS 寄存器读出数据。

5) 总线仲裁过程

总线仲裁发生在 SDA 上，用于阻止在总线上两个主设备的竞争。如果一个主设备在 SDA

上送出高电平，并且这个主设备检测到另一个主设备在 SDA 上送出的是低电平，它将不启动数据传送，因为当前在总线上的电平不代表它自己的电平。仲裁过程将延续到 SDA 变成高电平。

当多个主设备同时在 SDA 上送出低电平时，每个主设备应该评估主设备权是否分配给自己，为了达到这个目的，每个主设备都应该检测地址位。

由于每个主设备要送出一个从地址，它也同时检测在 SDA 上的地址位信号。因为在 SDA 上保持低电平的能力比保持高电平的能力更强（开路门电路线与的原因），所以如果一个主设备在第一个地址位送出低电平，而另一个主设备维持高电平，在这种情况下，两个主设备都检测在总线上是否为低电平。这时发送地址位为低电平并检测到低电平的主设备获得主设备权，而发送地址位为高电平并检测到低电平的主设备将不再传送。如果两个主设备送出的第一位地址同时为低电平，则对第二位地址进行仲裁，依此类推。

6) 中止条件

如果一个从设备的接收器不能对从设备的地址确认，没有产生响应信号 ACK，并保持 SDA 为高电平，在这种情况下，主设备应该产生停止条件并且中止（Abort）传送。

如果主设备是接收方，主设备接收器要中止传送，它应该发出信号，结束从设备的传送操作。方法是在收到从设备最后一字节数据后不产生 ACK 信号应答，然后从设备发送器应该释放 SDA，允许主设备产生停止条件。

7.2.4 平台特性

XN101 模块提供多达 5 个标准的 IIC 接口，最高支持 3.4Mbit/s，支持 7 位或者 10 位地址，支持多主机模式。

通用设计注意事项如下。

(1) 模块内已经做了上拉，外面只需要直接连接设备即可。

(2) 若 IIC 挂载较多，建议走菊花链。

(3) 注意同一组 IIC 地址不要冲突。

(4) 有限使用低速模式确保通信可靠性。

(5) 考虑到跨模块设计，建议用户负载电容小于 100pF，XN101 模块内标准 IIC 接口如表 7-1 所示。

表 7-1　XN101 模块内标准 IIC 接口

IIC 序号	推荐用途
IIC0	NFC，TYPEC 识别
IIC1	SENSOR
IIC2	CTR
IIC2	CAMERA
IIC_COM	电源管理

7.3　IIS

7.3.1　IIS 总线接口概述

IIS（Inter-IC Sound）总线，又被称为集成电路内置音频总线，也写作 I^{2}S，是飞利浦公司为数字音频设备之间的音频数据传输而制定的一种总线标准，该总线专门用于音频设备之间的数据传输，广泛应用于各种多媒体系统。它采用了沿独立的导线传输时钟与数据信号的设计，通过将数据和时钟信号分离，避免了因时差诱发的失真，为用户节省了购买抵抗音频抖动的专业设备的费用。

IIS 总线只传送音频数据，其他信号(如控制信号)必须另外单独传送。为了尽可能减少芯片引脚数，通常 IIS 只使用 3 条串行总线(不同芯片可能会有所不同)。3 条线分别是：提供分时复用功能的数据线 SD，SD 传送数据时由时钟信号同步控制，且以字节为单位传送，每字节的数据传送从左边的二进制位 MSB 开始；字段选择线 WS，WS 为 0 或 1 表示选择左声道或右声道；时钟信号线 SCK，能够产生 SCK 信号的设备被称为主设备，从设备引入 SCK 作为内部时钟使用。IIS 总线接口支持通常的 IIS 和 MSB_justified(MSB 调整 IIS)两种数据格式。

7.3.2 IIS 总线接口组成和发送/接收方式

1. IIS 总线接口组成框图

IIS 总线接口组成框图如图 7-18 所示。

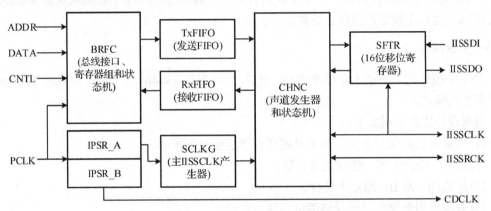

图 7-18 IIS 总线接口组成框图

在图 7-18 中，BRFC 表示总线接口、寄存器组和状态机，总线接口逻辑和 FIFO 存取由状态机控制。

IPSR_A 和 IPSR_B 是两个 5 位的预分频器。一个用于 IIS 总线接口的主时钟发生器，另一个用于外部 CDCLK 时钟发生器。

发送数据时，数据被写入 TxFIFO；接收数据时，从 RxFIFO 读出数据。TxFIFO 和 RxFIFO 长度各为 64B。

SCLKG 称为主 IISSCLK 产生器，在主方式时，串行位时钟由主时钟产生。

CHNC 表示声道发生器和状态机。由声道状态机产生并控制 IISSCLK 和 IISLRCK。

SFTR 表示 16 位移位寄存器。串行数据移位输入形成并行数据。

2. IIS 总线接口发送/接收方式

1)只发送或只接收方式

只发送或只接收方式可以采用通常传送方式或 DMA 传送方式。

(1)通常传送方式。在 IIS 控制寄存器 IISCON 中，有两个标志位分别表示发送 FIFO 准备好或接收 FIFO 准备好。当发送 FIFO 准备发送数据时，如果发送 FIFO 不为空，则发送 FIFO准备好标志位 IISCON[7]被置 1。如果发送 FIFO 为空，则发送 FIFO 准备好标志位被清 0。当接收 FIFO 不满时，接收 FIFO 准备好标志位 IISCON[6]被置 1，指示 FIFO 准备好接收数据。如果接收 FIFO 满了，则接收 FIFO 准备好标志位被清 0。这两个标志位能够用于确定 CPU 写或读 FIFO 的时间。当 CPU 以这种方式发送或接收 FIFO 数据时，串行数据能被送出或接收。

(2)DMA 传送方式。在这种方式下，由 DMA 控制器控制发送或接收 FIFO 的存取。在发送或接收方式下，DMA 服务请求由 FIFO 准备标志自动执行。

2)同时发送和接收方式

在这种方式下，IIS 总线接口能同时发送和接收数据。

7.3.3 规范

在飞利浦公司的 IIS 标准中，既规定了硬件接口规范，又规定了数字音频数据的格式。

IIS 有以下 3 个主要信号。

(1)串行时钟 SCLK，也叫位时钟(BCLK)，即对应数字音频的每一位数据，SCLK 都有 1个脉冲。SCLK 的频率=2×采样频率×采样位数。

(2)帧时钟 LRCK(也称 WS)，用于切换左右声道的数据。LRCK 若为"1"，则表示正在传输的是右声道的数据；若为"0"，则表示正在传输的是左声道的数据。LRCK 的频率等于采样频率。

(3)串行数据 SDATA，就是用二进制补码表示的音频数据。

有时为了使系统间能够更好地同步，还需要另外传输一个信号 MCLK，既叫主时钟，又叫系统时钟(Sys Clock)，是采样频率的 256 倍或 384 倍。

IIS 格式的信号无论有多少位有效数据，数据的最高位总是出现在 LRCK 变化(也就是一帧开始)后的第 2 个 SCLK 脉冲处。这就使接收端与发送端的有效位数可以不同。如果接收端能处理的有效位数少于发送端，可以放弃数据帧中多余的低位数据；如果接收端能处理的有效位数多于发送端，可以自行补足剩余的位。这种同步机制使数字音频设备的互连更加方便，而且不会造成数据错位。

随着技术的发展，在统一的 IIS 接口下，出现了多种不同的数据格式。根据 SDATA 数据相对于 LRCK 和 SCLK 的位置，分为左对齐(较少使用)、IIS 格式(即飞利浦规定的格式)和右对齐(也叫日本格式、普通格式)。

为了保证数字音频信号的正确传输，发送端和接收端应该采用相同的数据格式和长度。当然，对 IIS 格式来说数据长度可以不同。

命令选择线表明了正在传输的声道：WS=0，表示正在传输的是左声道的数据；WS=1，表示正在传输的是右声道的数据。

WS 可以在串行时钟的上升沿或者下降沿发生改变，并且 WS 信号不需要一定是对称的。在从属装置端，WS 在时钟信号的上升沿发生改变。WS 总是在最高位传输前的一个时钟周期发生改变，这样可以使从属装置得到与被传输的串行数据同步的时间，并且使接收端存储当前的命令以及为下次的命令清除空间。

1)电气规范

输出电压：VL <0.4V，VH>2.4V。输入电压：VIL<0.8V，VIH>2.0V。

注：这是使用的 TTL 电平标准，随着其他 IC(LSI)的流行，其他电平也会支持。

2)时序要求

在 IIS 总线中，任何设备都可以通过提供必需的时钟信号成为系统的主导装置，而从属装置通过外部时钟信号来得到它的内部时钟信号，这就意味着必须重视主导装置和数据以及命令选择信号之间的传播延迟，总的延迟主要由两部分组成。

(1)外部时钟和从属装置的内部时钟之间的延迟。

(2)内部时钟和数据信号以及命令选择信号之间的延迟。

对于数据和命令信号的输入，外部时钟和内部时钟的延迟不占据主导地位，它只是延长了有效的建立时间(set-up time)。延迟的主要部分是发送端的传输延迟和设置接收端所需的时间。

T 是时钟周期，Tr 是最小允许时钟周期，$T>Tr$，这样发送端和接收端才能满足数据传输速率的要求。

对于所有的数据速率，发送端和接收端均发出一个具有固定的传号空号比(mark-space ratio)的时钟信号，所以 tLC 和 tHC 是由 T 所定义的。tLC 和 tHC 必须大于 $0.35T$，这样信号在从属装置端就可以被检测到。

延迟(tdtr)和最快的传输速度(由 Ttr 定义)是相关的，快的发送端信号在慢的时钟上升沿可能导致 tdtr 不能超过 tRC 而使 thtr 为零或者负。只有 tRC 不大于 tRCmax 的时候(tRCmax>0.15T)，发送端才能保证 thtr 大于或等于 0。

为了允许数据在下降沿被记录，时钟信号上升沿及 T 相关的时间延迟应该给予接收端充分的建立时间。

数据建立时间和保持时间(hold time)不能小于指定接收端的建立时间和保持时间。

7.3.4 平台特性

XN101 模块支持一组 IIS 接口，对应 LC1881 的 IIS1，电平 1.8V，用于音频信号扩展。

7.4 SPI

7.4.1 SPI 总线接口概述

SPI(Serial Peripheral Interface)一般称为串行外设接口，是一种高速的、全双工、同步的通信总线，并且在芯片的引脚上只占用四根线，节约了芯片的引脚，同时为 PCB 的布局节省空间，提供方便。正是由于这种简单易用的特性，如今越来越多的芯片集成了这种通信协议，如 AT91RM9200。

SPI 允许计算机与计算机、微处理器与外设之间串行同步通信。可以与 SPI 通信的外设有 ADC、DAC、LCD、LED、外置闪存、网络控制器等。另外，还有许多厂家生产的多种标准外围器件可以与 SPI 连接。通信时，通信双方要规定好一个为主设备，另一个(或多个)为从设备。主设备也允许选择工作在主方式或从方式。当带有 SPI 的两个计算机之间通信时，通常每个计算机的 SPI 允许选择使用主方式或从方式。

计算机与计算机、微处理器与外设使用 SPI 总线连接举例如图 7-19 和图 7-20 所示。

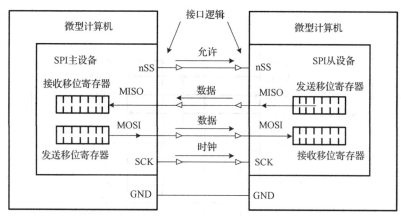

图 7-19　计算机与计算机使用 SPI 总线连接

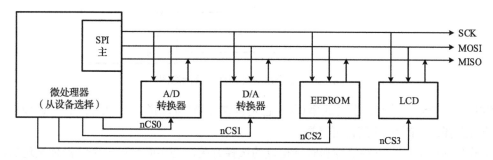

图 7-20　微处理器与外设使用 SPI 总线连接

7.4.2　基本协议

连接在 SPI 总线上的多个从设备,某一时刻只有一个,即被主设备选中的那个从设备能与主设备通信。其他未被选中的从设备不能与主设备通信,多个从器件与一个主器件硬件连接示意图如图 7-21 所示。

通信中主设备和被选中的从设备使用同一个时钟,主设备创建并发送时钟信号(以下简称时钟),从设备接收时钟,主设备和从设备使用同一个时钟将数据送出和锁存。

SPI 总线通常包含 4 条 I/O 线。

(1)nSS(Slave Select):从设备选择线,信号低电平有效,由主设备发出信号,通知连接的从设备被选中,它们之间的通信通道已经被激活。当一个主设备连接多个从设备时,主设备与每个从设备要连接一条单独的 nSS 线,某段时间只能有一条 nSS 线上的信号为低电平。

(2)SCLK(Serial Clock):串行时钟线,时钟由主设备创建、驱动并发送,从设备只能接收。主设备发送的时钟作为主、从设备数据传输的同步时钟。使用该时钟锁存串行输入线上接收到的数据位,或送出要发送的数据位到串行输出线上。

(3)MOSI(Master Out Slave In):主设备输出、从设备输入串行数据线,数据由主设备驱动输出,从设备接收,使用 SCK 同步传输。

(4)MISO(Master In Slave Out):主设备输入、从设备输出串行数据线,数据由从设备驱动输出,主设备接收,使用 SCK 同步传输。

SPI 传输的数据以 8 位二进制数为一个单位,一般先发送 MSB。多个从器件连接示意如

图 7-21 所示。

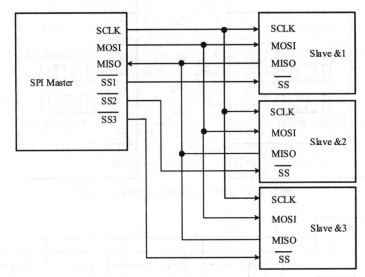

图 7-21　多个从器件硬件连接示意图

SPI 一般控制特性有：发送速率(同时也是接收速率)可选择；主/从方式、时钟极性和时钟相位可选择；中断允许/禁止可选择。

正确传输的关键与时钟极性和时钟相位的选择有关，同步时钟的一个边沿使发送器改变输出(输出串行数据位)，另一个边沿使接收器锁存数据(输入串行数据位)。

SPI 的通信原理很简单，它以主/从方式工作，这种模式通常有一个主设备和一个或多个从设备，至少需要 4 根线，事实上 3 根也可以(单向传输时)。也是所有基于 SPI 的设备共有的，它们是 SDI(数据输入)、SDO(数据输出)、SCLK(时钟)、CS(片选)。

(1) SDI(Serial Data In)：串行数据输入。

(2) SDO(Serial Data Out)：串行数据输出。

(3) SCLK(Serial Clock)：时钟信号，由主设备产生。

(4) CS(Chip Select)：从设备使能信号，由主设备控制。

其中，CS 是从芯片是否被主芯片选中的控制信号，也就是说只有片选信号为预先规定的使能信号时(高电位或低电位)，主芯片对此从芯片的操作才有效。这就使在同一条总线上连接多个 SPI 设备成为可能。

CS 之后是负责通信的 3 根导线。通信是通过数据交换完成的，这里首先要知道 SPI 是串行通信协议，也就是说数据是一位一位传输的。这就是 SCLK 时钟线存在的原因，由 SCLK 提供时钟脉冲，SDI、SDO 则基于此脉冲完成数据传输。数据输出通过 SDO 线，数据在时钟上升沿或下降沿时改变，在紧接着的下降沿或上升沿被读取，完成一位数据传输，输入也使用同样的原理。因此，至少需要 8 次时钟信号的改变(上升沿和下降沿为一次)，才能完成 8 位数据的传输。

SCLK 信号线只由主设备控制，从设备不能控制信号线。同样，在一个基于 SPI 的设备中，至少有一个主控设备。这样的传输方式有一个优点，与普通的串行通信不同，普通的串行通信一次连续传送至少 8 位数据，而 SPI 允许数据一位一位地传送，甚至允许暂停，因为 SCLK 时钟线由主控设备控制，当没有时钟跳变时，从设备不采集或传送数据。也就是说，主设备通过对 SCLK 时钟线的控制可以完成对通信的控制。SPI 还是一个数据交换协议：因为 SPI 的数据输入和输出线独立，所以允许同时完成数据的输入和输出。不同的 SPI 设备的实现方式不尽相同，主要是数据改变和采集的时间不同，在时钟信号上沿或下沿采集有不同定义，具体请参考相关器件的文档。

最后，SPI 接口的缺点是：没有指定的流控制，没有应答机制确认是否接收到数据。SPI 接口内部硬件连接如图 7-22 所示。

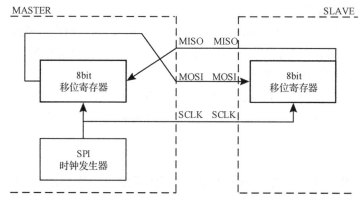

图 7-22　接口内部硬件连接图

SPI 的片选可以扩充选择 16 个外设，这时 PCS 输出=NPCS，说 NPCS0~3 接 4-16 译码器，这个译码器需要外接 4-16 译码器，译码器的输入为 NPCS0~3，输出用于 16 个外设的选择。

7.4.3　工作模式

SPI 有四种工作模式，各个工作模式的不同在于 SCLK 不同，具体工作由 CPOL、CPHA 决定。

CPOL：时钟极性(Clock Polarity)。当 CPOL 为 0 时，时钟空闲时电平为低；当 CPOL 为 1 时，时钟空闲时电平为高。

CPHA：时钟相位(Clock Phase)。当 CPHA 为 0 时，时钟周期的上升沿采集数据，时钟周期的下降沿输出数据；当 CPHA 为 1 时，时钟周期的下降沿采集数据，时钟周期的上升沿输出数据；CPOL 和 CPHA，可以分别都是 0 或 1。

7.5　Type-C

7.5.1　Type-C 概述

Type-C 是 USB 接口的一种连接介面，不分正反，两面均可插入，大小约为 8.3mm×2.5mm，和其他介面一样支持 USB 标准的充电、数据传输、显示输出等功能。

早在 2013 年 12 月，USB 3.0 推广团队已经公布了下一代 USB Type-C 连接器的渲染图，随后在 2014 年 8 月开始已经准备好进行大规模量产。新版接口的亮点在于更加纤薄的设计、更快的传输速度(最高 10Gbit/s)以及更强悍的电力传输(最高 100W)。Type-C 双面可插接口最大的特点是支持 USB 接口双面插入，正式解决了"USB 永远插不准"的世界性难题，正反面随便插。同时与它配套使用的 USB 数据线也必须更细和更轻便。

1）Type-C 的特点

（1）最大数据传输速度达到 10Gbit/s，也是 USB3.1 的标准。

（2）Type-C 接口插座端的尺寸约为 8.3mm×2.5mm 纤薄设计。

（3）支持从正反两面均可插入的"正反插"功能，可承受 1 万次反复插拔。

（4）配备 Type-C 连接器的标准规格，连接线可通过 3A 电流，同时还支持超出现有 USB 供电能力的 USBPD，可以提供最大 100W 的电力。

2）Type-C 的外观特点

（1）超薄。更薄的机身需要更薄的端口，这也是 USB-C 横空出世的原因之一。USB-C 端口长 0.83cm、宽 0.26cm。老式 USB 端口长 1.4cm、宽 0.65cm 已经显得过时。这也意味着 USB-C 数据线的末端将是标准 USB-A 型数据线插头尺寸的三分之一。

（2）无正反。像苹果的 Lightning 接口一样，USB-C 端口正面和反面是相同的。也就是说无论怎么插入这一端口都是正确的。用户不必担心传统 USB 端口所带来的正反问题。

7.5.2　Type-C 接口概述

由图 7-23 和图 7-24 可以看到 Type-C 的接口引脚图，每个引脚都有不同的作用，中心点对称，因此支持正反插。

TX/RX：两组差分信号，用于数据传输。

CC1/CC2:两个关键引脚，作用很多。

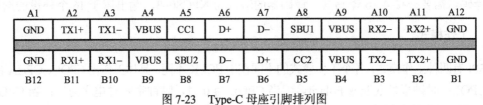

图 7-23　Type-C 母座引脚排列图

图 7-24　Type-C 公座引脚排列图

探测连接，区分 DFP、UFP；配置 VBUS，有 USB Type-C 和 USB Power Delivery（功率输出）模式；配置 VCONN，当线缆内有芯片时，一个 CC 传输信号，一个 CC 变成供电 VCONN 配置其他模式，音频配件等；GND 和 VBUS 各 4 个，因此传输功率强；D+和 D–是来兼容 USB 之前的标准的。

7.6　GPIO

7.6.1　GPIO 简介

人们利用工业标准 I^2C、SMBus 或 SPI 简化了 I/O 口的扩展。当微控制器或芯片组没有足够的 I/O 端口，或当系统需要采用远端串行通信或控制时，GPIO 产品能够提供额外的控制和监视功能。

每个 GPIO 端口可通过软件分别配置成输入或输出。当作为输出时，提供推挽式输出或漏极开路输出。

7.6.2 GPIO 优点

低功耗：GPIO 具有更低的功率损耗（大约 $1\mu A$，μC 的工作电流则为 $100\mu A$）。

集成 IIC 从机接口：GPIO 内置 IIC 从机接口，即使在待机模式下也能够全速工作。

小封装：GPIO 器件提供最小的封装尺寸——3mm×3mm QFN。

低成本：不用为没有使用的功能买单。

快速上市：不需要编写额外的代码、文档，不需要任何维护工作。

灵活的灯光控制：内置多路高分辨率的 PWM 输出。

可预先确定响应时间：缩短或确定外部事件与中断之间的响应时间。

更好的灯光效果：匹配的电流输出确保均匀地显示亮度。

布线简单：仅需使用 2 条就可以组成 IIC 总线或 3 条组成 SPI 总线。

与 ARM 的几组 GPIO 引脚功能相似，GPxCON 控制引脚功能，GPxDAT 用于读写引脚数据。另外，GPxUP 用于确定是否使用上拉电阻。

7.6.3 GPIO 寄存器

1. GPxCON 寄存器

GPxCON 寄存器用于配置引脚功能。

PORT A 与 PORT B~PORT H/J 在功能选择上有所不同，GPACON 中每一位对应一根引脚，共 23 个引脚。当某位被设为 0 时，相应引脚为输出引脚。此时我们可以在 GPADAT 中相应地写入 1 或者 0 来让此引脚输出高电平或者低电平；当某位被设为 1 时，相应引脚为地址线或用于地址控制，此时 GPADATA 无用。

一般而言，GPACON 通常被设为 1，以便访问外部器件。

PORT B~PORT H/J 在寄存器操作方面完全相同，GPxCON 中每两位控制一根引脚，00 输入；01 输出；10 特殊功能；11 保留不用。

2. GPxDAT 寄存器

GPxDAT 用于读写引脚，当引脚被设为输入时，读此寄存器可知道相应引脚的电平状态高还是低，当引脚被设为输出时，写此寄存器的位，可令引脚输出高电平还是低电平。

3. GPxUP寄存器

GPxUP 寄存器某位为 1 时，相应引脚没有内部上拉电阻；为 0 时，相应引脚有内部上拉电阻。

上拉电阻的作用在于，当 GPIO 引脚处于第三种状态时，既不是输出高电平，又不是输出低电平，而是呈现高阻态，相当于没有接芯片。它的电平状态由上下拉电阻决定。I/O 端口位的基本结构如图 7-25 所示。

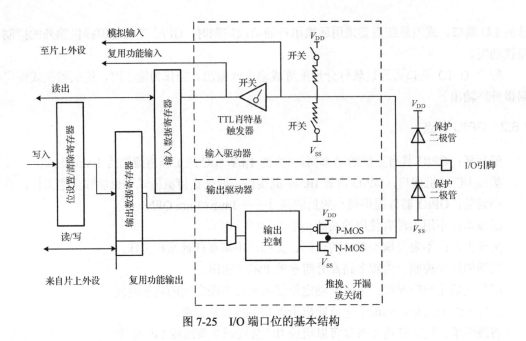

图 7-25　I/O 端口位的基本结构

7.6.4　GPIO 工作模式

（1）上拉输入：若 GPIO 引脚配置为上拉输入模式，在默认情况下（GPIO 引脚无输入），读取得到的 GPIO 引脚数据位 1，高电平。

（2）下拉输入：若 GPIO 引脚配置为下拉输入模式，在默认情况下（GPIO 引脚无输入），读取得到的 GPIO 引脚数据位 0，低电平。

（3）浮空输入：在芯片内部既没有接上拉电阻，又没有接下拉电阻，经由触发器输入。配置成这个模式直接用电压表测量其引脚电压为 1～2V，这是个不确定值。由于其输入阻抗较大，一般把这种模式用于标准的通信协议如 IIC、USART 的接收端。

（4）模拟输入：关闭了施密特触发器，不接上、下拉电阻，经由另一条线路把电压信号传送到片上外设模块，如传送至 ADC 模块，由 ADC 采集电压信号。所以使用 ADC 外设时，必须设置为模拟输入模式。

（5）推挽输出模式：在输出高电平时，PMOS 管导通，低电平时，NMOS 管导通。两个管子轮流导通，一个负责灌电流，一个负责拉电流，使其负载能力和开关速度都比普通的方式有很大的提高。推挽输出的低电平为 0V，高电平为 3.3V。

（6）开漏输出模式：如果控制输出为 0，低电平，则使 NMOS 管导通，使输出接地，若控制输出为 1，则既不输出高电平，又不输出低电平，为高阻态。要正常使用必须在外部接一个上拉电阻。它具有线与特性，即多个开漏模式引脚连接到一起时，只有当所有引脚都输出高阻态，才由上拉电阻提供高电平，此高电平的电压为外部上拉电阻所接电源的电压。若其中一个引脚为低电平，则线路就相当于短路接地，使整条线路都为低电平，0V。

普通推挽输出模式一般应用在输出电平为 0V 和 3.3V 的场合。而普通开漏输出模式一般应用在电平不匹配的场合，如需要输出 5V 的高电平，就需要在外部接一个上拉电阻，电源为 5V，把 GPIO 设置为开漏模式，当输出高阻态时，由上拉电阻和电源向外输出 5V 的电平。

对于相应的复用模式，则是根据 GPIO 的复用功能来选择的，如 GPIO 的引脚用作串口的输出，则使用复用推挽输出模式。如果用在需要线与功能的复用场合，就使用复用开漏模式。在使用任何一种开漏模式时，都需要接上拉电阻。

7.7 USB

USB 是连接计算机系统与外部设备的一种串口总线标准，也是一种输入输出接口的技术规范，被广泛地应用于个人计算机和移动设备等信息通信产品，并扩展至摄影器材、数字电视(机顶盒)、游戏机等其他相关领域。最新一代是USB 3.1，传输速度为10Gbit/s，三段式电压 5V/12V/20V，最大供电 100W，新型 Type-C 插型不再分正反。

自从 1994 年 11 月 11 日发表了 USB 0.7 版本以后，USB 版本经历了多年的发展，已经发展为 3.1 版本，成为 21 世纪计算机中的标准扩展接口。当前主板中主要采用 USB 2.0 和 USB 3.0 接口，各 USB 版本间能很好地兼容。USB 用一个 4 针(USB 3.0标准为 9 针)插头作为标准插头，采用菊花链形式可以把所有的外设连接起来，最多可以连接 127 个外部设备，并且不会损失带宽。USB 需要主机硬件、操作系统和外设三个方面的支持才能工作。21 世纪的主板一般都采用支持 USB 功能的控制芯片组，主板上也安装有 USB 接口插座，而且除了背板的插座之外，主板上还预留有 USB 插针，可以通过连线接到机箱前面作为前置 USB 接口以方便使用(注意，在接线时要仔细阅读主板说明书并按图连接，千万不可接错而使设备损坏)。而且 USB 接口还可以通过专门的 USB 连机线实现双机互连，并可以通过 Hub 扩展出更多的接口。USB 具有传输速度快、使用方便、支持热插拔、连接灵活、独立供电等优点，可以连接鼠标、键盘、打印机、扫描仪、摄像头、充电器、闪存盘、MP3、手机、数码相机、移动硬盘、外置光驱/软驱、USB 网卡、ADSL Modem、Cable Modem等几乎所有的外部设备。

理论上 USB 接口可用于连接多达 127 个外设，如鼠标、调制解调器和键盘等。USB 自从 1996 年推出 1.0 后，已成功替代串口和并口，并成为 21 世纪个人计算机和大量智能设备必配的接口之一。

7.7.1 软件结构

每个 USB 只有一个主机，它包括以下几层。

1)总线接口

USB 总线接口处理电气层与协议层的互连。从互连的角度来看，相似的总线接口由设备及主机同时给出，如串行接口机(SIE)。USB 总线接口由主控制器实现。

2)USB 系统

USB 系统用主控制器管理主机与 USB设备间的数据传输。它与主控制器间的接口依赖于主控制器的硬件定义。同时，USB 系统也负责管理 USB 资源，如带宽和总线能量，这使客户访问 USB 成为可能。USB 系统还有三个基本组件：

① 主控制器驱动程序(HCD)，可把不同主控制器设备映射到 USB 系统中；

② HCD 与 USB 之间的接口叫 HCDI，特定的 HCDI 由支持不同主控制器的操作系统来定义，通用主控制器驱动器(UHCD)处于软结构的最底层，由它来管理和控制主控制器。UHCD 实现了与 USB 主控制器通信和控制 USB 主控制器，并且它对系统软件的其他部分是隐蔽的。系统软件中的最高层通过 UHCD 的软件接口与主控制器通信。USB 驱动程序(USBD)在

UHCD 驱动器之上，它提供驱动器级的接口，满足现有设备驱动器设计的要求。USBD 以 I/O 请求包(IRP)的形式提供数据传输架构，它由通过特定管道(Pipe)传输数据的需求组成。此外，USBD 使客户端出现设备的一个抽象，以便于抽象和管理。作为抽象的一部分，USBD 拥有默认的管道。通过它可以访问所有的 USB 设备以进行标准的 USB 控制。该默认管道描述了一条 USBD 和 USB 设备间通信的逻辑通道。

③ 主机软件。在某些操作系统中，没有提供 USB 系统软件。这些软件本来是用于向设备驱动程序提供配置信息和装载结构的。在这些操作系统中，设备驱动程序将应用提供的接口而不是直接访问 USBDI(USB 驱动程序接口)结构。

3) USB 客户软件

它位于软件结构的最高层，负责处理特定 USB 设备驱动器。客户程序层描述所有直接作用于设备的软件入口。当设备被系统检测到后，这些客户程序将直接作用于外围硬件。这个共享的特性将 USB 系统软件置于客户和它的设备之间，这就要根据 USBD 在客户端形成的设备映像由客户程序对它进行处理。

主机各层有以下功能：检测连接和移去的 USB 设备；管理主机和 USB 设备间的数据流；连接 USB 状态和活动统计；控制主控制器和 USB 设备间的电气接口，包括限量能量供应。

HCD 提供了主控制器的抽象和通过 USB 传输的数据的主控制器视角的一个抽象。USBD 提供了 USB 设备的抽象和 USBD 客户与 USB 功能间数据传输的一个抽象。USB 系统促进客户和功能间的数据传输，并作为 USB 设备的规范接口的一个控制点。USB 系统提供缓冲区管理能力并允许数据传输同步于客户和功能的需求。

7.7.2 硬件结构

USB 采用四线电缆，其中两根是用来传送数据的串行通道，另外两根为下游(Downstream)设备提供电源，对于任何已经成功连接且相互识别的外设，将以双方设备均能够支持的最高速率传输数据。USB 会根据外设情况在所兼容的传输模式中自动地由高速向低速动态转换且匹配锁定在合适的速率。USB 是基于令牌的总线。类似于令牌环网络或 FDDI 基于令牌的总线。USB 主控制器广播令牌，总线上设备检测令牌中的地址是否与自身相符，通过接收或发送数据给主机来响应。USB 通过支持悬挂/恢复操作来管理 USB 总线电源。USB 系统采用级联星型拓扑，该拓扑由三个基本部分组成：主机(Host)、集线器(Hub)和功能设备。

主机，也称为根、根结或根集线器(Root Hub)，它做在主板上或作为适配卡安装在计算机上，主机包含主控制器和根集线器，控制着 USB 上的数据和控制信息的流动，每个 USB 系统只能有一个根集线器，它连接在主控制器上，一台计算机可能有多个根集线器。

集线器是 USB 结构中的特定成分，它提供叫作端口(Port)的点将设备连接到 USB 上，同时检测连接在总线上的设备，并为这些设备提供电源管理，负责总线的故障检测和恢复。集线器可为总线提供能源，也可为自身提供能源(从外部得到电源)。

功能设备通过端口与总线连接，USB 同时可作为集线器使用。

7.7.3 数据传输

主控制器负责主机和 USB 设备间数据流的传输。这些传输数据被当作连续的比特流。每个设备提供了一个或多个可以与客户程序通信的接口，每个接口由 0 个或多个管道组成，它们分别独立地在客户程序和设备的特定终端间传输数据。USBD 为主机软件的现实需求建立了接口和管道,当提出配置请求时,主控制器根据主机软件提供的参数提供服务。

USB 支持四种基本的数据传输模式:控制传输、等时(Isochronous)传输、中断传输及数据块(Bulk)传输。每种传输模式应用到具有相同名字的终端,则具有不同的性质。

(1)控制传输类型。支持外设与主机之间的控制、状态、配置等信息的传输,为外设与主机之间提供一个控制通道。每种外设都支持控制传输类型,这样主机与外设之间就可以传送配置和命令/状态信息。

(2)等时传输类型(或称同步传输)。支持有周期性、有限的时延和带宽且数据传输速率不变的外设与主机间的数据传输。该类型无差错校验,故不能保证正确的数据传输,支持计算机-电话集成系统(CTI)和音频系统与主机的数据传输。

(3)中断传输类型。支持游戏手柄、鼠标和键盘等输入设备,这些设备与主机间数据传输量小,无周期性,但对响应时间敏感,要求马上响应。

(4)数据块传输类型。支持打印机、扫描仪、数码相机等外设,这些外设与主机间传输的数据量大,USB 在满足带宽的情况下才进行该类型的数据传输。

USB 采用分块带宽分配方案,若外设超过当前带宽分配或潜在的要求,则不能进入该设备。同步和中断传输类型的终端保留带宽,并保证数据按一定的速率传送。集中和控制终端按可用的最佳带宽来传输数据。

7.7.4 接口定义

标准 USB 引脚功能如表 7-2 所示。

表 7-2 标准 USB 引脚功能

触电	功能(主机)	功能(设备)
1	VBUS(4.75~5.25V)	VBUS(4.75~5.25V)
2	D−	D−
3	D+	D+
4	接地	接地

USB 信号使用分别标记为 D+和 D−的双绞线传输,它们各自使用半双工的差分信号并协同工作,以抵消长导线的电磁干扰。

下面介绍 USB 1.1 和 USB 2.0。

USB 1.1 是较为普遍的 USB 规范,其高速方式的传输速率为 12Mbit/s,低速方式的传输速率为 1.5Mbit/s,1MB/s(兆字节/秒)=8Mbit/s(兆位/秒),12Mbit/s=1.5MB/s。当前,大部分 MP3 为此类接口类型。

USB 2.0 规范是由 USB 1.1 规范演变而来的。它的传输速率达到了 480Mbit/s,折算为 MB 为 60MB/s,足以满足大多数外设的速率要求。USB 2.0 中的"增强主机控制器接口"(EHCI)定义了一个与 USB 1.1 相兼容的架构。它可以用 USB 2.0 的驱动程序驱动 USB 1.1 设备。也就是说,所有支持 USB 1.1 的设备都可以直接在 USB 2.0 的接口上使用而不必担心兼容性问题,而且 USB 线、插头等附件也都可以直接使用。

使用 USB 为打印机应用带来的变化则是速度的大幅度提升,USB 接口提供了 12Mbit/s

的连接速度,相比并口速度提高达到 10 倍以上,在这个速度之下打印文件传输时间大大缩减。USB 2.0 标准进一步将接口速度提高到 480Mbit/s,是普通 USB 速度的 40 倍,更大幅度降低了打印文件的传输时间。

USB 是一种常用的 PC 接口,它只有 4 根线:两根电源线、两根信号线,故信号是串行传输的,USB 接口也称为串行口,USB 2.0 的速度可以达到 480Mbit/s。可以满足各种工业和民用需要。

USB 接口的输出电压和电流分别是+5V、500mA,实际上有误差,最大不能超过+/–0.2V,也就是 4.8~5.2V。

USB 接口的 4 根线一般是这样分配的:黑线为 GND、红线为 V_{cc}、绿线为 data+、白线为 data–。需要注意的是,千万不要把正负极接反,否则会烧掉 USB 设备或者供电芯片。

7.7.5 OTG

USB On-The-Go Supplement 1.0:2001 年 12 月发布。USB On-The-Go Supplement 1.0a:2003 年 6 月发布,即当前版本。

USB OTG 是 USB On-The-Go 的缩写,是当前发展起来的技术,2001 年 12 月 18 日由 USB Implementers Forum 公布,主要应用于各种不同的设备或移动设备间的连接,进行数据交换。特别是 PDA、移动电话、消费类设备。改变如数码相机、摄像机、打印机等设备间多种不同制式连接器,解决了多达 7 种制式的存储卡间数据交换的不便。

USB 技术的发展,使 PC 和周边设备能够通过简单的方式、适度的制造成本将各种数据传输速度的设备连接在一起,上述我们提到的应用,都可以通过 USB 总线作为 PC 的周边,在 PC 的控制下进行数据交换。但这种方便的交换方式,一旦离开了 PC,各设备间无法利用 USB 接口进行操作,因为没有一个设备能够充当 PC 一样的主机。

OTG 技术就是在没有主机的情况下,实现从设备间的数据传送。例如,数码相机直接连接到打印机上,通过 OTG 技术,连接两台设备间的 USB 接口,将拍出的相片立即打印出来;也可以将数码相机中的数据,通过 OTG 发送到 USB 接口的移动硬盘上,野外操作就没有必要携带价格昂贵的存储卡或者笔记本电脑。

在 OTG 产品中,增加了一些新的特性。

(1)新的标准,适用于设计小巧的连接器和电缆。

(2)在传统的周边设备上,增加了主机能力,适应点到点的连接。

(3)这种能力可以在两个设备间动态地切换。

(4)低的功耗,保证 USB 可以在电池供电情况下工作。

使用 OTG 后,不影响原设备和 PC 的连接,使得在 21 世纪 20 年代的市场上已有超过 10 亿个 USB 接口的设备,也能通过 OTG 互连。

7.7.6 USB OTG ID 检测原理

OTG 检测的原理是:USB OTG 标准在完全兼容 USB 2.0 标准的基础上,增添了电源管理(节省功耗)功能,它允许设备既可作为主机,又可作为外设操作(两用 OTG)。USB OTG 技术可实现没有主机时设备与设备之间的数据传输。例如,数码相机可以直接与打印机连接并打印照片,手机与手机之间可以直接传送数据等,从而拓展了 USB 技术的应用范围。在

OTG 中，初始主机设备称为 A 设备，外设称为 B 设备。也就是说，手机既可以做外设，又可以做主机来传送数据，可用电缆的连接方式来决定初始角色（由 ID 线的状态来决定）。

USB OTG 接口中有 5 条线：2 条用来传送数据（D+、D–）、1 条是电源线（VBUS）、1 条则是接地线（GND）、1 条是 ID 线。ID 线用于识别不同的电缆端点，mini-A 插头（即 A 外设）中的 ID 引脚接地，mini-B 插头（即 B 外设）中的 ID 引脚悬空。当 OTG 设备检测到接地的 ID 引脚时，表示默认的是 A 设备（主机），而检测到 ID 引脚悬空的设备则认为是 B 设备（外设）。

只有支持 USB OTG 的设备（即可以做 USB 主机又可以做外设的设备），USB_ID 信号才有意义。

当设备检测到 USB_ID 信号为低时，表示该设备应作为主机（也称 A 设备）用。

当设备检测到 USB_ID 信号为高时，表示该设备作为外设（也称 B 设备）用。

实际的 USB 连接线中，是没有 USB_ID 这根线的，都是在接口部分直接确定上拉的。

对于主机端，只需将连接线的 USB_ID 引脚和地短接即可。

对于外设端，USB 连接线的 USB_ID 引脚是悬空的（设备内部上拉）。

7.8 蓝　牙

蓝牙是一种无线技术标准，可实现固定设备、移动设备和楼宇个人域网之间的短距离数据交换（使用 2.4～2.485GHz 的 ISM 波段的 UHF 无线电波）。蓝牙技术最初由电信巨头爱立信公司于 1994 年创制，当时是作为 RS232 数据线的替代方案。蓝牙可连接多个设备，克服了数据同步的难题。

如今蓝牙由蓝牙技术联盟（Bluetooth Special Interest Group，SIG）管理。蓝牙技术联盟在全球拥有超过 25000 家成员公司，它们分布在电信、计算机、网络和消费电子等多重领域。IEEE 将蓝牙技术列为 IEEE 802.15.1，但如今已不再维持该标准。蓝牙技术联盟负责监督蓝牙规范的开发，管理认证项目，并维护商标权益。制造商的设备必须符合蓝牙技术联盟的标准才能以"蓝牙设备"的名义进入市场。蓝牙技术拥有一套专利网络，可发放给符合标准的设备。

7.8.1　传输与应用

蓝牙的波段为 2400～2483.5MHz（包括防护频带）。这是全球范围内无须取得执照（但并非无管制的）的工业、科学和医疗用（ISM）波段的 2.4GHz 短距离无线电频段。

蓝牙使用跳频技术，将传输的数据分割成数据包，通过 79 个指定的蓝牙频道分别传输数据包。每个频道的频宽为 1 MHz。蓝牙 4.0 使用 2MHz 间距，可容纳 40 个频道。第一个频道始于 2402MHz，每 1MHz 一个频道，至 2480MHz。有了适配跳频（Adaptive Frequency-Hopping，AFH）功能，通常每秒跳 1600 次。

最初，高斯频移键控（Gaussian Frequency-Shift Keying，GFSK）调制是唯一可用的调制方案。然而蓝牙 2.0+EDR 使 π/4-DQPSK 和 8DPSK 调制在兼容设备中的使用变为可能。运行 GFSK 的设备据说可以以基础速率（Basic Rate，BR）运行，瞬时速率可达 1Mbit/s。增强数据率（Enhanced Data Rate，EDR）一词用于描述 π/4-DPSK 和 8DPSK 方案，分别可达

2Mbit/s 和 3Mbit/s。在蓝牙无线电技术中,两种模式(BR 和 EDR)的结合统称为"BR/EDR 射频"。

蓝牙是基于数据包、有着主从架构的协议。一个主设备至多可和同一微微网中的七个从设备通信,所有设备共享主设备的时钟。分组交换基于主设备定义的、以 312.5μs 为间隔运行的基础时钟。两个时钟周期构成一个 625μs 的槽,两个时间隙就构成了一个 1250μs 的缝隙对。在单槽封包的简单情况下,主设备在双数槽发送信息、单数槽接收信息,而从设备则正好相反。封包容量可长达 1、3 或 5 个时间隙,但无论是哪种情况,主设备都会从双数槽开始传输,从设备从单数槽开始传输。

7.8.2 通信连接

蓝牙主设备最多可与一个微微网(一个采用蓝牙技术的临时计算机网络)中的七个设备通信,当然并不是所有设备都能够达到这一最大量。设备之间可通过协议转换角色,从设备也可转换为主设备(例如,一个头戴式耳机如果向手机发起连接请求,它作为连接的发起者,自然就是主设备,但是随后也许会作为从设备运行)。

蓝牙核心规格提供两个或以上的微微网连接以形成分布式网络,让特定的设备在这些微微网中自动同时地分别扮演主和从的角色。

数据传输可随时在主设备和其他设备之间进行(应用极少的广播模式除外)。主设备可选择要访问的从设备;典型的情况是,它可以在设备之间以轮替的方式快速转换。因为是主设备来选择要访问的从设备,理论上从设备就要在接收槽内待命,主设备的负担要比从设备少一些。主设备可以与七个从设备相连接,但是从设备却很难与一个以上的主设备相连。规格对于散射网中的行为要求是模糊的。

许多 USB 蓝牙适配器或"软件狗"是可用的,其中一些还包括一个 IrDA 适配器。

蓝牙是一个标准的无线通信协议,基于设备低成本的收发器芯片,传输距离短、功耗低。射程范围取决于功率和类别,但是有效射程范围在实际应用中会各有差异,请参考表 7-3。数据吞吐量如表 7-4 所示。

表 7-3　功率射程

类别	最大功率容量		射程范围/m
	/mW	/dBm	
1	100	20	0~100
2	2.5	4	0~10
3	1	0	0~1

表 7-4　数据吞吐量

版本	数据率	最大应用吞吐量
1.2	1Mbit/s	>80Kbit/s
2.0 + EDR	3 Mbit/s	>80Kbit/s
3.0 + HS	24 Mbit/s	请参考 3.0 + HS
4	24 Mbit/s	请参考 4.0 LE

有效射程与传输条件、材料覆盖、生产样本的变化、天线配置和电池状态有关。多数蓝

牙应用是为室内环境而设计的，墙的衰减和信号反射造成的信号衰落会使射程远小于蓝牙产品规定的射程范围。多数蓝牙应用是由电池供电的 2 类设备，无论对方设备是 1 类还是 2 类，射程差异均不明显，因为射程范围通常取决于低功率的设备。某些情况下，当 2 类设备连接到一个敏感度和发射功率都高于典型的 2 类设备的 1 类收发器上时，数据链的有效射程可被延长。然而多数情况下，1 类设备与 2 类设备的敏感度是相近的。

两个敏感度和发射功率都较高的 1 类设备相连接，射程可远高于一般水平的 100m，取决于应用所需要的吞吐量。有些设备在开放的环境中的射程能够高达 1km 甚至更高。

蓝牙核心规范规定了最小射程，但是技术上的射程是由应用决定的且是无限的。制造商可根据实际的用例调整射程。

7.8.3 蓝牙技术规范

蓝牙技术规范包括协议(Protocol)和应用规范(Profile)两个部分。协议定义了各功能元素(如串口仿真协议、逻辑链路控制和适配协议等)各自的工作方式，而应用规范则阐述了为了实现一个特定的应用模型，各层协议间的运转协同机制。显然，协议是一种横向体系结构，而应用规范是一种纵向体系结构。较典型的应用规范有拨号网络、耳机(Headset)、局域网访问和文件传输等，它们分别对应一种应用模型。图 7-26 简要刻画了蓝牙的协议栈。

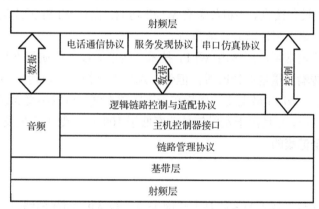

图 7-26　蓝牙的协议栈

整个蓝牙协议体系结构可分为底层硬件模块、中间协议层(软件模块)和高端应用层三大部分。图 7-26 中所示的链路管理(LM)层、基带(BB)层和射频层属于蓝牙的硬件模块。射频层通过 2.4GHz 无须授权的 ISM 频段的微波，实现数据位流的过滤和传输，它主要定义了蓝牙收发器在此频带正常工作所需满足的要求。基带层负责跳频和蓝牙数据及信息帧的传输。链路管理层负责连接的建立和拆除以及链路的安全和控制，它们为上层软件模块提供了不同的访问入口，但是两个模块接口之间的消息和数据传递必须通过蓝牙主机控制器接口(HCI)的解释才能进行。也就是说，HCI 是蓝牙协议中软硬件之间的接口，它提供了一个调用下层基带、链路管理、状态和控制寄存器等硬件的统一命令接口。HCI 协议以上的协议软件实体运行在主机上，而 HCI 以下的功能由蓝牙设备来完成，二者之间通过传输层进行交互。

中间协议层包括逻辑链路控制和适配协议(L2CAP)、服务发现协议(SDP)、串口仿真协议(RFCOMM)和电话通信协议(TCS)。L2CAP 完成数据拆装、服务质量控制和协议复用等功能，是其他上层协议实现的基础，因此也是蓝牙协议栈的核心成分。SDP 为上层应用程序提供一种机制来发现网络中可用的服务及其特性。RFCOMM 依据 ETSI 标准 TS07.10 在 L2CAP 上仿真 9 针 RS232 串口的功能。TCS 提供蓝牙设备间话音和数据的呼叫控制信令。在蓝牙协议栈的最上部是高端应用层，它对应于各种应用模型的应用规范，是应用规范的一部分。

7.9 Wi-Fi

Wi-Fi 是一种允许电子设备连接到一个 WLAN 的技术，也是一个无线网络通信技术的品牌，由 Wi-Fi 联盟所持有。Wi-Fi 的目的是改善基于 IEEE 802.11 标准的无线网络产品之间的互通性，通常使用 2.4GHz UHF 或 5GHz SHF ISM 射频频段。设备通过 Wi-Fi 连接到 WLAN 通常是有密码保护的，但也可以是开放的，这样就允许任何在 WLAN 范围内的设备可以连接到 WLAN。

7.9.1 技术原理

Wi-Fi 是通过无线电波来联网的。通过设置一个无线路由器，在这个无线路由器的电波覆盖的有效范围内都可以采用 Wi-Fi 连接方式进行联网。

Wi-Fi 的主要功能是：让电子设备连接到一个无线局域网，实现无线上网功能。Wi-Fi 是当今使用最广的一种无线网络传输技术，实际上就是把有线网络信号转换成无线信号，供支持 Wi-Fi 技术的电子设备接收。手机如果有 Wi-Fi 功能，在有 Wi-Fi 无线信号的时候就可以不通过移动、联通的网络上网，节省了流量费。

无线上网已经比较常用，虽然由 Wi-Fi 技术传输的无线通信质量不是很好，数据安全性能比蓝牙差一些，传输质量也有待改进，但传输速度非常快，可以达到 54Mbit/s，符合个人和社会信息化的需求。Wi-Fi 最主要的优势在于不需要布线，可以不受布线条件的限制，因此非常适合移动办公用户，并且由于发射信号功率低于 100mW，低于手机发射功率，所以 Wi-Fi 上网相对也是最安全健康的。

7.9.2 组成结构

一般架设无线网络的基本配备就是无线网卡及一台 AP，如此便能以无线的模式，配合既有的有线架构来分享网络资源，架设费用和复杂程度远远低于传统的有线网络。如果只是几台计算机的对等网，也可不要 AP，只需要每台计算机配备无线网卡。其中 AP 主要在媒体存取控制层(MAC)中扮演无线工作站及有线局域网络的桥梁。有了 AP，就像一般有线网络的集线器一样，无线工作站可以快速且轻易地与网络相连。特别是对于宽带的使用，Wi-Fi 更显优势，有线宽带网络(ADSL、小区 LAN 等)到户后，连接到一个 AP，然后在计算机中安装一块无线网卡即可。普通的家庭有一个 AP 已经足够，甚至用户的邻里得到授权后，则无须增加端口，也能以共享的方式上网。

对于无线网络部分的处理，有直接把 Wi-Fi 部分 Layout 到 PCB 主板上去的设计和采用模块化的 Wi-Fi 部分两种处理方法。目前比较通用的一种是模块化设计，这样可以直接让 Wi-Fi 部分模块化，处理起来方便，而且模块可以直接拆卸，对于产品的设计风险和具体的耗损的控制也有很大帮助。

具体的硬件设计和相关 Wi-Fi 模块进行通信时，考虑清楚以下方面。

(1)通信接口方面：2010 年基本是采用 USB 接口形式，PCIE 和 SDIO 也有少部分，PCIE

的市场份额应该不大，多合一的价格昂贵，而且实用性不强，集成的很多功能用户都不会使用，其实也是一种浪费。

(2)供电方面：多数是用 5V 直接供电，有的也会利用主板设计中的电源共享，直接采用 3.3V 供电。

(3)天线的处理形式：可以有内置的 PCB 板载天线或者陶瓷天线；也可以通过 I-PEX 接头，连接天线延长线，然后让天线外置。

(4)规格尺寸方面：这个可以根据具体的设计要求，最小的有 Nano 型号(可以直接做 Nano 无线网卡)；有的可以做到迷你型的 12×12 左右(通常是外置天线方式采用)；通常是 25×12 左右的设计多点(基本是板载天线和陶瓷天线多，也有外置天线接头)。

(5)与主板连接的形式：可以直接 SMT，也可以通过 2.54 的排针来做插件连接(这种组装/维修方便)。

7.9.3 网络协议

一个 Wi-Fi 连接点网络成员和结构包括站点、基本服务单元、分配系统、接入点、扩展服务单元以及门户。

站点(Station)是网络最基本的组成部分。

基本服务单元(Basic Service Set，BSS)是网络最基本的服务单元。最简单的服务单元可以只由两个站点组成。站点可以动态地联结(Associate)到基本服务单元中。

分配系统(Distribution System，DS)：分配系统用于连接不同的基本服务单元。分配系统使用的媒介(Medium)逻辑上和基本服务单元使用的媒介是截然分开的，尽管它们物理上可能会是同一个媒介，如同一个无线频段。

接入点：接入点既有普通站点的身份，又有接入分配系统的功能。

扩展服务单元(Extended Service Set，ESS)：由分配系统和基本服务单元组合而成。这种组合是逻辑上，并非物理上的不同的基本服务单元有可能在地理位置上相距甚远。

门户(Portal)：也是一个逻辑成分，用于将无线局域网和有线局域网或其他网络联系起来。

这儿有 3 种媒介：站点使用的无线的媒介、分配系统使用的媒介以及和无线局域网集成在一起的其他局域网使用的媒介。物理上它们可能互相重叠。

IEEE 802.11 只负责在站点使用的无线的媒介上的寻址(Addressing)。分配系统和其他局域网的寻址不属于无线局域网的范围。

IEEE 802.11 没有具体定义分配系统，只是定义了分配系统应该提供的服务(Service)。整个无线局域网定义了 9 种服务，5 种服务属于分配系统的任务，分别为联结(Association)、结束联结(Diassociation)、分配(Distribution)、集成(Integration)、再联结(Reassociation)。4 种服务属于站点的任务，分别为鉴权(Authentication)、结束鉴权(Deauthentication)、隐私(Privacy)、MAC 数据传输(MSDU Delivery)。

7.10 4G

7.10.1 4G 概述

4G 即第四代移动电话行动通信标准，指的是第四代移动通信技术。该技术包括 TD-LTE

和 FDD-LTE 两种制式。

4G 是集 3G 与 WLAN 于一体，并能够快速传输高质量音频、视频和图像等的移动通信技术。4G 能够以 100Mbit/s 以上的速度下载，是目前的家用宽带 ADSL（4Mbit/s）的 25 倍，并能够满足几乎所有用户对于无线服务的要求。此外，4G 可以在 DSL 和有线电视调制解调器没有覆盖的地方部署，然后扩展到整个地区。

4G 移动系统网络结构可分为三层：物理网络层、中间环境层、应用网络层。物理网络层提供接入和路由选择功能，它们由无线和核心网的结合格式完成。中间环境层的功能有 QoS 映射、地址变换和完全性管理等。

物理网络层与中间环境层及其应用环境之间的接口是开放的，它使发展和提供新的应用及服务变得更为容易，提供无缝高数据率的无线服务，并运行于多个频带。

7.10.2　4G 标准

1. LTE

LTE 项目是 3G 的演进，它改进并增强了 3G 的空中接入技术，采用 OFDM 和 MIMO 作为其无线网络演进的唯一标准。根据 4G 牌照发布的规定，我国三家运营商：中国移动、中国电信和中国联通，都拿到了 TD-LTE 制式的 4G 牌照。

LTE 的主要特点是在 20MHz 频谱带宽下能够提供下行 100Mbit/s 与上行 50Mbit/s 的峰值速率，相对于 3G 网络大大地提高了小区的容量，同时将网络时延大大降低了：内部单向传输时延低于 5ms，控制平面从睡眠状态到激活状态迁移时间低于 50ms，从驻留状态到激活状态的迁移时间小于 100ms。并且这一标准也是 3GPP LTE 项目，是 2009 年来 3GPP 启动的最大的新技术研发项目，其演进的历史如下：

GSM→GPRS→EDGE→WCDMA→HSDPA/HSUPA→HSDPA+/HSUPA+→FDD-LTE

GSM：9K→GPRS：42K→EDGE：172K→WCDMA：364K→HSDPA/HSUPA：14.4M→HSDPA+/HSUPA+：42M→FDD-LTE：300M

由于 WCDMA 网络的升级版 HSPA 和 HSPA+均能够演化到 FDD-LTE 这一状态，所以这一 4G 标准获得了最大的支持，也将是未来 4G 标准的主流。TD-LTE 与 TD-SCDMA 实际上没有关系，不能直接向 TD-LTE 演进。该网络提供媲美固定宽带的网速和移动网络的切换速度，网络浏览速度大大提升。

2. LTE-Advanced

从字面上看，LTE-Advanced 就是 LTE 技术的升级版，那么为何两种标准都能够成为 4G 标准呢？LTE-Advanced 的正式名称为 Further Advancements for E-UTRA，它满足 ITU-R 的 IMT-Advanced 技术征集的需求，是 3GPP 形成欧洲 IMT-Advanced 技术提案的一个重要来源。LTE-Advanced 是一个后向兼容的技术，完全兼容 LTE，是演进而不是革命，相当于 HSPA 和 WCDMA 这样的关系。LTE-Advanced 的相关特性如下：

带宽：100MHz；

峰值速率：下行 1Gbit/s，上行 500Mbit/s；

峰值频谱效率：下行 30（bit/s）/Hz，上行 15（bit/s）/Hz；

针对室内环境进行优化；

有效支持新频段和大带宽应用；

峰值速率大幅提高，频谱效率有限的改进。

严格意义上来讲，LTE 只是 3.9G，尽管被宣传为 4G 无线标准，但它其实并未被 3GPP 认可为国际电信联盟所描述的下一代无线通信标准 IMT-Advanced，因此在严格意义上，其还未达到 4G 的标准。那么 LTE-Advanced 作为 4G 标准更加确切一些。LTE-Advanced 的入围，包含 TDD 和 FDD 两种制式，其中 TD-SCDMA 能够进化到 TDD 制式，而 WCDMA 网络能够进化到 FDD 制式。移动主导的 TD-SCDMA 网络期望能够直接绕过 HSPA+ 网络而直接进入 LTE。

3. WiMAX

WiMAX 的另一个名字是 IEEE 802.16。WiMAX 的技术起点较高，WiMAX 所能提供的最高接入速度是 70M，这个速度是 3G 所能提供的宽带速度的 30 倍。

WiMAX 逐步实现宽带业务的移动化，而 3G 则实现移动业务的宽带化，两种网络的融合程度会越来越高，这也是未来移动世界和固定网络的融合趋势。

802.16 工作的频段采用的是无须授权频段，范围为 2～66GHz，而 802.16a 则是一种采用 2～11GHz 无须授权频段的宽带无线接入系统，其频道带宽可根据需求在 1.5～20MHz 范围进行调整，具有更好高速移动下无缝切换的 IEEE 802.16m 的技术正在研发。因此，802.16 所使用的频谱可能比其他任何无线技术更丰富，WiMAX 具有以下优点。

(1) 对于已知的干扰，窄的信道带宽有利于避开干扰，而且有利于节省频谱资源。

(2) 灵活的带宽调整能力，有利于运营商或用户协调频谱资源。

(3) WiMAX 所能实现的 50km 的无线信号传输距离是无线局域网所不能比拟的，网络覆盖面积是 3G 发射塔的 10 倍，只要少数基站建设就能实现全城覆盖，能够使无线网络的覆盖面积大大提升。

不过 WiMAX 网络在网络覆盖面积和网络的带宽上优势巨大，但是其移动性却有着先天的缺陷，无法满足高速（≥50km/h）下的网络的无缝连接，从这个意义上讲，WiMAX 还无法达到 3G 网络的水平，严格地说并不能算作移动通信技术，而仅仅是无线局域网的技术。

但是 WiMAX 的希望在于 IEEE 802.11m 技术上，其将能够有效地解决这些问题，也正是因为有中国移动、英特尔、Sprint 各大厂商的积极参与，WiMAX 成为呼声仅次于 LTE 的 4G 网络手机。关于 IEEE 802.16m 这一技术，我们将留在最后做详细的阐述。

当前，WiMAX 的全球使用用户大约为 800 万，其中 60%在美国。WiMAX 其实是最早的 4G 通信标准，大约出现于 2000 年。

4. Wireless MAN

WirelessMAN-Advanced 事实上就是 WiMAX 的升级版，即 IEEE 802.16m 标准，802.16 系列标准在 IEEE 正式称为 WirelessMAN ，而 WirelessMAN-Advanced 即 IEEE 802.16m。其中，802.16m 最高可以提供 1Gbit/s 无线传输速率，还将兼容未来的 4G 无线网络。802.16m 可在"漫游"模式或高效率/强信号模式下提供 1Gbit/s 的下行速率。该标准还支持"高移动"模式，能够提供 1Gbit/s 速率，其优势如下。

(1)提高网络覆盖率，改建链路预算。

(2)提高频谱效率。

(3)提高数据和 VoIP 容量。

(4)低时延且 QoS 增强。

(5)功耗节省。

WirelessMAN-Advanced 有 5 种网络数据规格，其中极低速率为 16Kbit/s，低速率数据及低速多媒体为 144Kbit/s，中速多媒体为 2Mbit/s，高速多媒体为 30Mbit/s 超高速多媒体则达到了 30Mbit/s～1Gbit/s。

但是该标准可能会率先被军方所采用，IEEE 方面表示军方的介入将能够促使 WirelessMAN-Advanced 更快地成熟和完善，而且军方的今天就是民用的明天。不论怎样，WirelessMAN-Advanced 得到 ITU 的认可并成为 4G 标准的可能性极大。

5. 国际标准

2012 年 1 月 18 日下午 5 时，国际电信联盟在 2012 年无线电通信全体会议上，正式审议通过将 LTE-Advanced 和 WirelessMAN-Advanced（802.16m）技术规范确立为 IMT-Advanced（俗称 4G）国际标准，中国主导制定的 TD-LTE-Advanced 和 FDD-LTE-Advanced 同时并列成为 4G 国际标准。

4G 国际标准工作历时三年。从 2009 年初开始，ITU 在全世界范围内征集 IMT-Advanced 候选技术。2009 年 10 月，ITU 共计征集到了五个候选技术，分别为来自北美标准化组织 IEEE 的 802.16m、日本 3GPP 的 FDD-LTE-Advanced、韩国（基于 802.16m）和中国（TD-LTE-Advanced）、欧洲标准化组织 3GPP（FDD-LTE-Advanced）。

4G 国际标准公布有两项标准分别是 LTE-Advanced 和 IEEE，一类是 LTE-Advanced 的 FDD 部分和中国提交的 TD-LTE-Advanced 的 TDD 部分（总基于 3GPP 的 LTE-Advanced）。另外一类是基于 IEEE 802.16m 的技术。

6. 速率对比

无线蜂窝技术：CDMA2000 1x/EVDo；GSM EDGE；TD-SCDMA HSPA；WCDMA HSPA；TD-LTE；FDD-LTE。

4G 网络的下行速率能达到 100～150Mbit/s，比 3G 快 20～30 倍，上传的速度也能达到 20～40Mbit/s。这种速率能满足几乎所有用户对于无线服务的要求。有人曾这样比较 3G 和 4G 的网速，3G 的网速相当于"高速公路"，4G 的网速相当于"磁悬浮"。

7. 多模多频芯片

支持 LTE/3G 多模多频是 LTE 终端的明确发展方向，也是国内运营商的发展思路。目前国内某些运营商已经公开表示将建设 TDD/FDD 融合组网，这对多模多频也提出了很高要求。中国移动也多次强调，TDD/FDD 混合组网、支持 5 模 10 频、5 模 12 频及 Band 41 是中国移动发展 LTE 智能终端的重点。

关于多模多频，业界普遍认为频段不统一是当今全球 LTE 终端设计的最大障碍——当前，全球 2G、3G 和 4G LTE 网络频段的多样性对移动终端开发构成了挑战。全球 2G 和 3G 技术各采用 4～5 个不同的频段，加上 4G LTE，网络频段的总量将近 40 个。要支持多模多频，首先需要终端集成能同时支持多种制式和频段的芯片。

8. 芯片标准

从 4G 芯片的发展来看，4G 芯片应该具备高度集成、多模多频、强大的数据与多媒体处理能力。全球 4G 手机大多数采用高通的芯片。博通、Marvell、英特尔、联发科、联芯科技、创毅视讯、展讯、海思等芯片厂商也有 4G 基带芯片产品推出，主要运用于 MIFI、CPE 等数据终端中。

高通的 LTE 芯片强调高集成度和多模多频支持，高通所有 LTE 芯片组均同时支持 LTE TDD 和 LTE FDD，而在 LTE/3G 多模方面，以第三代调制解调器 Gobi MDM9x25 为例，支持 LTERel10、HSPA+ Rel10、1x/DO、TD-SCDMA、GSM/EDGE；此外强调"高集成"和"单芯片"的骁龙 800 系列处理器也集成了 Gobi 9x25 调制解调方案。而目前有超过 150 款采用高通第三代调制解调方案的智能终端正在研发中。 此外，2013 年年初推出的 RF360 前端解决方案还首次实现单个终端支持所有 LTE 制式和频段的设计，支持七种网络制式(FDD、TD-LTE、WCDMA、EV-DO、CDMA1x、TD-SCDMA 和 GSM/EDGE)。

7.11　GPRS

GPRS 是 GSM 移动电话用户可用的一种移动数据业务，属于 2G 中的数据传输技术。GPRS 可说是 GSM 的延续。GPRS 和以往连续在频道传输的方式不同，是以封包(Packet)方式来传输的，因此使用者所负担的费用是以其传输资料单位计算的，并非使用其整个频道，理论上较为便宜。GPRS 的传输速率可提升至 56Kbit/s 甚至 114Kbit/s。

移动通信技术从第一代的模拟通信系统发展到第二代的数字通信系统，以及之后的 3G、4G、5G，正以突飞猛进的速度发展。在第二代移动通信技术中，GSM 的应用最广泛。但是 GSM 系统只能进行电路域的数据交换，且最高传输速率为 9.6Kbit/s，难以满足数据业务的需求。因此，欧洲电信标准化协会(ETSI)推出了 GPRS。

分组交换技术是计算机网络上一项重要的数据传输技术。为了实现从传统语音业务到新兴数据业务的支持，GPRS 在原 GSM 网络的基础上叠加了支持高速分组数据的网络，向用户提供 WAP 浏览(浏览因特网页面)、E-mail 等功能，推动了移动数据业务的初次飞跃发展，实现了移动通信技术和数据通信技术(尤其是 Internet 技术)的完美结合。

GPRS 是介于 2G 和 3G 之间的技术，也称为 2.5G。它后面还有 EDGE，被称为 2.75G。它们为实现从 GSM 向 3G 的平滑过渡奠定了基础。

7.11.1　GPRS 的网络接口

GPRS 系统中存在各种不同的接口种类，如图 7-27 所示。GPRS 接口涉及帧中继规程、七号信令协议、IP 等不同规程种类，内容非常多。以下分别予以简单介绍。

(1)Gb 接口：SGSN 与 SGSN 之间的接口，该接口既传送信令又传输话务信息。

(2)Gc 接口：GGSN 与 HLR 之间的接口，Gc 接口为可选接口。

(3)Gd 接口：SMS-GMSC 与 SGSN 之间的接口以及 SMS-IWMSC 与 SGSN 之间的接口。GPRS 通过该接口传送短消息业务，提高 SMS 服务的使用效率。

(4)Gf 接口：SGSN 与 GIR 之间的接口。Gf 给 SGSN 提供接入设备获得设备信息的接口。

(5)Gn/Gp 接口：如图 7-28 所示，Gn 是同一个 PLMN 内部 GSN 之间的接口，Gp 是不同 PLMN 中 GSN 之间的接口，Gn 与 Gp 接口都采用基于 IP 的 GTP 协议规程，提供协议规程数据包在 GSN 节点间通过 GTP 隧道协议传送的机制。Gn 接口一般支持域内静态或动态路由协议，而 Gp 接口由于经由 PLMN 之间的路由传送，所以它必须支持域间路由协议，如边界网关协议（BGP）。

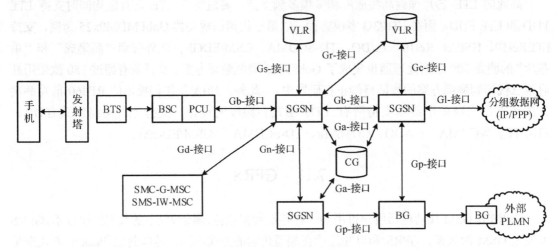

图 7-27　GPRS 接口种类

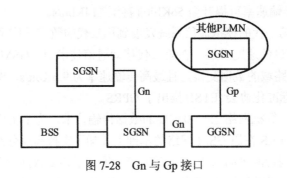

图 7-28　Gn 与 Gp 接口

GTP 规程仅在 SGSN 与 GGSN 之间实现，其他系统单元不涉及 GTP 规程的处理。

(6)Gr 接口：SGSN 与 HLR 之间的接口。Gr 接口用于 SGSN 与 HLR 之间传送移动性管理的相关信令，给 SGSN 提供接入 HLR 并获得用户信息的接口，该 HLR 可以属于不同的 PLMN。

(7)Gs 接口：Gs 接口为 SGSN 与 MSC/VLR 之间的接口，在 Gs 接口存在的情况下，MS 可通过 SGSN 进行 IMSI/GPRS 联合附着、LA/RA 联合更新，并采用寻呼协调通过 SGSN 进行 GPRS 附着用户的电路寻呼，从而降低系统无线资源的利用，减少系统信令链路负荷，有效提高网络性能。

(8)Um 接口：MS 与 GPRS 网络侧的接口。通过该接口完成 MS 与网络侧的通信，完成分组数据传送、移动性管理、会话管理、无线资源管理等方面的功能。

(9) Gi 接口：Gi接口是 GPRS 网络与外部数据网络的接口点，它可以用 X.25 协议、X.75 协议或 IP 等接口方式。在 IP 网络中，子网的连接一般通过路由器进行。因此，外部 IP 网认为 GGSN 就是一台路由器，它们之间可根据客户需要考虑采用何种 IP 路由协议。

另外，根据协议和 IP 网络的基本要求，可由运营商在 Gi 接口上配置防火墙，进行数据和网络安全性管理；配置域名服务器进行域名解析；配置动态地址服务器进行 MS 地址的分配；配置 Radius 服务器进行用户接入鉴权等。

7.11.2 GPRS 的协议栈

GPRS 协议规程体现了无线和网络相结合的特征。其中既包含类似局域网技术中的逻辑链路控制(LLC)子层和 MAC 子层，又包含 RLC 和 BSSGP 等新引入的特定规程。并且各种网络单元所包含的协议层次也有所不同，如 PCU 中规程体系与无线接入相关，GGSN 中规程体系完全与数据应用相关，而 SGSN 规程体系则涉及两个方面，它既要连接 PCU 进行无线系统和用户管理，又要连接 GGSN 进行数据单元的传送。SGSN 的 PCU 侧的 Gb 接口上采用帧中继规程，GGSN 侧的 Gn 接口上则采用 TCP/IP 规程，SGSN 中协议低层部分，如 NS 和 BSSGP 层与无线管理相关，高层部分，如 LLC 和 SNDCP 则与数据管理相关。

由 GPRS 的端到端之间的应用协议结构可知，GPRS 网络是存在于应用层之下的承载网络，它用于承载 IP 或 X.25 等数据业务。由于 GPRS 本身采用 IP 数据网络结构，所以基于 GPRS 网络的 IP 应用规程结构可理解为两层 IP 结构，即应用级的 IP 以及采用 IP 的 GPRS 本身。

GPRS 分为传输面和控制面两个方面。传输面为用户信息传送及其相关信息传送控制过程(如流量控制、错误检测和恢复等)提供分层规程。控制面则包括控制和支持用户功能的规程，如分组域网络接入连接控制(附着于去激活过程)、网络接入连接特性(PDP 上下文激活和去激活)、网络接入连接的路由选择(用户移动性支持)、网络资源的设定控制等。

1) GPRS 的无线信道

GPRS 系统定义了新的无线分组逻辑信道，分为业务信道与控制信道两大类，如表 7-5 所示。

表 7-5 GPRS 无线分组逻辑信道

	信道	子信道	功能
控制信道	分组广播控制信道 (PBCCH)	无	下行信道，用于广播分组数据的特定系统信息
	分组公共控制信道 (PCCCH)	分组随机接入信道 (PRACH)	上行信道，MS 发送随机接入信息或循序响应以请求分配一个或多个 PDTCH
		分组寻呼信道 (PPCH)	下行信道，用于寻呼 MS，可支持不连续接收 DRX。PPCH 可用于交换或分组交换数据业务寻呼。当 MS 工作在分组传输方式时，也可以在分组随路控制信道(PACCH)上为电路交换业务寻呼 MS
		分组接入准许信道 (PAGCH)	下行信道，用于向 MS 分配一个或多个 PDTCH
		分组通知信道 (PNCH)	下行信道，用于通知 MS 的 PTM-M 呼叫

	信道	子信道	功能
控制信道	分组专用控制信道	分组随路控制信道（PACCH）	上下行双向信道，用于传送包括功率控制、资源分配与再分配、测量等信息。一个 PACCH 可以对应一个 MS 所属的一个或几个 PDTCH
		上行分组定时控制信道（PTCCH/U）	上行信道，用于传送随机突发脉冲以及估计分组传送模式下的时间提前量
		下行分组定时控制信道（PTCCH/D）	下行信道，用于向多个 MS 传送时间提前量
业务信道	分组数据业务信道（PDTCH）	无	在分组模式下承载用户数据的信道。与电路型双向业务信道不同，PDTCH 为单向业务信道。它作为上行信道时，用于 MS 发起的分组数据传送。它作为下行信道时，用于 MS 接收分组数据

系统分配给 GPRS 使用的物理信道，可以是永久的，也可以是暂时的，以便 GPRS 与 GSM 之间能进行动态重组。上述 GPRS 的逻辑信道可以按下列 4 种方式组合到物理信道上：

PBCCH+PCCCH+PDTCH+PACCH+PTCCH

PCCCH+PDTCH+PACCH+PTCCH

PDTCH+PACCH+PTCCH

PBCCH+PCCCH

2）物理信道帧结构

GPRS 分组信道采用 52 帧复帧结构，每个分组信道共 52 个复帧，每 4 个组成一个无线块（Radio Block），因此一个无线信道一共分为 12 个无线块（B0~B11）和 4 个空闲帧（x）。

GPRS 的各个逻辑信道以一定的规则映射到物理信道的 52 帧复帧的各个无线块上。

7.12　HSIC

HSIC（High Speed Inter-Chip，高速芯片间互连）是一种工业标准，是一个两线的源同步串行接口，是一种芯片间互连标准。

USB 2.0 / USB 3.0 接口用于连接处理器到外部外围设备。USB 线延伸到一个连接器，从中可以连接键盘、鼠标、打印机或任何想要的设备。还有其他的接口，如 I^2C、SPI，我们用于芯片到芯片的连接。这些接口的唯一缺点是速度。与 USB 2.0 速率 480Mbit/s 相比，I^2C 速度高达 3.4 MHz，这是非常少的。因此，如果想要在芯片到芯片的连接板上实现如此高的速度，就需要新的接口，即 2007 年引入的 USB HSIC。

HSIC 使用 1.2 V LVCMOS 信令进行通信。与 USB 的主要区别是 USB 使用 3.3V 信令。另一个区别是 USB 在外部使用模拟接口，HSIC 使用数字信号接口。由于 HSIC 消除了模拟收发器，因此它是低成本、低功耗和低复杂度的接口。另一个优点是信号所需的低电路板空间。由于它是芯片到芯片的连接接口，所以不需要外部电缆或连接器。它不支持即插即用，不支持热插拔。

USB HSIC 是一种利用数据、选通信号进行通信的双信号接口。USB HSIC 选通信号采用 240MHz 时钟。它使用双数据速率接口传输数据的速率为 480Mbit/s（作为 DDR）。双数据速率接口是在时钟的上升沿和下降沿上时钟数据的接口。这里需要记住的是数据和选通信号是双向的。它使用 NRZI 编码（不归零，倒置：在 NRZI 编码中，电平无变化表示"1"，电平变化表示"0"）。

USB HSIC 使用与 USB 相同的软件栈，可以说是芯片间的高速连接接口。主要缺点是 USB HSIC 的等待时间很小。HSIC 主要用于电池供电的应用，因为它功耗低。USB HSIC 可以扩展到使用 HSIC 集线器（如 UBS 2513、USB 3503、USB 4640）连接外部 USB 接口。

7.13 SIM 卡

7.13.1 SIM 卡概述

SIM（Subscriber Identification Module）卡也称为用户身份识别卡、智能卡，GSM 数字移动电话机必须装上此卡才能使用。

SIM 卡主要用于 GSM 网络、WCDMA 网络和 TD-SCDMA 网络，但是兼容的模块也可以用于 IDEN 电话。用户使用 SIM 卡时，实际上是手机向 SIM 卡发出命令，SIM 卡应该根据标准规范来执行或者拒绝；SIM 卡并不是单纯的信息存储器。

SIM 卡是一个装有微处理器的芯片卡，它的内部有 5 个模块，并且每个模块都对应一个功能：微处理器 CPU（8 位）、程序存储器 ROM（3～8Kbit）、工作存储器 RAM（6～16Kbit）、数据存储器 EEPROM（128～256Kbit）和串行通信单元。这 5 个模块被胶封在 SIM 卡铜制接口后与普通 IC 卡封装方式相同。这 5 个模块必须集成在一块集成电路中，否则其安全性会受到威胁，因为芯片间的连线可能成为非法存取和盗用 SIM 卡的重要线索。

SIM 卡的供电分为 5V（1998 年前发行）、5V 与 3V 兼容、3V、1.8V 等，当然这些卡必须与相应的手机配合使用，即手机产生的 SIM 卡供电电压与该 SIM 卡所需的电压相匹配。SIM 卡插入手机后，电源端口提供电源给 SIM 卡内各模块。

SIM 卡的存储容量有 8KB、16KB、32KB、64KB 甚至 1MB 等，多为 16KB 和 32KB。SIM 卡能够存储多少电话号码和短信取决于卡内数据存储器 EEPROM 的容量。

7.13.2 软件特性

SIM 卡采用新式单片机及存储器管理结构，因此处理功能大大增强。其智能特性的逻辑结构是树型结构。全部特性参数信息都是用数据字段方式表达的，SIM 卡中存有 3 类数据信息。

（1）与持卡者相关的信息以及 SIM 卡将来准备提供的所有业务信息，这种类型的数据存储在根目录下。

（2）GSM 应用中特有的信息，这种类型的数据存储在 GSM 目录下。

（3）GSM 应用所使用的信息，此信息可与其他电信应用或业务共享，位于电信目录下。

在 SIM 卡根目录下有 3 个应用目录，一个属于行政主管部门应用目录，另外两个属于技术管理的应用目录，分别是 GSM 应用目录和电信应用目录。所有的目录下均为数据字段，有二进制的和格式化的数据字段。数据字段中的信息有的是永存性的即不能更新的，有的是暂存的需要更新的。每个数据字段都要表达出它的用途、更新程度、数据字段的特性。而且，最新应用会显示出地域特性。

7.13.3 引脚说明

SIM 卡芯片有 8 个触点，与移动台设备相互接通：

(1) 电源 V_{CC}（触点 C1）：4.5～5.5V，$I_{CC}<10mA$；

(2) 复位 RST（触点 C2）；

(3) 时钟 CLK（触点 C3）：卡时钟 3.25MHz；

(4) 不提供（触点 C4）；

(5) 接地端 GND（触点 C5）；

(6) 编程电压 V_{PP}（触点 C6）；

(7) 数据 I/O 口（触点 C7）；

(8) 不提供（触点 C8）。

7.13.4 SIM 卡原理

SIM 卡是带有微处理器的芯片，内有 5 个模块，每个模块对应一个功能：CPU（8 位/16 位/32 位）、程序存储器 ROM、工作存储器 RAM、数据存储器 EEPROM 和串行通信单元，这 5 个模块集成在一块集成电路中。因此，SIM 卡在与手机连接时，最少需要 5 个连接线：电源（V_{CC}）、时钟（CLK）、数据 I/O 口（Data）、复位（RST）及接地端（GND）。

SIM 卡验证流程如下。

(1) 手机向网络发出入网请求。

(2) 网络回复一个随机字符串。

(3) 手机接收，并将其交给 SIM 卡。

(4) 卡片按照片内算法进行计算，得到结果后返回手机。

(5) 手机将其运算结果、IMEI、ICCID 发回网络，网络读取 ICCID，分析是否是本地号码。

(6) 网络返回合法信息，并下发 KC 码，完成入网过程。

注：以上描述的是 2G 网的鉴权过程，3G 网鉴权过程与此不同。

7.14   TF 卡

TF 卡（Trans-Flash Card），于 2004 年正式更名为 Micro SD 卡（SD Card），由 SanDisk（闪迪）公司发明，主要用于移动电话。

在 Micro SD 卡面市之前，手机制造商都采用嵌入式记忆体，虽然这类模组容易装设，然而有着无法适应实际应用潮流需求的困扰——容量被限制了，无法再有升级空间。Micro SD 卡效仿 SIM 卡的应用模式，即同一张卡可以应用在不同型号的行动电话内，让行动电话制造商不用再为插卡式的研发设计而伤脑筋。Micro SD 卡堪称可移动式的存储 IC。

Micro SD 卡是一种极细小的快闪存储器卡，其格式源自 SanDisk，原本这种记忆卡称为 T-Flash，后改称为 Trans-Flash；而重新命名为 Micro SD 的原因是被 SD 协会（SDA）采用。另一些被 SDA 采用的记忆卡包括 Mini SD 和 SD 卡。其主要应用于移动电话，但因它的体积微小和存储容量的不断提高，已经使用于 GPS 设备、便携式音乐播放器和一些快闪存储器盘中。它的体积为 15mm×11mm×1mm，差不多相等于手指甲的大小，是现时最细小的记忆卡。它也能通过 SD 转接卡来接驳于 SD 卡插槽中使用。现时 Micro SD 卡提供 128MB、256MB、512MB、1GB、2GB、4GB、8GB、16GB、32GB、64GB、128GB 的容量(2014 年世界移动通信大会期间，SanDisk 打破了存储卡最高 64GB 容量的传统，正式发布了一款容量高达 128GB 的 Micro SD XC 储存卡。

SD 卡主要引脚和功能描述如下。

CLK：时钟信号，控制器或者 SD 卡在每个时钟周期传输一个命令位或数据位，在 SD 总线的默认速度模式下频率可在 0~25MHz 变化，SD 卡的总线管理器可以不受任何限制地自由产生 0~25MHz 的频率，在 UHS-I 速度模式下，时钟频率最高可达 208MHz。

CMD：命令和响应复用引脚，命令是由控制器发给 SD 卡的，可以从控制器到单个 SD 卡，也可以到 SD 总线上的所有卡；响应是存储卡对控制器发送的命令应答，应答可以来自单卡或所有卡。

DAT0~3：数据线，数据可以从卡传向控制器，也可以从控制器传向卡。

SD 卡的引脚定义和 Micro SD(TF)卡的引脚定义是不一样的。

SD 卡：1-data3，2-cmd，3-vss，4-vdd，5-clk，6-vss，7-data0，8-data1，9-data2。

TF 卡(SD 模式)：1-data2，2-data3，3-cmd，4-vdd，5-clk，6-vss，7-data0，8-data1。

TF 卡(SPI 模式)：1-rsv，2-cs，3-di，4-vdd，5-sclk，6-vss，7-do，8-rsv。

TF 卡引脚图如图 7-29 所示。

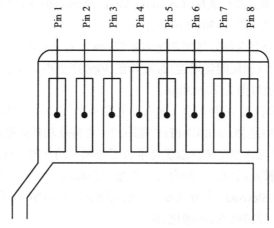

图 7-29　TF 卡引脚图

寄存器及功能描述如下。

OCR(Operating Conditions Register)：32 位的操作条件寄存器，主要存储了 V_{DD} 电压范围，SD 卡操作电压范围为 2~3.6V。

CID(Card IDentification Register)：卡识别码寄存器，长度为 16B，存储 SD 卡唯一标识号，该号在卡生产厂家编程后无法修改。

CSD(Card-Specific Data Register)：卡特性数据寄存器，包含了访问该卡数据时的必要配置信息。

SCR（SD Card Configuration Register）：SD 卡配置寄存器，提供了 SD 卡的一些特殊特性，长度为 64 位，这个寄存器内容由制造商在生产厂内设置。

RCA（Relative Card Address）：卡相对地址寄存器，是一个 16 位可写的地址寄存器，控制器可通过地址选择对应地址的 SD 卡。

DSR（Driver Stage Register）：驱动级寄存器，属于可选寄存器，用于配置卡的驱动输出。

7.15　MIPI

7.15.1　MIPI 简介

MIPI（Mobile Industry Processor Interface，移动行业处理器接口）是 MIPI 联盟发起的为移动应用处理器制定的开放标准。

MIPI 是在高速数据传输模式下采用低振幅信号摆幅，针对功率敏感型应用而量身定做的。MIPI 联盟定义了一套接口标准，把移动设备内部的接口如摄像头、显示屏、基带、射频接口等标准化，从而增加设计的灵活性，同时降低成本、设计复杂度、功耗和 EMI。

由于 MIPI 是采用差分信号传输的，所以在设计上需要按照差分设计的一般规则进行严格的设计，关键是需要实现差分阻抗的匹配，MIPI 协议规定传输线差分阻抗值为 80～125Ω。

1）MIPI 主要开关参数

（1）关断隔离：为了保持有源时钟/数据路径的信号完整性，要求开关具备高效的关断隔离性能。对于 200mV、最大共模失配（Common-Mode Mismatch）5mV 的高速 MIPI 差分信号，开关路径之间的关断隔离应该为–30dBm 或更好。

（2）差分延迟差：差分对内部信号间的延迟差（Skew）（差分对内延迟差）和时钟与数据通道差分交叉点之间的延迟差（通道间延迟差）必需降至 50ps 或更小。对于这些参数，这类开关的业界同类最佳延迟差性能目前为 20～30ps。

（3）开关阻抗：在选择模拟开关时，第三个主要考虑事项是导通阻抗（RON）和导通电容（CON）的阻抗特性的折中选择。MIPID-PHY 链路同时支持低功耗数据传输和高速数据传输模式。因此，开关的 RON 应该平衡选择以优化混合工作模式的性能。理想情况下，这一参数应该分别针对每一个工作模式而设定。结合每一个模式的最佳 RON，并保持很低的开关 CON 对保持接收端的压摆率（Slewrate）十分重要。一般规则是，使 CON 低于 10pF 将有助于避免高速模式下通过开关的信号转换时间的恶化（延长）。

2）MIPI 优点

MIPI 的模组，相较于并口具有速度快、传输数据量大、功耗低、抗干扰性好的优点。例如，一款同时具备 MIPI 和并口传输的 8Mbit/s 的模组，8 位并口传输时，需要至少 11 根传输线，高达 96M 的输出时钟，才能达到 12FPS 的全像素输出；而采用 MIPI 仅需要 2 个通道 6 根传输线就可以达到在全像素下 12FPS 的帧率，且消耗电流会比并口传输低大概 20mA。由于 MIPI 是采用差分信号传输的，所以在设计上需要按照差分设计的一般规则进行严格的设计，关键是需要实现差分阻抗的匹配，MIPI 协议规定传输线差分阻抗值为 80～125Ω。

3）MIPI 的通道模式和线上电平

在正常的操作模式下，数据通道处于高速模式或者控制模式。在高速模式下，通道状态是差分的 0 或者 1，也就是线对内 P 比 N 高时，定义为 1，P 比 N 低时，定义为 0，此时典型的线上电压为差分 200MV，请注意图像信号仅在高速模式下传输；在控制模式下，高电平典型幅值为 1.2V，此时 P 和 N 上的信号不是差分信号而是相互独立的，当 P 为 1.2V，N 也为 1.2V 时，MIPI 协议定义状态为 LP11，同理，当 P 为 1.2V，N 为 0V 时，定义状态为 LP10，以此类推，控制模式下可以组成 LP11、LP10、LP01、LP00 四个不同的状态；MIPI 协议规定控制模式 4 个不同状态组成的不同时序代表着将要进入或者退出高速模式等；如 LP11-LP01-LP00 序列后，进入高速模式。

7.15.2　MIPI 联盟的 MIPIDSI 规范

1) 名词解释

(1) DCS (Display Command Set)：DCS 是一个标准化的命令集，用于命令模式的显示模组。

(2) DSI (Display Serial Interface)：定义了一个位于处理器和显示模组之间的高速串行接口。

(3) CSI (Camera Serial Interface)：定义了一个位于处理器和摄像模组之间的高速串行接口。

(4) D-PHY：提供 DSI 和 CSI 的物理层定义。

2) DSI 分层结构

DSI 分为四层，对应 D-PHY、DSI、DCS 规范，分层如下。

(1) PHY 层：定义了传输媒介、输入/输出电路和时钟及信号机制。

(2) LaneManagement 层：发送和收集数据流到每条通道。

(3) LowLevelProtocol 层：定义了如何组帧和解析以及错误检测等。

(4) ApplicaTIon 层：描述高层编码和解析数据流。

3) Command 和 Video 模式

(1) DSI 兼容的外设支持 Command 或 Video 操作模式，用哪个模式由外设的构架决定。

(2) Command 模式是指采用发送命令和数据到具有显示缓存的控制器。主机通过命令间接地控制外设。Command 模式采用双向接口。

(3) Video 模式是指从主机传输到外设采用实时像素流。这种模式只能以高速传输。为减少复杂性和节约成本，只采用 Video 模式的系统可能只有一个单向数据路径。

第8章 传 感 器

8.1 传感技术的定义及作用

传感器是一种把物理量或化学量转变成便于利用的电信号的器件，国际电工委员会(International Electrotechnical Committee, TEC)的定义为"传感器是测量系统中的一种前置部件，它将输入变量转换成可供测量的信号"。在国家标准 GB/T 7665—2005《传感器通用术语》中，传感器被定义为"能感受被测量并按照一定的规律转换成可用输出信号的器件或装置，通常由敏感元件和转换元件组成。其中，敏感元件是指传感器中能直接感受或响应被测量的部分；转换元件是指传感器中能将敏感元件感受或响应的被测量转换成适于传输或测量的电信号部分"。原机械工业部在制定的《过程检测控制仪表术语》中，对传感器的定义是"借助于检测元件接收物理量形式的信息，并按一定规律将它转换成同样或别种物理量形式的信息仪表"。《韦氏大词典》中对传感器的定义是"传感器是从一个系统接收功率，通常以另一种形式将功率送到第一个系统中的器件"。

8.2 加速度传感器

1. 定义

加速度传感器是一种能够测量加速度的传感器。通常由质量块、阻尼器、弹性元件、敏感元件和适调电路等部分组成。传感器在加速过程中，通过对质量块所受惯性力的测量，利用牛顿第二定律获得加速度值。根据传感器敏感元件的不同，常见的加速度传感器包括电容式、电感式、应变式、压阻式、压电式等。

2. 分类

1)压电式

压电式加速度传感器又称压电加速度计，它也属于惯性式传感器。压电式加速度传感器的原理是利用压电陶瓷或石英晶体的压电效应，在加速度计受振时，质量块加在压电元件上的力也随之变化。当被测振动频率远低于加速度计的固有频率时，力的变化与被测加速度成正比。

2)压阻式

基于世界领先的微机电系统(MEMS)硅微加工技术，压阻式加速度传感器具有体积小、低功耗等特点，易于集成在各种模拟和数字电路中，广泛应用于汽车碰撞实验、测试仪器、设备振动监测等领域。

3) 电容式

电容式加速度传感器是基于电容原理的极距变化型的电容传感器。电容式加速度传感器/电容式加速度计是比较通用的加速度传感器。在某些领域无可替代，如安全气囊、手机移动设备等。电容式加速度传感器/电容式加速度计采用了 MEMS 工艺，在大量生产时变得经济，从而保证了较低的成本。

4) 伺服式

伺服式加速度传感器是一种闭环测试系统，具有动态性能好、动态范围大和线性度好等特点。其工作原理为，传感器的振动系统由 $m\text{-}k$ 系统组成，与一般加速度计相同，但质量 m 上还接着一个电磁线圈，当基座上有加速度输入时，质量块偏离平衡位置，该位移大小由位移传感器检测出来，经伺服放大器放大后转换为电流输出，该电流流过电磁线圈，在永久磁铁的磁场中产生电磁恢复力，力图使质量块保持在仪表壳体中原来的平衡位置上，所以伺服加速度传感器在闭环状态下工作。

由于有反馈作用，增强了抗干扰的能力，提高了测量精度，扩大了测量范围，伺服加速度测量技术广泛地应用于惯性导航和惯性制导系统中，在高精度的振动测量和标定中也有应用。

3. 应用

1) 应用范围

通过测量由于重力引起的加速度，可以计算出设备相对于水平面的倾斜角度。通过分析动态加速度，可以分析出设备移动的方式。但是刚开始的时候，会发现光测量倾角和加速度好像不是很有用。但是，工程师已经想出了很多方法获得更多的有用信息。

加速度传感器可以帮助机器人了解它身处的环境。是在爬山？还是在走下坡，摔倒了没有？或者对于飞行类的机器人来说，对于控制姿态也是至关重要的。更要确保的是，机器人没有带着炸弹自己前往人群密集处。一个好的程序员能够使用加速度传感器来回答所有上述问题。加速度传感器甚至可以用来分析发动机的振动。

加速度传感器可以测量牵引力产生的加速度。

2) 应用案例

(1) 加速度传感器应用于地震检波器设计。

地震检波器是用于地质勘探和工程测量的专用传感器，是一种将地面震动转变为电信号的传感器，能把地震波引起的地面震动转换成电信号，经过模/数转换器转换成二进制数据，进行数据组织、存储、运算处理。加速度传感器是一种能够测量加速力的电子设备，典型应用于手机、笔记本电脑、步程计和运动检测等中。

(2) 加速度传感器技术应用于车祸报警。

在汽车工业高速发展的现代，汽车成为人们出行主要的交通工具之一，但是交通事故造成的伤亡数量也十分巨大。在信息化的现代，利用高科技去挽救人的生命将会是重大研究的主题之一，基于加速度的车祸报警系统正是这种设计理念，相信这种系统的推广，会给汽车行业带来更多的安全性。

(3)加速度传感器应用于监测高压导线舞动。

目前国内对导线舞动监测多采用视频图像采集和运动加速度测量两种主要技术方案。前者在野外高温、高湿、严寒、浓雾、沙尘等天气条件下，不仅对视频设备的可靠性、稳定性要求很高，而且拍摄的视频图像的效果会受到影响，在实际使用中只能作为辅助监测手段，无法定量分析导线运动参数；而采用加速度传感器监测导线舞动情况，虽可定量分析输电导线某一点上下振动和左右摆动的情况，但只能测出导线直线运动的振幅和频率，而对于复杂的圆周运动，则无法准确测量。所以我们必须加快加速度传感器的发展来适应此类环境下的应用。

3) 具体应用

(1)汽车安全。

加速度传感器主要用于汽车安全气囊、防抱死系统、牵引控制系统等安全性能方面。

在安全应用中，加速度计的快速反应非常重要。安全气囊应在什么时候弹出要迅速确定，所以加速度计必须在瞬间做出反应。通过采用可迅速达到稳定状态而不是振动不止的传感器设计可以缩短器件的反应时间。其中，压阻式加速度传感器由于在汽车工业中的广泛应用而发展最快。

(2)游戏控制。

加速度传感器可以检测上、下、左、右的倾角的变化，因此通过前后倾斜手持设备来实现对游戏中物体的前、后、左、右的方向控制，就变得很简单。

(3)图像自动翻转。

用加速度传感器检测手持设备的旋转动作及方向，实现所要显示图像的转正。

(4)电子指南针倾斜校正。

磁传感器是通过测量磁通量的大小来确定方向的。当磁传感器发生倾斜时，通过磁传感器的地磁通量将发生变化，从而使方向指向产生误差。因此，不带倾斜校正的电子指南针，需要用户水平放置。而利用加速度传感器可以测量倾角的这一原理，可以对电子指南针的倾斜进行补偿。

(5)GPS 导航系统死角的补偿。

GPS 是通过接收三颗呈 120° 分布的卫星信号来最终确定物体的方位的。在一些特殊的场合和地貌，如隧道、高楼林立、丛林地带，GPS 信号会变弱甚至完全失去，这也就是所谓的死角。而通过加装加速度传感器及以前我们所通用的惯性导航，便可以进行系统死区的测量。对加速度传感器进行一次积分，就变成了单位时间里的速度变化量，从而测出在死区内物体的移动。

(6)计步器功能。

加速度传感器可以检测交流信号以及物体的振动，人在走动的时候会产生一定规律性的振动，而加速度传感器可以检测振动的过零点，从而计算出人所走的步数或跑步所走的步数，从而计算出人所移动的位移。并且利用一定的公式可以计算出热量的消耗。

(7)防手抖功能。

用加速度传感器检测手持设备的振动/晃动幅度，当振动/晃动幅度过大时锁住照相快门，使所拍摄的图像永远是清晰的。

(8)闪信功能。

通过挥动手持设备实现在空中显示文字，用户可以自己编写显示的文字。这个闪信功能是利用人们的视觉残留现象，用加速度传感器检测挥动的周期，实现所显示文字的准确定位。

(9)硬盘保护。

利用加速度传感器检测自由落体状态，从而对迷你硬盘实施必要的保护。硬盘在读取数据时，磁头与碟片之间的间距很小，因此，外界的轻微振动就会对硬盘产生很坏的后果，使数据丢失。而利用加速度传感器可以检测自由落体状态。当检测到自由落体状态时，让磁头复位，以减少硬盘的受损程度。

(10)设备或终端姿态检测。

加速度传感器和陀螺仪通常称为惯性传感器，常用于各种设备或终端中实现姿态检测、运动检测等，也就很适合玩体感游戏的人群。加速度传感器利用重力加速度，可以用于检测设备的倾斜角度，但是它会受到运动加速度的影响，使倾角测量不够准确，所以通常需利用陀螺仪和磁传感器补偿。同时磁传感器测量方位角时，也是利用地磁场，当系统中电流变化或周围有导磁材料时，以及当设备倾斜时，测量出的方位角也不准确，这时需要用加速度传感器(倾角传感器)和陀螺仪进行补偿。

(11)智能产品。

加速度传感器在微信功能中的创新功能突破了电子产品的千篇一律，这个功能的实现来源于传感器的方向、加速表、光线、磁场、邻近性、温度等参数的特性。这个原理是手机里面集成的加速度传感器，它能够分别测量 X、Y、Z 三个方向的加速度值，X 方向值的大小代表手机水平移动，Y 方向值的大小代表手机垂直移动，Z 方向值的大小代表手机的空间垂直方向，天空的方向为正，地球的方向为负，然后把相关的加速度值传输给操作系统，通过判断其大小变化，就能知道同时玩微信的朋友。

4. 工作原理

线加速度计的原理是惯性原理，也就是力的平衡，a(加速度)$=F$(惯性力)$/M$(质量)，我们只需要测量 F 就可以了。怎么测量 F？用电磁力去平衡这个力就可以了。即可得到 F 对应于电流的关系。用实验标定惯性力 F 与电流的比例系数。当然中间的信号传输、放大、滤波就是电路的事了。

多数加速度传感器是根据压电效应的原理来工作的。

压电效应就是"对于不存在对称中心的异极晶体，加在晶体上的外力除了使晶体发生形变以外，还将改变晶体的极化状态，在晶体内部建立电场，这种由于机械力作用使介质发生极化的现象称为正压电效应"。

一般加速度传感器就是利用了其内部由于加速度造成晶体变形的这个特性。由于这个变形会产生电压，只要计算出产生电压和所施加的加速度之间的关系，就可以将加速度转化成电压输出。当然，还有很多其他方法来制作加速度传感器，如压阻技术、电容效应、热气泡效应、光效应，通过测量其变形量并用相关电路转化成电压输出。每种技术都有各自的机会和问题。

压阻式加速度传感器由于在汽车工业中的广泛应用而发展最快。由于安全性越来越成为汽车制造商的卖点，这种附加系统也越来越多。压阻式加速度传感器 2000 年的市场规模约为 4.2 亿美元，根据有关调查，其市值按年平均 4.1%的速度增长，至 2007 年达到 5.6 亿美元。这其中，欧洲市场的速度最快，因为欧洲是许多安全气囊和汽车生产企业的所在地。

压电技术主要在工业上用来防止机器故障，使用这种传感器可以检测机器潜在的故障以达到自保护及避免对工人产生意外伤害的目的，这种传感器具有用户尤其是质量行业的用户所追求的可重复性、稳定性和自生性。但是在许多新的应用领域，很多用户尚无使用这类传感器的意识，销售商冒险进入这种尚待开发的市场会有很大风险，因为终端用户对使用这种传感器而带来的问题和解决方法都认识不多。

如果这些问题能够得到解决，将会促进压电传感器得到更快的发展。2002 年压电传感器的市值为 3 亿美元，其年增长率达到 4.9%，到 2007 年达到 4.2 亿美元。

使用加速度传感器，有时会碰到低频场合测量时输出信号出现失真的情况，用多种测量判断方法一时找不出故障出现的原因，经过分析总结，发现导致测量结果失真的因素主要是：系统低频响应差、系统低频信噪比差、外界环境对测量信号的影响。所以，只要出现加速度传感器低频测量信号失真的情况，应对比以上三点看看是哪个因素造成的，并有针对性地进行解决。

8.3　陀螺仪传感器

1. 定义

陀螺仪传感器是一个简单易用的基于自由空间移动和手势的定位与控制系统，它原本是运用到直升机模型上的，现已被广泛运用于手机等移动便携设备中。

2. 分类

根据框架的数目和支承的形式以及附件的性质决定陀螺仪的类型有二自由度陀螺仪和三自由度陀螺仪。

二自由度陀螺仪只有一个框架，使转子自转轴具有一个转动自由度。根据二自由度陀螺仪中所使用的反作用力矩的性质，可以把这种陀螺仪分成三种类型。

(1)积分陀螺仪(它使用的反作用力矩是阻尼力矩)。

(2)速率陀螺仪(它使用的反作力矩是弹性力矩)。

(3)无约束陀螺仪(它仅有惯性反作用力矩)。

除了机、电框架式陀螺仪，还出现了某些新型陀螺仪，如静电式自由转子陀螺仪、挠性陀螺仪、激光陀螺仪等。

三自由度陀螺仪具有内、外两个框架，使转子自转轴具有两个转动自由度。在没有任何力矩装置时，它就是一个自由陀螺仪。

3. 应用

1)国防工业

陀螺仪传感器原本是运用到直升机模型上的，而现在它已经被广泛运用于手机这类移动便携设备上，不仅如此，现代陀螺仪是一种能够精确地确定运动物体方位的仪器，所以陀螺仪传感器是现代航空、航海、航天和国防工业应用中必不可少的控制装置。陀螺仪传感器是法国的物理学家莱昂·傅科在研究地球自转时命名的，到如今一直是航空和航海上航行姿态及速率等最方便实用的参考仪表。

2) 开门报警器

陀螺仪传感器新的应用：测量开门的角度，当门被打开一个角度后，发出报警声，或者结合 GPRS 模块发送短信以提醒门被打开了。另外，陀螺仪传感器集成了加速度传感器的功能，当门被打开的瞬间，将产生一定的加速度值，陀螺仪传感器将会测量到这个加速度值，达到预设的门槛值后，将发出报警声，或者结合 GPRS 模块发送短信以提醒门被打开了。报警器内还可以集成雷达感应测量功能，只要有人进入房间内移动时就会被雷达测量到。双重保险提醒防盗，可靠性高、误报率低，非常适合重要场合的防盗报警。

4. 工作原理

陀螺仪的原理就是，一个旋转物体的旋转轴所指的方向在不受外力影响时，是不会改变的。人们根据这个道理，用它来保持方向。然后用多种方法读取轴所指示的方向，并自动将数据信号传给控制系统。如图 8-1 所示。

陀螺仪是用来测量角速率的器件，在加速度功能的基础上，可以进一步发展，构建陀螺仪。

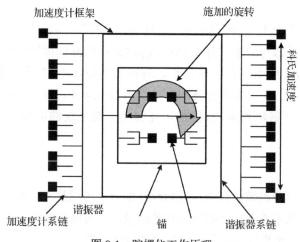

图 8-1 陀螺仪工作原理

陀螺仪的内部原理是这样的：对固定指施加电压，并交替改变电压，让一个质量块做振荡式来回运动，当旋转时，会产生科里奥利加速度，此时就可以对其进行测量；这有点类似于加速度计，解码方法大致相同，都会用到放大器。

角速率由科氏加速度测量结果决定：

科氏加速度 = $2 \times (w \times$ 质量块速度$)$

其中，w 是施加的角速率$(w = 2\pi f)$。

通过 14 kHz 共振结构施加的速度(周期性运动)快速耦合到加速度计框架；科氏加速度与谐振器具有相同的频率和相位，因此可以抵消低速外部振动；该机械系统的结构与加速度计相似(微加工多晶硅)；信号调理(电压转换偏移)采用与加速度计类似的技术。

施加变化的电压来回移动器件，此时器件只有水平运动而没有垂直运动。如果施加旋转，可以看到器件会上下移动，外部指将感知该运动，从而拾取到与旋转相关的信号。

8.4　地磁传感器

1. 定义

地磁感应器(电子罗盘)，也叫数字指南针，是利用地磁场来定北极的一种方法。古代称为罗经，现代利用先进加工工艺生产的磁阻传感器为罗盘的数字化提供了有力的帮助。现在一般有用磁阻传感器和磁通门加工而成的电子罗盘。虽然 GPS 在导航、定位、测速、定向方面有着广泛的应用，但其信号常被地形、地物遮挡，导致精度大大降低，甚至不能使用。尤其在高楼林立的城区和植被茂密的林区，GPS 信号的有效性仅为 60%，并且在静止的情况下，GPS 也无法给出航向信息。为弥补这一不足，可以采用组合导航定向的方法。电子罗盘产品正是为满足用户的此类需求而设计的。它可以对 GPS 信号进行有效补偿，保证导航定向信息 100%有效，即使在 GPS 信号失锁后也能正常工作，做到"丢星不丢向"。

2. 应用

地磁传感器可用于检测车辆的存在和车型识别。利用车辆通过道路时对地球磁场的影响来完成车辆检测的传感器与目前常用的地磁线圈(又称地感线圈)检测器相比，具有安装尺寸小、灵敏度高、施工量小、使用寿命长、对路面的破坏小(有线安装只需要在路面开一条 5mm 宽的缝，无线安装只需要在路面打一个直径 55mm、深 150mm 的洞，当在检测点吊架或侧面安装时不用破坏路面)等优点，在智能交通系统的信息采集中必将起到非常重要的作用。

3. 工作原理

各向异性磁阻传感器由薄膜合金(透磁合金)制成，利用载流磁性材料在外部磁场存在时电阻特性将会改变的基本原理进行磁场变化的测量。当传感器接通以后，假设没有任何外部磁场，薄膜合金会有一个平行于电流方向的内部磁化矢量。

8.5　GPS

1. 定义

利用 GPS 定位卫星，在全球范围内实时进行定位、导航的系统，称为全球卫星定位系统，简称 GPS。GPS 是由美国国防部研制建立的一种具有全方位、全天候、全时段、高精度的卫星导航系统，能为全球用户提供低成本、高精度的三维位置、速度和精确定时等导航信息，是卫星通信技术在导航领域的应用典范，它极大地提高了地球社会的信息化水平，有力地推动了数字经济的发展。

2. 应用

1) 道路工程中的应用

GPS 在道路工程中的应用，主要是建立各种道路工程控制网及测定航测外控点等。高等级公路的迅速发展，对勘测技术提出了更高的要求，由于线路长，已知点少，因此，用常规测量手段不仅布网困难，而且难以满足高精度的要求。中国已逐步采用 GPS 技术建立线路首级高精度控制网，然后用常规方法布设导线加密。实践证明，在几十公里范围内的点位误差只有 2cm 左右，达到了常规方法难以实现的精度，同时也大大提前了工期。GPS 技术也同样应用于特大桥梁的控制测量中。由于无须通视，可构成较强的网形，提高点位精度，同时对检测常规测量的支点也非常有效。GPS 技术在隧道测量中也具有广泛的应用前景，GPS 测量无须通视，减少了常规方法的中间环节，因此，速度快、精度高，具有明显的经济和社会效益。

2) 巡更应用

GPS 运用到电子巡更里的优势是一个比较长、比较远的巡检线路，不需要安装巡检点，直接从卫星上取得坐标信号，主要适用于长距离巡更巡检，如电信、森林防火、石化油气管道勘查等。深圳澳普门禁实业有限公司的左光智介绍："但是 GPS 容易受环境的影响，如因为阴天的森林天上有云、电离层都会对卫星信号产生影响甚至有可能定位不到。"加上 GPS 耗电量大，成本高；最大的局限性是 GPS 不能在封闭的空间内如大楼里面使用，而巡更产品大部分是用于室内的。

3) 汽车导航和交通管理中的应用

(1) 车辆跟踪。利用 GPS 和电子地图可以实时显示出车辆的实际位置，并可任意放大、缩小、还原、换图；可以随目标移动，使目标始终保持在屏幕上；还可实现多窗口、多车辆、多屏幕同时跟踪。利用该功能可对重要车辆和货物进行跟踪运输。

(2) 提供出行路线规划和导航。提供出行路线规划是汽车导航系统的一项重要的辅助功能，它包括自动线路规划和人工线路设计。自动线路规划是由驾驶者确定起点和目的地，由计算机软件按要求自动设计最佳行驶路线，包括最快的路线、最简单的路线、通过高速公路路段次数最少的路线的计算。人工线路设计是由驾驶员根据自己的目的地设计起点、终点和途经点等，自动建立路线库。线路规划完毕后，显示器能够在电子地图上显示设计路线，并同时显示汽车运行路径和运行方法。

(3) 信息查询。为用户提供主要物标，如旅游景点、宾馆、医院等数据库，用户能够在电子地图上显示其位置。同时，监测中心可以利用监测控制台对区域内的任意目标所在位置进行查询，车辆信息将以数字形式在控制中心的电子地图上显示出来。

(4) 话务指挥。指挥中心可以监测区域内车辆运行状况，对被监控车辆进行合理调度。指挥中心也可以随时与被跟踪目标通话，实行管理。

(5) 紧急援助。通过 GPS 定位和监控管理系统可以对遇有险情或发生事故的车辆进行紧急援助。监控台的电子地图显示求助信息和报警目标，规划最优援助方案，并以报警声光提醒值班人员进行应急处理。

4) 其他应用

GPS 除了用于导航、定位、测量外，由于 GPS 的空间卫星上载有的精确时钟可以发布时间和频率信息，因此，以空间卫星上的精确时钟为基础，在地面监测站的监控下，传送精确时间和频率是 GPS 的另一重要应用，应用该功能可进行精确时间或频率的控制，可以为许多工程实验服务。此外，据国外资料显示，还可利用 GPS 获得气象数据，为某些实验和工程所应用。

时间服务以 GPS 的时间为基准，为领域内的设备提供时间服务，是时间服务器基准时间的重要来源。

GPS 是最具有开创意义的高新技术之一，其全球性、全能性、全天候性的导航定位、定时、测速优势必然会在诸多领域中得到越来越广泛的应用。在发达国家，GPS 技术已经开始应用于交通运输和交通工程。GPS 技术在中国道路工程和交通管理中的应用还刚刚起步，随着我国经济的发展，高等级公路的快速修建和 GPS 技术应用研究的逐步深入，其在道路工程中的应用也会更加广泛和深入，并发挥更大的作用。

3. 构成

1)空间部分

GPS 的空间部分是由 24 颗 GPS 工作卫星所组成的，这些 GPS 工作卫星共同组成了 GPS 卫星星座，其中 21 颗为可用于导航的卫星，3 颗为活动的备用卫星。这 24 颗卫星分布在 6 个倾角为 55° 的轨道上绕地球运行。卫星的运行周期约为 12 恒星时。每颗 GPS 工作卫星都发出用于导航定位的信号。GPS 用户正是利用这些信号来进行工作的。可见，GPS 卫星部分的作用就是不断地发射导航电文。

2)控制部分

GPS 的控制部分由分布在全球的若干个跟踪站所组成的监控系统所构成，根据其作用的不同，这些跟踪站又分为主控站、监控站和注入站。主控站的作用是根据各监控站对 GPS 的观测数据，计算出卫星的星历和卫星钟的改正参数等，并将这些数据通过注入站注入卫星中；同时，它还对卫星进行控制，向卫星发布指令，当工作卫星出现故障时，调度备用卫星，替代失效的工作卫星来工作；另外，主控站也具有监控站的功能。注入站的作用是将主控站计算出的卫星星历和卫星钟的改正数等注入卫星中。

3)用户部分

GPS 的用户部分由 GPS 接收机、数据处理软件及相应的用户设备如计算机气象仪器等所组成。它的作用是接收 GPS 卫星所发出的信号，利用这些信号进行导航定位等工作。

以上这三个部分共同组成了一个完整的 GPS。

4. 工作原理

GPS 的基本原理是测量出已知位置的卫星到用户接收机之间的距离，然后综合多颗卫星的数据就可知道接收机的具体位置。要达到这一目的，卫星的位置可以根据星载时钟所记录的时间在卫星星历中查出。而用户到卫星的距离则通过记录卫星信号传播到用户所经历的时间，再将其乘以光速得到的(由于大气层、电离层的干扰，这一距离并不是用户与卫星之间的真实距离，而是伪距(PR))。当 GPS 卫星正常工作时，会不断地用 1 和 0 二进制码元组成的伪随机码(简称伪码)发射导航电文。GPS 使用的伪码一共有两种，分别是民用的 C/A 码和军用的 P(Y)码。C/A 码频率为 1.023MHz，重复周期为 1ms，码间距 1μs，相当于 300m；P 码频率为 10.23MHz，重复周期为 266.4 天，码间距 0.1μs，相当于 30m。而 Y 码是在 P 码的基础上形成的，保密性能更佳。导航电文包括卫星星历、工作状况、时钟改正、电离层时延修正、大气折射修正等信息。它是从卫星信号中解调出来，以 50bit/s 调制在载频上发射的。导航电文每个主帧中包含 5 个子帧，每帧长 6s。前三帧各 10 个字码；每 30s 重复一次，每小时更新一次，后两帧共 15000bit。导航电文中的内容主要有遥测码，转换码，第 1、2、3 数据块，其中最重要的则为星历数据。当用户接收到导航电文时，提取出卫星时间并将其与自己的时钟做对比便可得知卫星与用户的距离，再利用导航电文中的卫星星历数据推算出卫星发射电文时所处的位置，用户在 WGS-84 大地坐标系中的位置速度等信息便可得知。

可见 GPS 卫星部分的作用就是不断地发射导航电文。然而，由于用户接收机使用的时钟与卫星星载时钟不可能总是同步，所以除了用户的三维坐标 x、y、z 外，还要引进一个 Δt，即卫星与接收机之间的时间差作为未知数，然后用 4 个方程将这 4 个未知数解出来。所以如果想知道接收机所处的位置，至少要能接收到 4 个卫星的信号。

GPS 接收机可接收到用于授时的准确至纳秒级的时间信息；用于预报未来几个月内卫星所处概略位置的预报星历；用于计算定位时所需卫星坐标的广播星历，精度为几米至几十米（各个卫星不同，随时变化）；以及 GPS 信息，如卫星状况等。

GPS 接收机对码的量测可得到卫星到接收机的距离，由于含有接收机卫星钟的误差及大气传播误差，故称为伪距。对 CA 码测得的伪距称为 CA 码伪距，精度约为 20m，对 P 码测得的伪距称为 P 码伪距，精度约为 2m。

GPS 接收机对收到的卫星信号进行解码或采用其他技术，将调制在载波上的信息去掉后，就可以恢复载波。严格而言，载波相位应称为载波拍频相位，它是受多普勒频移影响的卫星信号载波相位与接收机本机振荡产生信号的相位之差。一般在接收机钟确定的历元时刻量测，保持对卫星信号的跟踪，就可记录下相位的变化值，但开始观测时的接收机和卫星振荡器的相位初值是不知道的，起始历元的相位整数也是不知道的，即整周模糊度，只能在数据处理中作为参数解算。相位观测值的精度高至毫米，但前提是解出整周模糊度，因此只有在相对定位并有一段连续观测值时才能使用相位观测值，而要达到优于米级的定位精度也只能采用相位观测值。

按定位方式，GPS 定位分为单点定位和相对定位(差分定位)。单点定位就是根据一台接收机的观测数据来确定接收机位置的方式，它只能采用伪距观测量，可用于车船等的概略导航定位。相对定位(差分定位)是根据两台以上接收机的观测数据来确定观测点之间的相对位置的方法，大地测量或工程测量均应采用相位观测值进行相对定位。

在 GPS 观测量中包含了卫星和接收机的钟差、大气传播延迟、多路径效应等误差，在定位计算时还要受到卫星广播星历误差的影响，在进行相对定位时大部分公共误差被抵消或削弱，因此定位精度将大大提高，双频接收机可以根据两个频率的观测量抵消大气中电离层误差的主要部分，在精度要求高、接收机间距较远时(大气有明显差别)，应选用双频接收机。

GPS 定位的基本原理是根据高速运动的卫星瞬间位置作为已知的起算数据，采用空间距离后方交会的方法，确定待测点的位置。如图 8-2 所示，假设 t 时刻在地面待测点上安置 GPS 接收机，可以测定 GPS 信号到达接收机的时间 Δt，再加上接收机所接收到的卫星星历等其他数据可以确定以下四个方程式。

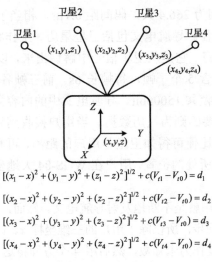

$$[(x_1-x)^2+(y_1-y)^2+(z_1-z)^2]^{1/2}+c(V_{t1}-V_{t0})=d_1$$

$$[(x_2-x)^2+(y_2-y)^2+(z_2-z)^2]^{1/2}+c(V_{t2}-V_{t0})=d_2$$

$$[(x_3-x)^2+(y_3-y)^2+(z_3-z)^2]^{1/2}+c(V_{t3}-V_{t0})=d_3$$

$$[(x_4-x)^2+(y_4-y)^2+(z_4-z)^2]^{1/2}+c(V_{t4}-V_{t0})=d_4$$

图 8-2　GPS 定位方程式

8.6　指纹传感器

1. 定义

指纹传感器(又称指纹 Sensor)是一种传感装置,属于光学指纹传感器、半导体指纹传感器的一种,是实现指纹自动采集的关键器件。指纹传感器的制造技术是一项综合性强、技术复杂度高、制造工艺难的高新技术。

2. 分类

(1)光学指纹传感器。

光学指纹传感器主要是利用光的折射和反射原理,光从底部射向三棱镜,并经棱镜射出,射出的光线在手指表面指纹凹凸不平的线纹上折射的角度及反射回去的光线明暗就会不一样,CMOS 或者 CCD 的光学器件就会收集到不同明暗程度的图片信息,完成指纹的采集。

2)半导体指纹传感器

半导体指纹传感器,无论是电容式还是电感式,其原理类似,即在一块集成有成千上万半导体器件的"平板"上,手指贴在其上与其构成了电容(电感)的另一面,由于手指平面凸凹不平,凸点处和凹点处接触平板的实际距离大小就不一样,形成的电容/电感数值也就不一样,设备根据这个原理将采集到的不同的数值汇总,也就完成了指纹的采集。

3. 应用

指纹打卡。

4. 工作原理

线性指纹无线传感器获得指纹图像的方法包括以下几种。

(1)通过指纹无线传感器顺序地捕获指纹图像条带。

(2)指纹无线传感器把扫描的指纹图像条带分成预定的段。

(3)通过把每一图像条带和它的段与下一图像条带进行比较，检测最佳重叠区域。

(4)计算通过重叠区域的平均图像过渡的平均值。

(5)把应用平均图像过渡值的整个图像混合到每一图像条带。

这种传感器获取指纹的方法通过估算和补偿指纹传感器扫描的图像大大改善了正确识别率，并精确地把图像复原到原来的图像。这就是指纹考勤机的工作过程。

8.7　图像传感器

1. 定义

成像物镜将外界照明光照射下的(或自身发光的)景物成像在物镜的像面上，形成二维空间的光强分布(光学图像)。能够将二维光强分布的光学图像转变成一维时序电信号的传感器称为图像传感器。图像传感器又叫感光元件。图像传感器是数字摄像头的重要组成部分。

2. 分类

根据元件的不同，图像传感器可分为 CCD 和 CMOS 两大类。

CCD 是应用在摄影摄像方面的高端技术元件，CMOS 则应用于较低影像品质的产品中，它的优点是制造成本较 CCD 更低，功耗也低得多，这也是市场很多采用 USB 接口的产品无须外接电源且价格便宜的原因。尽管在技术上有较大的不同，但 CCD 和 CMOS 两者性能差距不是很大，只是 CMOS 摄像头对光源的要求要高一些，但现在该问题已经基本得到解决。目前 CCD 元件的尺寸多为 1/3in①或者 1/4in，在相同的分辨率下，宜选择元件尺寸较大的。

CMOS 图像传感器于 20 世纪 80 年代发明以来，由于当时 CMOS 工艺制程的技术不高，以至于传感器在应用中的杂讯较大，商品化进程一直较慢。时至今日，CMOS 传感器的应用范围也变得非常广泛，包括数码相机、PC Camera、影像电话、第三代手机、视讯会议、智能型保全系统、汽车倒车雷达、玩具，以及工业、医疗等用途。在低档产品方面，其画质质量已接近低档 CCD 的解析度，相关业者希望用 CMOS 器件取代 CCD 的努力正在逐渐明朗。CMOS 传感器又可细分为被动式像素传感器 CMOS(Passive Pixel Sensor CMOS)与主动式像素传感器 CMOS(Active Pixel Sensor CMOS)。

CCD 和 CMOS 在制造上的主要区别是 CCD 集成在半导体单晶材料上，而 CMOS 集成在称为金属氧化物的半导体材料上，工作原理没有本质的区别。从制造工艺上说 CCD 制造工艺较复杂，只有少数几个厂商，如索尼、松下、夏普等掌握这种技术，因此 CCD 摄像机的价格会相对比较高。事实上经过技术改造，目前 CCD 和高级 CMOS 的实际效果的差距已经非常小了。而且 CMOS 的制造成本和功耗都要低于 CCD，所以很多低档摄像头生产厂商采用普通 CMOS 感光元件作为核心组件。

---

① 1in=2.54cm。

成像方面，在相同像素下 CCD 的成像通透性、明锐度都很好，色彩还原、曝光可以保证基本准确。而普通 CMOS 的产品往往通透性一般，对实物的色彩还原能力偏弱，曝光也都不太好，由于自身物理特性的原因，普通 CMOS 的成像质量和 CCD 还是有一定差距。但由于低廉的价格以及高度的整合性，在摄像头领域还是得到了广泛的应用。

在原理上，CMOS 的信号是以点为单位的电荷信号，而 CCD 是以行为单位的电流信号，前者更为敏感，速度也更快，更为省电。现在高级的 CMOS 并不比一般 CCD 差，但是 CMOS 工艺还不是十分成熟，普通的 CMOS 一般分辨率较低而成像质量也较差。

目前，许多低档入门型的摄像机使用廉价的低档 CMOS 芯片，成像质量比较差。普及型、高级型及专业型摄像机使用不同档次的 CCD，个别专业型或准专业型数码相机使用高级的 CMOS 芯片。代表成像技术未来发展的 X3 芯片实际也是一种 CMOS 芯片。

图像传感器又分为 1/2"，1/3"，1/4"。1/2 最好，目前以 1/3 和 1/4 为多。从产品的技术发展趋势看，无论 CCD 还是 CMOS，其体积小型化及高像素化仍是业界积极研发的目标。因为像素尺寸小，图像产品的分辨率越高、清晰度越好、体积越小，其应用面更广泛。

除以上两大常用类型外，还有一种 CIS(Contact Image Sensor, 接触式图像传感器)，一般用在扫描仪中。由于是接触式扫描(必须与原稿保持很近的距离)，只能使用 LED 光源，其景深、分辨率以及色彩表现目前都赶不上 CCD 感光器件，也不能用于扫描透射片。

3. 应用

随着传感器技术的发展，图像传感器早已广泛应用于消费电子、医疗电子、航空电子等领域。

1) 数码相机

早期，在数码相机领域，CCD 是无可争议的霸主，绝大部分数码相机都采用 CCD 成像，只有佳能在自己的高端单反相机型号上采用 CMOS 元件。不过近年来，CMOS 发展势头迅猛，几乎在家用单反相机中一统江湖。

CCD 元件的色彩饱和度好，图像较为锐利，质感更加真实，特别是在较低感光度下的表现很好。不过，CCD 元件的制造成本高，在高感光度下的表现不太好，而且功耗较大。

CMOS 的色彩饱和度与质感则略差于 CCD，但处理芯片可以弥补这些差距。重要的是，CMOS 具备硬件降噪机制，在高感光度下的表现要好于 CCD，此外，它的读取速度也更快。这些特性特别适合性能较高的单反相机，因此目前市场中常见的单反数码相机几乎都采用了 CMOS 传感器。这些装备了 CMOS 传感器的数码相机甚至具备了拍摄全高清(FullHD)视频的能力，这是使用 CCD 的数码相机目前无法做到的。

CMOS 另一个优势就是非常省电，只有普通 CCD 的 1/3 左右。虽然 CMOS 元件在低感光度下的表现比 CCD 差，特别是在小尺寸的家用消费类相机成像元件上，由于像素面积小，这个缺陷就更为明显。

2) 智能手机

相比于 CCD 传感器，CMOS 传感器在功耗、体积及制造成本方面有着不可比拟的优势，而这些是生产厂家在大规模市场应用中绝对不可忽视的因素。得益于智能手机、汽车行驶记录仪及网络监控市场近几年的高速增长，CMOS 传感器在资金、技术投入方面获得了巨大支持。

为了实现低能耗和小型组件的高度集成，CMOS 设计师开始关注开发手机成像器——世界上规模最大的成像器应用。大量资金投入到开发和微调 CMOS 成像器及其生产工艺方面。正因为此，CMOS 成像器的图像质量即使在像素尺寸收缩的情况下仍然大为改善。

需要说明的是感光元件只是手机类摄像头组成中不可或缺的一部分，但不是成像质量的决定性因素，这其中还包括厂商通过软件对硬件的优化调校，使其达到让人感觉最好的效果，这也是目前各家厂商在手机摄像画质方面效果差异最大的决定性因素之一。

3）航天、医学以及专业定制领域

1990 年美国国家航空航天局采用 CCD 数字成像技术，将有史以来最大、最精确的"哈勃"空间望远镜送上了太空轨道。从 1.6 万公里以外的萤火虫，到相距 130 亿光年的古老星系，它成功地创造了一个个空间观测奇迹，包括发现黑洞存在的证据，探测到恒星和星系的早期形成过程。

2011 年 7 月，欧洲空间局为新卫星配十亿像素数码相机，其使用 106 块独立的电子探测器件合成了世界上有史以来为太空计划建造过的最大像素数码相机。这台被称作"十亿像素阵列"的相机安装在欧洲空间局发射的"盖亚"探测器上，成为它超灵敏的眼睛。为了探测到比肉眼可见暗数百万倍的恒星，盖亚探测器需要配备超高灵敏度的相机。这台相机就是由 106 个 CCD 制作而成的。

中国首颗绕月人造卫星"嫦娥一号"，"资源一号"卫星、"嫦娥二号"、"海洋一号"等众多航天探测器也都是使用 CCD 作为超高灵敏度的相机核心部件。这足以说明 CCD 在太空影像中的核心地位。

CCD 不仅是超高清成像设备部件，同样有着极强的耐用性。太空的环境与地球环境相比，不用多言，太空已成为高寒的环境，平均温度为零下 270.3℃。

在太空中，各种天体也向外辐射电磁波，许多天体还向外辐射高能粒子，形成宇宙射线，如太阳有太阳电磁辐射、太阳宇宙线辐射和太阳风。相机作为获取太空影像信息的核心部件，其在太空环境下的寿命是至关重要的。而 CCD 探测器长达几十年的设计寿命，完美地满足了高清和耐用两个刚性指标。

CCD 探测器在航天航空领域不断地发展，同样地，其在医用领域，CCD 也是最常用的图像传感器。近年来，CCD 探测器更是突破材料极限，采用新的设计思路，使 CCD 探测器能够输出大幅动态影像，在医学临床诊断上有里程碑式的意义。医用显微内窥镜，利用超小型的 CCD 摄像机或光纤图像传输内窥镜系统，可以实现人体显微手术，减小手术刀口的尺寸，减小伤口感染的可能性，减轻患者的痛苦。同时还可进行实时远程会诊和现场教学。

4. 工作原理

无论 CCD 还是 CMOS，它们都采用感光元件作为影像捕获的基本手段，CCD/CMOS 感光元件的核心都是一个感光二极管，该二极管在接受光线照射之后能够产生输出电流，而电流的强度则与光照的强度对应。但在周边组成上，CCD 的感光元件与 CMOS 的感光元件并不相同，前者的感光元件除了感光二极管之外，包括一个用于控制相邻电荷的存储单元，感光二极管占据了绝大多数面积——换一种说法就是，CCD 感光元件中的有效感光面积较大，在同等条件下可接收到较强的光信号，对应的输出电信号也更明晰。而 CMOS 感光元件的构成就比较复杂，除处于核心地位的感光二极管之外，它还包括放大器与模/数转换电路，每个像点的构成为一个感光二极管和三颗晶体管，而感光二极管占据的面积只是整个元件的一小部分，造成 CMOS 传感器的开口率（开口率：有效感光区域与整个感光元件的面积比值）远低于 CCD；这样在接受同等光照及元件大小相同的情况下，CMOS 感光元件所能捕捉到的光信号就明显小于 CCD 元件，灵敏度较低；体现在输出结果上，就是 CMOS 传感器捕捉到的图像内容不如 CCD 传感器丰富，图像细节丢失情况严重且噪声明显，这也是早期 CMOS 传感器只能用于低端场合的一大原因。CMOS 开口率低造成的另一个麻烦在于，它的像素点密度无法做到媲美 CCD 的地步，因为随着密度的提高，感光元件的比重面积将因此缩小，而 CMOS 开口率太低，有效感光区域小得可怜，图像细节丢失情况会更严重。因此在传感器尺寸相同的前提下，CCD 的像素规模总是高于同时期的 CMOS 传感器，这也是 CMOS 长期以来都未能进入主流数码相机市场的重要原因之一。

每个感光元件对应图像传感器中的一个像点，由于感光元件只能感应光的强度，无法捕获色彩信息，因此必须在感光元件上方覆盖彩色滤光片。在这方面，不同的传感器厂商有不同的解决方案，最常用的做法是覆盖 RGB 红绿蓝三色滤光片，以 1:2:1 的构成由四个像点构成一个彩色像素（即红蓝滤光片分别覆盖一个像点，剩下的两个像点都覆盖绿色滤光片），采取这种比例的原因是人眼对绿色较为敏感。而索尼的四色 CCD 技术则将其中的一个绿色滤光片换为翡翠绿色（英文 Emerald，有些媒体称为 E 通道），由此组成新的 R、G、B、E 四色方案。不管是哪一种技术方案，都要四个像点才能够构成一个彩色像素，这一点务必要预先明确。

在接受光照之后，感光元件产生对应的电流，电流大小与光强对应，因此感光元件直接输出的电信号是模拟的。在 CCD 传感器中，每一个感光元件都不对此做进一步的处理，而是将它直接输出到下一个感光元件的存储单元，结合该元件生成的模拟信号后再输出给第三个感光元件，依此类推，直到结合最后一个感光元件的信号才能形成统一的输出。由于感光元件生成的电信号实在太微弱了，无法直接进行模/数转换工作，因此这些输出数据必须做统一的放大处理——这项任务由 CCD 传感器中的放大器专门负责，经放大器处理之后，每个像点的电信号强度都获得同样幅度的增大；但由于 CCD 本身无法将模拟信号直接转换为数字信号，因此还需要一个专门的模/数转换芯片进行处理，最终以二进制数字图像矩阵的形式输出给专门的 DSP 芯片。而对于 CMOS 传感器，上述工作流程就完全不适用了。CMOS 传感器中每一个感光元件都直接整合了放大器和模/数转换逻辑，当感光二极管接受光照、产生模拟的电信号之后，电信号首先被该感光元件中的放大器放大，然后直接转换成对应的数字信号。换句话说，在 CMOS 传感器中，每一个感光元件都可产生最终的数字输出，所得数字信号合并之后被直接送交 DSP 芯片处理——问题恰恰是发生在这里，CMOS 感光元件中的放大器属于模拟器件，无法保证每个像点的放大率都保持严格一致，致使放大后的图像数据无法代表拍摄物体的原貌——体现在最终的输出结果上，就是图像中出现大量的噪声，品质明显低于 CCD 传感器。

第9章 液晶显示、喇叭和振动马达

9.1 TFT LCD

液晶显示器泛指利用液晶制作出来的显示器，其英文名称为 Thin-Film Transistor Liquid Crystal Display，简称 TFT LCD。从它的英文名称中可以知道，这种显示器的构成部分主要有两个：一个是薄膜晶体管，另一个就是液晶本身。

TFT LCD 采用 LED（发光二极管）为背光光源，体积小、功耗低，可以在兼顾轻薄的同时达到较高的亮度。

9.1.1 液晶的分类

我们一般认为物质都有三态，分别是固态、液态和气态。其实物质的三态是针对水而言的，对于不同的物质，可能有其他不同的状态存在。以我们要谈到的液晶态而言，它是介于固体与液体之间的一种状态，其实这种状态仅是材料的一种相变化的过程，只要材料具有上述的过程，即在固态与液态间有此状态存在，物理学家便称它为液态晶体。

一般以水而言，固体中的晶格因为加热，开始吸热而破坏晶格，当温度超过熔点时便会溶解变成液体。而热致型液晶则不一样，当其固态受热后，并不会直接变成液态，会先溶解形成液晶态。当持续加热时，才会再溶解成液态（等方性液态）。这就是二次溶解的现象。而液晶态顾名思义，会有固态的晶格及液态的流动性。

9.1.2 液晶的光电特性

由于液晶分子的结构为异方性（Anisotropic），所以所引起的光电效应就会因为方向不同而有所差异，简单地说也就是液晶分子介电常数及折射系数等光电特性都具有异方性，因而可以利用这些性质来改变入射光的强度，以便形成灰阶来应用于显示器组件上。液晶特性中最重要的就是液晶的介电常数与折射系数。介电常数是液晶受电场的影响决定液晶分子转向的特性，而折射系数则是光线穿透液晶时影响光线行进路线的重要参数。而液晶显示器就是利用液晶本身的这些特性，适当地利用电压来控制液晶分子的转动进而影响光线的行进方向，来形成不同的灰阶作为显示影像的工具。当然，单靠液晶本身是无法当作显示器的，还需要其他的材料来帮忙，以下介绍有关液晶显示器的各项材料组成与操作原理。

9.1.3 偏光板

光也是一种波动，而光波的行进方向是与电场及磁场互相垂直的。同时光波本身的电场与磁场分量，彼此也是互相垂直的。也就是说行进方向与电场及磁场分量彼此是两两互相平行的。而偏光板的作用就像栅栏一样，会阻隔与栅栏垂直的分量，只准许与栅栏平行的分量通过。所以如果我们拿起一片偏光板对着光源看，会感觉像是戴了太阳眼镜一样，光线变得较暗。但是如果把两片偏光板叠在一起，那就不一样了。当旋转两片偏光板的相对角度时，会发现随着相对角度的不同，光线的亮度会越来越暗。当两片偏光板的栅栏角度互相垂直时，光线就完全无法通过了。而液晶显示器就是利用这个特性来完成的。在上下两片栅栏互相垂直的偏光板之间充满液晶，再利用电场控制液晶转动，来改变光的行进方向，如此一来，不同的电场大小就会形成不同的灰阶亮度。

9.1.4　上下两层玻璃与配向膜

TN 型 LCD 的结构如图 9-1 所示。

上下两层玻璃主要用来夹住液晶，下面的那层玻璃上有薄膜晶体管，而上面的那层玻璃则贴有彩色滤光片（Color Filter），如图 9-1 所示。这两片玻璃在接触液晶的那一面，并不是光滑的，而是有锯齿状的沟槽。这个沟槽的主要目的是希望长棒状的液晶分子会沿着沟槽排列。如此一来，液晶分子的排列才会整齐。因为如果是光滑的平面，液晶分子的排列便会不整齐，造成光线的散射，形成漏光的现象。其实这只是理论的说明，告诉我们需要把玻璃与液晶的接触面做好处理，以便让液晶的排列有一定的顺序。但在实际的制造过程中，并无法将玻璃做成如此槽状的分布，一般会在玻璃的表面上涂布一层 PI（Polyimide），然后再用布去做摩擦的动作，好让 PI 的表面分子不再是杂散分布，会依照固定而均一的方向排列。而这一层 PI 就叫作配向膜，它的功用就像玻璃的凹槽一样，提供液晶分子呈均匀排列的接口条件，让液晶依照预定的顺序排列。

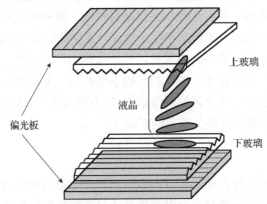

图 9-1　TN（Twist Nematic）型 LCD 的结构

9.1.5　TN LCD 显示原理

TN 型 LCD 的工作原理如图 9-2 所示。

当上下两块玻璃之间没有施加电压（图 9-2（a））时，液晶的排列会依照上下两块玻璃的配向膜而定。对于 TN 型的液晶来说，上下配向膜的角度差恰为 90°。所以液晶分子的排列由上而下会自动旋转 90°，当入射的光线经过上面的偏光板时，会只剩下单方向极化的光波。通过液晶分子时，由于液晶分子总共旋转了 90°，所以当光波到达下层偏光板时，光波的极化方向恰好转了 90°。而下层的偏光板与上层偏光板，角度也是恰好差 90°。所以光线便可以顺利地通过，但是如果对上下两块玻璃之间施加电压（图 9-2（b）），由于 TN 型液晶多为介电常数异方性为正型的液晶（$\varepsilon// > \varepsilon\perp$），代表着平行方向的介电常数比垂直方向的介电常数大，因此当液晶分子受电场影响时，其排列方向会倾向平行于电场方向。液晶分子的排列都变成站立的，此时通过上层偏光板的单方向的极化光波，经过液晶分子时便不会改变极化方向，因此就无法通过下层偏光板。

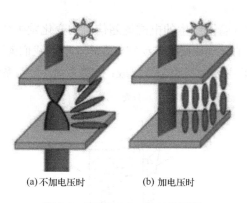

(a)不加电压时   (b)加电压时

图 9-2　TN 型 LCD 的工作原理

TFT LCD 的中文名称为薄膜晶体管液晶显示器,我们提到液晶显示器需要电压控制来产生灰阶。而利用薄膜晶体管来产生电压,以控制液晶转向的显示器,就叫作 TFT LCD。从切面结构(图 9-3)来看,在上下两层玻璃间夹着液晶,便会形成平行板电容器,我们称它为 CLC(Capacitor of Liquid Crystal)。它的大小约为 0.1pF,但是实际应用上,这个电容并无法将电压保持到下一次再更新画面数据的时候。也就是说当 TFT 对这个电容充好电时,它并无法将电压保持住,直到下一次 TFT 再对此点充电的时候(以一般 60Hz 的画面更新频率,需要保持约 16ms 的时间)。这样一来,电压有了变化,所显示的灰阶就会不正确。因此一般在面板的设计上,会再加一个储存电容 CS(Storage Capacitor,大约为 0.5pF),以便让充好电的电压能保持到下一次更新画面的时候。不过正确来说,生长在玻璃上的 TFT 本身,只是一个使用晶体管制作的开关。它主要的工作是决定 LCD 驱动源上的电压是不是要充到这个点。至于这个点要充到多高的电压,以便显示出怎样的灰阶,都是由外面的 LCD source driver 来决定的。

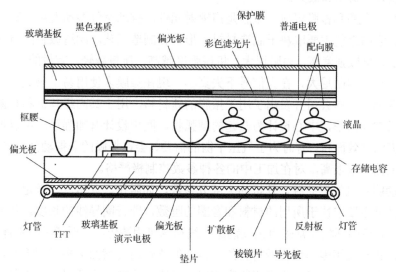

图 9-3　TFT LCD 的切面结构图

9.2　喇叭、听筒和耳机

喇叭、听筒和耳机都是采用的动圈扬声器原理,动圈扬声器工作原理如下:动圈扬声器的音圈中通过交变电流时，音圈产生的电磁场随信号的变化发生变化，变化的电磁场与磁路相互作用推动音圈和振膜的运动，振膜推动空气发声，所以我们就听到扬声器发出的声音了。动圈耳机发声单元(图9-4)主要由三个部分组成：磁路系统、振动系统、腔体和孔等声学结构。

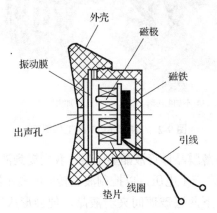

图9-4　动圈耳机发声单元图

　　磁路系统由恒磁体、极板和极靴组成，对耳机的性能和可靠性有直接的影响，恒磁体的一面是平板型的极板，另一面是呈 T 形的极靴，极板和极靴间形成一个尺寸较小的环形磁间隙，振动系统的音圈就悬挂在这个间隙内。通常高保真耳机使用的恒磁体为性能优良的钕铁磁体，较早的耳机型号有采用昂贵的钐钴磁体，低档耳机一般采用铁氧磁体。磁路系统的设计比较复杂，高档耳机的磁路采用了计算机辅助设计。磁路的生产工艺也是影响其性能的一个方面。设计和制造优良的磁路系统能对振动系统进行有效的控制，得到较高的灵敏度、较小的失真、良好的瞬态和低频。

　　振动系统由音圈和振膜组成。振膜是声辐射元件，推动空气振动发声，直接影响频率响应和灵敏度。它的性能主要取决于制造材料、形状和制造工艺。制造振膜的材料要求单位面积质量尽量小、机械强度高、内阻尼大。机械强度越高、质量越轻，有效的频率范围越宽广、输出声压级越高；内阻尼大，在大信号下失真小。现在振膜多使用易于热成型、质量轻、刚性好的聚酯薄膜，一些公司开发出了用于振膜的新材料，用于其高级耳机和耳塞，高频十分优异。振膜通常为圆形，中心设计为凸起的圆弧状，四周设计有加强筋，可以加强振膜的刚性并增大振膜的有效面积。有时为了气压平衡的需要，会在振膜的非振动部分加工一个小孔。振膜制造对工艺要求很高，对在加工中的各种参数控制极严格。

　　音圈是动圈耳机的振动源，耳机的大部分参数，如阻抗、灵敏度、额定功率等都与它相关。音圈的性能主要取决于所用的材料和音圈的匝数，即音圈导线的长度。音圈的材料一般是铜漆包线，高级的耳机经常采用无氧铜漆包线和铜包铝漆包线，后者具有铜漆包线的优点，但质量更轻，也有采用银作为音圈材料的。音圈的漆包线的截面大多是圆形的，也有三角形和正六边形截面，这样线间结合得更紧密，线间电容减小，音圈质量进一步降低。音圈的尺寸对耳机性能也有一定的影响。音圈是在磁间隙中振动的，其直径应保证音圈位于磁间隙的中央，在振动时不会与极板和极靴相碰。另外，由于磁间隙在极板表面处的磁场已不均匀，线圈在非均匀的磁场中运动就会降低电-声能的转换效率，并引起耳机产生失真，所以音圈的高度要有一个恰当的选择。

　　腔体和孔等声学结构是影响耳机性能的一个重要部分。固定磁路系统和振动系统的是一个塑料框架，叫台面，振膜的边缘就黏合在这个框架上。这个框架要有足够的刚性，不会因为固定磁路和振动部分发生形变，而且尽量少传递振动。磁路和振动系统后面是耳机的外壳，外壳与台面之间形成一个腔体，这个腔体的大小、形状、内部填充的阻尼材料的位置、种类、数量影响耳机的频率响应，一般说这个腔体越大，越容易获得高质量、深潜的低频。

9.3 振动马达

微型振动马达属于直流有刷电机，马达轴上面有一个偏心轮，当马达转动的时候，偏心轮的圆心质点不在电机的转心上，使马达处于不断的失去平衡状态，由于惯性作用引起振动。扁平纽扣式振动马达如图 9-5 所示。

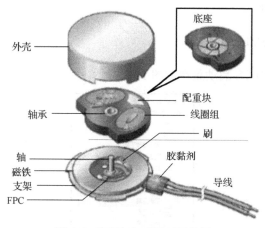

图 9-5　扁平纽扣式振动马达图

第 10 章 固件烧写及演练

10.1 固 件 烧 写

固件烧写分为如下两种方式：

(1) 使用专用烧写工具 SML。

(2) 使用 fastboot 工具。

10.1.1 专用烧写工具 SML

SML 工具在 WINDOWS 启动菜单如图 10-1 所示。

图 10-1　启动菜单

SML 下载工具运行界面如图 10-2 所示。

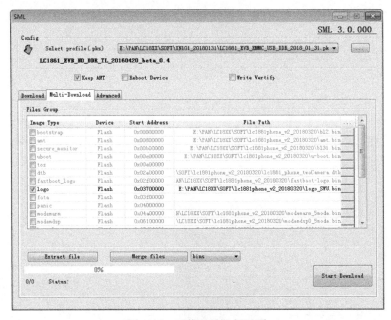

图 10-2　下载工具运行界面

10.1.2 fastboot

1. 定义

原生 fastboot 是 Google 开发的一套 PC 与 UE 之间交互的通信系统，包含 PC 工具、PC 驱动、UE 侧驱动和 fastboot 基础通信协议等内容。

2. 作用于功能

UE 侧与 PC 连接进入 fastboot 模式，可实现 PC 侧对 UE 侧的各种操作，主要包括：

(1)对 UE 侧单个分区下载。

(2)对 UE 侧多个分区一键下载。

(3)对 UE 侧单个分区的擦写。

(4)获取 UE 侧参数。

(5)设置 UE 侧 kernel 启动 cmdline。

(6)列出 PC 连接的 fastboot 设备。

(7)重新启动 UE。

3. 基础协议

1)协议简介

fastboot 协议是一个简单的主从应答同步协议，主机给从机命令，从机做出相应的回应，实现主从两端数据通信，主机命令和从机应答必须一一对应，且不支持从机给主机发送命令，如图 10-3 所示。

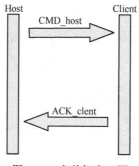

图 10-3　主从机交互图

2)协议原理

(1)命令格式。fastboot 协议命令分为主机命令和从机应答命令两大类，命令采用 ASCII 方式表达，限长 64B。

主机命令和从机应答命令格式是不一致的，但两者长度一致为 64B。

(2)主机命令。主机命令由三部分组成：①命令关键字，采用小写字母；②命令参数；③命令关键字，参数间隔字符，值为"："。

按业务类型来说，主机命令分为：①无数据业务命令；②有数据业务命令。

有数据业务命令流程如图 10-4 所示。

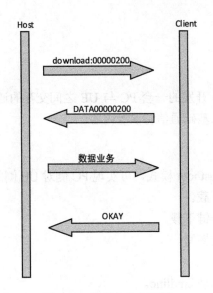

图 10-4　数据业务交互图

(3) 从机应答命令。从机应答命令由两部分组成：①命令关键字，采用大写字母；②命令参数。主机应答命令主要包括以下四大类：①OKAY；②FAIL；③INFO；④DATA。

主机命令可以随着上层应用的复杂度扩展，添加需要实现的命令，但是从机应答命令不可扩展，从机应答命令用来控制整个协议状态机的运转。

(4) 协议状态机。协议可分为以下三个状态：①初始状态 S0；②命令接收状态 S1；③数据接收状态 S2。

状态转换图如图 10-5 所示。

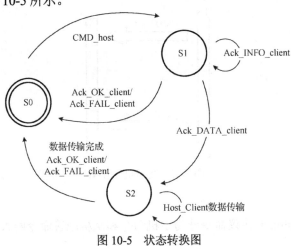

图 10-5　状态转换图

10.2　演　　练

10.2.1　专用烧写工具 SML

运行 SML 软件，选择 Keep AMT 复选框，并载入文件，界面如图 10-6 所示。

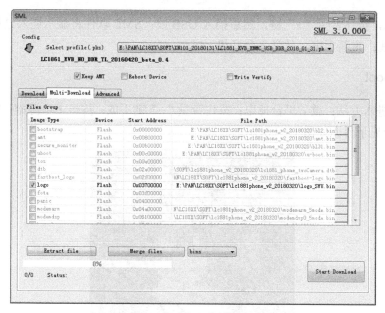

图 10-6　载入文件界面

载入的文件列表如图 10-7 所示。

Image Type	Device	Start Address	File Path	...
☑ bootstrap	Flash	0x00000000	E:\PAN\LC18XX\SOFT\lc1881phone_v2_20180320\bl2.bin	
☑ amt	Flash	0x00800000	E:\PAN\LC18XX\SOFT\lc1881phone_v2_20180320\amt.bin	
☑ secure_moniter	Flash	0x00b00000	E:\PAN\LC18XX\SOFT\lc1881phone_v2_20180320\bl31.bin	
☑ uboot	Flash	0x00c00000	E:\PAN\LC18XX\SOFT\lc1881phone_v2_20180320\u-boot.bin	
☐ tos	Flash	0x00e00000		
☑ dtb	Flash	0x02e00000	\SOFT\lc1881phone_v2_20180320\lc1881_phone_twoCamera.dtb	
☑ fastboot_logo	Flash	0x02f00000	AN\LC18XX\SOFT\lc1881phone_v2_20180320\fastboot-logo.bin	
☑ logo	Flash	0x03700000	E:\PAN\LC18XX\SOFT\lc1881phone_v2_20180320\logo_SWU.bin	
☐ fota	Flash	0x03f00000		
☐ panic	Flash	0x04000000		
☑ modemarm	Flash	0x04a00000	N\LC18XX\SOFT\lc1881phone_v2_20180320\modemarm_5mode.bin	
☑ modemdsp	Flash	0x06100000	\LC18XX\SOFT\lc1881phone_v2_20180320\modemdsp0_5mode.bin	
☑ kernel	Flash	0x07f00000	E:\PAN\LC18XX\SOFT\lc1881phone_v2_20180320\kernel	
☑ ramdisk	Flash	0x09f00000	E:\PAN\LC18XX\SOFT\lc1881phone_v2_20180320\ramdisk.img	
☑ ramdisk_recovery	Flash	0x0a200000	LC18XX\SOFT\lc1881phone_v2_20180320\ramdisk-recovery.img	
☑ kernel_recovery	Flash	0x0a500000	E:\PAN\LC18XX\SOFT\lc1881phone_v2_20180320\kernel	
☐ ddronflash	Flash	0x0c500000		
☐ misc	Flash	0x0c800000		
☑ cache	Flash	0x0ca00000	E:\PAN\LC18XX\SOFT\lc1881phone_v2_20180320\cache.img	
☑ system	Flash	0x14a00000	E:\PAN\LC18XX\SOFT\lc1881phone_v2_20180320\system.img	
☑ userdata	Flash	0x6ca00000	E:\PAN\LC18XX\SOFT\lc1881phone_v2_20180320\userdata.img	

图 10-7　载入文件列表

使用的下载线如图 10-8 所示。

图 10-8　microUSB 数据线图

开始烧入：单击 Start Download 按钮；将 microUSB 安卓数据线插入 PC 的 USB 口；将

教学平台掉电，按住音量"+"键，然后插入 USB 线；SML 软件将显示烧入过程；烧入完成后拔出 USB 线；重新上电，教学平台开机；

10.2.2　fastboot

fastboot 进入方法：教学平台掉电；按住音量"−"键不放；按一下电源键；松开音量"−"键；教学平台显示界面如图 10-9 所示。

图 10-9　fastboot 界面图

fastboot 命令如下：

```
fastboot flashing unlock  #设备解锁，开始刷机
fastboot flash  boot  boot.img #刷入 boot 分区。如果修改了 kernel 代码，则应该
刷入此分区以生效
fastboot flash recovery recovery.img  #刷入 recovery 分区
fastboot flash system system.img  #刷入 system 分区。如果修改的代码会影响 out/
system/ 路径下生成的文件，则应该刷入此分区以生效
fastboot flash bootloader bootloader  #刷入 bootloader
fastboot erase frp  # 擦除 frp 分区，frp 即 Factory Reset Protection，用于防
止用户信息在手机丢失后外泄
fastboot format data  # 格式化 data 分区
fastboot flashing lock  #设备上锁，刷机完毕
fastboot continue  #自动重启设备
```

10.2.3　开机过程

将电源适配器(220V 转 5V/4A)DC 插头插入教学平台 DC 插座；将电源开关拨至 ON 位置；长按 POWER 键，直到显示开机 LOGO 时松开；然后显示开机动画；等待 1～2min 后(首次运行时可能需要等待 5～10min)，进入 Android 系统；最后用户可以运行 App；如图 10-10～图 10-12 所示。

图 10-10　电源适配器图

图 10-11　开机 LOGO

图 10-12　运行 Android 系统

参 考 文 献

陈皓, 2014. 从应用到创新手机硬件研发与设计. 北京: 电子工业出版社.

胡文, 宁世勇, 李明俊, 等, 2015. Android 嵌入式系统程序开发(基于 Cortex-A8). 2 版. 北京: 机械工业出版社.

林超文, 2014. PADS9.5 实战攻略与高速 PCB 设计. 北京: 电子工业出版社.

刘彦文, 2011. 嵌入式系统原理及接口技术. 北京: 清华大学出版社.

宋宝华, 2015. Linux 设备驱动程序开发详解(基于最新的 Linux4.0 内核). 北京: 机械工业出版社.

周润景, 2017. OrCAD&PADS 高速电路板设计与仿真. 4 版. 北京: 电子工业出版社.

附 录

附录 A LCC、LGA、BOTTOM 信号描述

邮票孔 LCC 信号描述见附表 A。

附表 A 邮票孔 LCC 信号描述

PIN	信号名	常用说明	默认 I/O	电平
1	DBB_IIS1_DO	IIS1DO，可复用成 GPIO110	O	1V8
2	DBB_IIS1_WS	IIS1WS，可复用成 GPIO112	O	1V8
3	DBB_IIS1_CLK	IIS1CK，可复用成 GPIO111	O	1V8
4	VUSB_D3V3A	VUSB_D3V3A 输出	PWR	3V3
5	GND0	GND	GND	0
6	USBRXDP	USBRXDP	I	/
7	USBRXDM	USBRXDM	I	/
8	GND1	GND	GND	0
9	USBTXDP	USBTXDP	O	/
10	USBTXDM	USBTXDM	O	/
11	GND2	GND	GND	0
12	DBB_USB0_DP	USBDP	I/O	/
13	DBB_USB0_DM	USBDM	I/O	/
14	GND3	GND	GND	0
15	GPIO_USB0ID	GPIO223，用作 USB ID	I	1V8
16	TYPEC_INT	GPIO193，用作 TYPEC 中断	I	1V8
17	USB_SW_SEL	GPIO191，用作开关充电控制	O	1V8
18	USB_SW_EN	GPIO190，用作开关充电控制	O	1V8
19	GND4	GND	GND	0
20	MAIN_ANT	主天线	I/O	/
21	GND5	GND	GND	0
22	DBB2NFC_I2C0_SCL	TYPE_C C 逻辑检测，可复用成 GPIO184	O	1V8
23	DBB4NFC_I2C0_SDA	TYPE_C CC 逻辑检测/NFC 通信 IIC，可复用成 GPIO185	I/O	1V8
24	GND6	GND	GND	0
25	HSICSTBE	HSICSTBE	I/O	/
26	GND7	GND	GND	0
27	HSICD	HSICD	I/O	/
28	GND8	GND	GND	0
29	USB_TYPE-C	USB_TYPE-C 输出	PWR	1V8
30	VBUS_5V	VBUS 输入	PWR	5V0
31	GND9	GND	GND	0
32	VSYS0	系统供电输入	PWR	/
33	VSYS1	系统供电输入	PWR	/
34	VSYS2	系统供电输入	PWR	/
35	GND10	GND	GND	0
36	LC1161_CSP	电池电压检测	PWR	/
37	VBAT	电池电压检测	PWR	/

PIN	信号名	常用说明	默认 I/O	电平
38	SW2DBB_INT	GPIO107，用作开关充电中断	I	1V8
39	DBB_COM_I2C_SDA	电源管理 IIC，可复用成 GPIO93	I/O	1V8
40	DBB_COM_I2C_SCL	电源管理 IIC，可复用成 GPIO92	O	1V8
41	BAT_TEMP_LC1161	电池温度检测 ADC	I	/
42	DBB2SW_DIS	GPIO127，用作开关充电控制	O	1V8
43	SW2DBB_PG	GPIO133，用作开关充电控制	I	1V8
44	LC1161_VIBR	马达 sink	I	/
45	POWER_ON	开机按键	I	/
46	RST_SYS	系统复位	I	1V8
47	D2V85A	ALDO1,2.85V，开机输出	PWR	2V85
48	GND11	GND	GND	0
49	VADC_LC1161	ADC 电源 2.85V 输出	O	2V85
50	LC1160_ADC0	ADC0	I	2V85
51	LC1160_ADC4	ADC4	I	2V85
52	DBB2AUDIO_PA_EN	GPIO189，用作音频功放使能	O	1V8
53	GND12	GND	GND	0
54	AUX_OUTP	外接 PA，SPEAKER	O	/
55	AUX_OUTN	外接 PA，SPEAKER	O	/
56	GND13	GND	GND	0
57	RECN	RECEIVER 输出	O	/
58	RECP	RECEIVER 输出	O	/
59	GND14	GND	GND	0
60	MIC1_P	消噪 MIC	I	/
61	MIC1_N	消噪 MIC	I	/
62	GND15	GND	GND	0
63	VMIC	MIC 偏置电压	O	2V8
64	MIC2_P	主 MIC	I	/
65	MIC2_N	主 MIC	I	/
66	GND16	GND	GND	0
67	VMIC_HP	耳机 MIC 偏置电压	O	2V8
68	MIC_N_HP	耳机 MIC	I	/
69	MIC_P_HP	耳机 MIC	I	/
70	HP_JACKDET	耳机插入检测	I	1V8
71	HPL	耳机输出	O	/
72	HPR	耳机输出	O	/
73	GND17	GND	GND	0
74	DBB_KB1	KB /GPIO197，用作音量–	I	1V8
75	DBB_KB0	KB/GPIO196，用作音量+	I	1V8
76	VSIM0	VSIM0 输出	PWR	1V8/3V3
77	DBB4SIM0_IO	SIM0IO，可复用成 GPIO71	I/O	1V8/3.0
78	DBB2SIM0_RST	SIM0RST，可复用成 GPIO72	O	1V8/3.0
79	DBB2SIM0_CLK	SIM0CLK，可复用成 GPIO70	O	1V8/3.0
80	D1V8A	BUCK6,1.8V，开机输出	PWR	1V8
81	GND18	GND	GND	0
82	VSIM1	VSIM1 输出	PWR	1V8/3V3

PIN	信号名	常用说明	默认 I/O	电平
83	DBB4SIM1_IO	SIM1IO，可复用成 GPIO74	I/O	1V8/3.0
84	DBB2SIM1_RST	SIM1RST，可复用成 GPIO75	O	1V8/3.0
85	DBB2SIM1_CLK	SIM1CLK，可复用成 GPIO73	O	1V8/3.0
86	DBB_KB2	KB /GPIO198	I	1V8
87	DBB_KB3	KB/GPIO199	I	1V8
88	DBB_KB4	KB/GPIO76	I	1V8
89	DBB_KB5	KB /GPIO77	I	1V8
90	DBB_KB6	KB /GPIO78	I	1V8
91	DBB_KB7	KB /GPIO79	I	1V8
92	DBB2FI_PWREN	GPIO192，用作指纹识别控制	O	1V8
93	FI2DBB_INT	GPIO106，用作指纹识别中断	I	1V8
94	DBB2FI_RST	GPIO105，用作指纹识别复位	O	1V8
95	DBB2FI_SSI1_SSN	SPI 口 SSN，用作指纹识别，可复用成 GPIO146	O	1V8
96	FI2DBB_SSI1_RXD	SPI 口 RXD，用作指纹识别，可复用成 GPIO144	I	1V8
97	DBB2FI_SSI1_TXD	SPI 口 TXD，用作指纹识别，可复用成 GPIO143	O	1V8
98	DBB2FI_SSI1_CLK	SPI 口 CLK，用作指纹识别，可复用成 GPIO145	O	1V8
99	GND19	GND	GND	0
100	FM_ANT1	FM 天线，耳机实现	I/O	/
101	DBB4MMC0_DATA1	T 卡 D1，可复用成 GPIO221	O	1V8 /3.0
102	DBB4MMC0_DATA0	T 卡 D0，可复用成 GPIO222	O	1V8 /3.0
103	DBB2MMC0_CLK	T 卡 CLK，可复用成 GPIO217	O	1V8 /3.0
104	VCC_SD1	VCC_SD 输出	PWR	3V0
105	DBB4MMC0_CMD	T 卡 CMD 可复用成 GPIO218	I/O	1V8 /3.0
106	DBB4MMC0_DATA3	T 卡 D3，可复用成 GPIO219	O	1V8 /3.0
107	DBB4MMC0_DATA2	T 卡 D2，可复用成 GPIO220	O	1V8 /3.0
108	TF2DBB_DETECT	GPIO134，用作 T 卡检测	I	1V8
109	DBB4SENSOR_I2C1_SDA	SENSOR 通信 IIC，可复用成 GPIO183	I/O	1V8
110	DBB2SENSOR_I2C1_SCL	SENSOR 通信 IIC，可复用成 GPIO182	O	1V8
111	32KOUT	32K 时钟输出	O	1V8
112	DBB_GPIO216_2V85	GPIO216	I/O	2V85
113	DBB_CLK_OUT3	CLK_OUT3，26M 时钟分/倍频	O	1V8
114	GND20	GND	GND	0
115	DBB2MMC3_CLK	MMC3CLK 可复用成 GPIO113	O	1V8
116	DBB4MMC3_CMD	MMC3CMD 可复用成 GPIO114	I/O	1V8
117	DBB4MMC3_DATA3	MMC3D3 可复用成 GPIO115	I/O	1V8
118	DBB4MMC3_DATA2	MMC3D2 可复用成 GPIO116	I/O	1V8
119	DBB4MMC3_DATA1	MMC3D1 可复用成 GPIO117	I/O	1V8
120	DBB4MMC3_DATA0	MMC3D0 可复用成 GPIO118	I/O	1V8
121	GND21	GND	GND	0
122	ANT_WI-FI_BT	Wi-Fi/BT，GPS 三合一天线	I/O	/
123	GND22	GND	GND	0
124	GYR2DBB_INT1	GPIO126，用作 Gsensor 中断	I	1V8
125	GYR2DBB_INT2	GPIO108，用作 Gsensor 中断	I	1V8

PIN	信号名	常用说明	默认 I/O	电平
126	ALS2DBB_INT	GPIO125，用作 ALS 中断	I	1V8
127	GND23	GND	GND	0
128	CAM2DBB_MIPI0_DATAN3	后摄_MIPI 数据	I/O	/
129	CAM2DBB_MIPI0_DATAP3	后摄_MIPI 数据	I/O	/
130	CAM2DBB_MIPI0_DATAN2	后摄_MIPI 数据	I/O	/
131	CAM2DBB_MIPI0_DATAP2	后摄_MIPI 数据	I/O	/
132	CAM2DBB_MIPI0_DATAN0	后摄_MIPI 数据	I/O	/
133	CAM2DBB_MIPI0_DATAP0	后摄_MIPI 数据	I/O	/
134	CAM2DBB_MIPI0_DATAN1	后摄_MIPI 数据	I/O	/
135	CAM2DBB_MIPI0_DATAP1	后摄_MIPI 数据	I/O	/
136	GND24	GND	GND	0
137	CAM2DBB_MIPI0_CLKN	后摄_MIPI 时钟	O	/
138	CAM2DBB_MIPI0_CLKP	后摄_MIPI 时钟	O	/
139	GND25	GND	GND	0
140	DBB2CAM0_CLK	CLKO2/CLK_OUT2，后摄时钟	O	1V8
141	DBB2FLASH_ENM	闪光灯 PWM，可复用成 GPIO153	O	1V8
142	DBB2FLASH_EN	GPIO188，用作闪光灯使能	O	1V8
143	DBB2CAM_PD0	GPIO137，用作后摄 PD	O	1V8
144	DBB2CAM_RST0_N	GPIO135，用作后摄复位	O	1V8
145	VCAMCORE_D1V2	VCAMCORE 输出	PWR	1V2
146	VCAMAF_D2V85	VCAMAF 输出	PWR	2V85
147	GND26	GND	GND	0
148	VCAM0AVDD_A2V85	VCAM0AVDD 输出	PWR	2V85
149	VCAMIO_D1V8	VCAMIO 输出	PWR	1V8
150	DBB2CAM_I2C3_SCL	摄像头 IIC，可复用成 GPIO151	O	1V8
151	DBB4CAM_I2C3_SDA	摄像头 IIC，可复用成 GPIO152	I/O	1V8
152	DBB2CAM_PD1	GPIO138，用作后摄复位 PD	O	1V8
153	VCAMCORE_D1V5	VCAMCORE 输出	PWR	1V5
154	DBB2CAM_RST1_N	GPIO136，用作前摄复位	O	1V8
155	DBB2CAM1_CLK	GPIO174/CLK_OUT1，前摄时钟	O	1V8
156	GND27	GND	GND	0
157	CAM2DBB_MIPI1_DATAN0	前摄_MIPI 数据	I/O	/
158	CAM2DBB_MIPI1_DATAP0	前摄_MIPI 数据	I/O	/
159	CAM2DBB_MIPI1_DATAN2	前摄_MIPI 数据	I/O	/
160	CAM2DBB_MIPI1_DATAP2	前摄_MIPI 数据	I/O	/
161	GND28	GND	GND	0
162	CAM2DBB_MIPI1_CLKN	前摄_MIPI 时钟	O	/
163	CAM2DBB_MIPI1_CLKP	前摄_MIPI 时钟	O	/
164	GND29	GND	GND	0
165	CAM2DBB_MIPI1_DATAN1	前摄_MIPI 数据	I/O	/
166	CAM2DBB_MIPI1_DATAP1	前摄_MIPI 数据	I/O	/
167	CAM2DBB_MIPI1_DATAN3	前摄_MIPI 数据	I/O	/
168	CAM2DBB_MIPI1_DATAP3	前摄_MIPI 数据	I/O	/
169	GND30	GND	GND	0
170	DBB2LCD_MIPI_CLKN	LCM_MIPI 时钟	O	/

PIN	信号名	常用说明	默认 I/O	电平
171	DBB2LCD_MIPI_CLKP	LCM_MIPI 时钟	O	/
172	GND31	GND	GND	0
173	DBB2LCD_MIPI_DATAN1	LCM_MIPI 数据	I/O	/
174	DBB2LCD_MIPI_DATAP1	LCM_MIPI 数据	I/O	/
175	DBB2LCD_MIPI_DATAN2	LCM_MIPI 数据	I/O	/
176	DBB2LCD_MIPI_DATAP2	LCM_MIPI 数据	I/O	/
177	DBB2LCD_MIPI_DATAN0	LCM_MIPI 数据	I/O	/
178	DBB2LCD_MIPI_DATAP0	LCM_MIPI 数据	I/O	/
179	DBB2LCD_MIPI_DATAN3	LCM_MIPI 数据	I/O	/
180	DBB2LCD_MIPI_DATAP3	LCM_MIPI 数据	I/O	/
181	GND32	GND	GND	0
182	DBB2LCD_BL_PWM	PWM0 /GPIO140, 背光灯 PWM	O	1V8
183	VLCDAVDD_A2V85	VLCDAVDD 输出	PWR	2V85
184	VLCDIO_D1V8	VLCDIO 输出	PWR	1V8
185	LCD2DBB_TE	GPIO142, 用作 LCD-TE	O	1V8
186	DBB2LCD_RST_N	GPIO141, 用作 LCD 复位	O	1V8
187	LCD2DBB_ID	ADC 检测 LCD 的 ID	I	/
188	GND33	GND	GND	0
189	SUB_ANT	辅天线	I/O	/
190	GND34	GND	GND	0
191	DBB2CTP_RST	GPIO149, 用作 CTP 复位	O	1V8
192	CTP2DBB_INT	GPIO150, 用作 CTP 复位	O	1V8
193	DBB2CTP_I2C2_SCL	CTP 通信 IIC, 可复用成 GPIO147	O	1V8
194	DBB4CTP_I2C2_SDA	CTP 通信 IIC, 可复用成 GPIO148	I/O	1V8
195	VCTPAVDD_A2V8	VCTPAVDD 输出	PWR	2V8
196	DBB_UART0_RX	UART0_RX, 可复用成 GPIO81	I	1V8
197	DBB_UART0_RTS	UART0_RTS, 可复用成 GPIO83	I	1V8
198	DBB_UART0_CTS	UART0_CTS, 可复用成 GPIO82	O	1V8
199	DBB_UART0_TX	UART0_TX, 可复用成 GPIO80	O	1V8
200	DBB_IIS1_DI	IIS1DI, 可复用成 GPIO109	I	1V8

LGA 信号描述见附表 B。

附表 B LGA 信号描述

引脚	信号名	常用说明	默认 I/O	电平
A1	XG1	THERMAL PAD, 接地散热焊盘	GND	0
A2	XG2	THERMAL PAD, 接地散热焊盘	GND	0
A3	XG3	THERMAL PAD, 接地散热焊盘	GND	0
A4	XG4	THERMAL PAD, 接地散热焊盘	GND	0
A5	XG5	THERMAL PAD, 接地散热焊盘	GND	0
A6	NC	实际无 PAD	/	/
A7	NC	实际无 PAD	/	/
A8	NC	实际无 PAD	/	/
A9	XG6	THERMAL PAD, 接地散热焊盘	GND	0
A10	XG7	THERMAL PAD, 接地散热焊盘	GND	0
A11	XG8	THERMAL PAD, 接地散热焊盘	GND	0
A12	XG9	THERMAL PAD, 接地散热焊盘	GND	0
A13	XG10	THERMAL PAD, 接地散热焊盘	GND	0

引脚	信号名	常用说明	默认 I/O	电平
B1	XG11	THERMAL PAD，接地散热焊盘	GND	0
B2	XG12	THERMAL PAD，接地散热焊盘	GND	0
B3	XG13	THERMAL PAD，接地散热焊盘	GND	0
B4	XG14	THERMAL PAD，接地散热焊盘	GND	0
B5	XG15	THERMAL PAD，接地散热焊盘	GND	0
B6	NC	实际无 PAD	/	/
B7	NC	实际无 PAD	/	/
B8	NC	实际无 PAD	/	/
B9	NC	实际无 PAD	/	/
B10	XG16	THERMAL PAD，接地散热焊盘	GND	0
B11	XG17	THERMAL PAD，接地散热焊盘	GND	0
B12	XG18	THERMAL PAD，接地散热焊盘	GND	0
B13	XG19	THERMAL PAD，接地散热焊盘	GND	0
C1	XG20	THERMAL PAD，接地散热焊盘	GND	0
C2	XG21	THERMAL PAD，接地散热焊盘	GND	0
C3	XG22	THERMAL PAD，接地散热焊盘	GND	0
C4	XG23	THERMAL PAD，接地散热焊盘	GND	0
C5	XG24	THERMAL PAD，接地散热焊盘	GND	0
C6	NC	实际无 PAD	/	/
C7	NC	实际无 PAD	/	/
C8	NC	实际无 PAD	/	/
C9	NC	实际无 PAD	/	/
C10	NC	实际无 PAD	/	/
C11	NC	实际无 PAD	/	/
C12	NC	实际无 PAD	/	/
C13	XG25	THERMAL PAD，接地散热焊盘	GND	0
D1	XG26	THERMAL PAD，接地散热焊盘	GND	0
D2	XG27	THERMAL PAD，接地散热焊盘	GND	0
D3	XG28	THERMAL PAD，接地散热焊盘	GND	0
D4	XG29	THERMAL PAD，接地散热焊盘	GND	0
D5	XG30	THERMAL PAD，接地散热焊盘	GND	0
D6	NC	实际无 PAD	/	/
D7	NC	实际无 PAD	/	/
D8	NC	实际无 PAD	/	/
D9	NC	实际无 PAD	/	/
D10	NC	实际无 PAD	/	/
D11	NC	实际无 PAD	/	/
D12	NC	实际无 PAD	/	/
D13	XG31	THERMAL PAD，接地散热焊盘	GND	0
E1	XG32	THERMAL PAD，接地散热焊盘	GND	0
E2	XG33	THERMAL PAD，接地散热焊盘	GND	0
E3	XG34	THERMAL PAD，接地散热焊盘	GND	0
E4	XG35	THERMAL PAD，接地散热焊盘	GND	0
E5	XG36	THERMAL PAD，接地散热焊盘	GND	0
E6	NC	实际无 PAD	/	/
E7	NC	实际无 PAD	/	/

引脚	信号名	常用说明	默认 I/O	电平
E8	NC	实际无 PAD	/	/
E9	NC	实际无 PAD	/	/
E10	NC	实际无 PAD	/	/
E11	NC	实际无 PAD	/	/
E12	NC	实际无 PAD	/	/
E13	XG37	THERMAL PAD，接地散热焊盘	GND	0
F1	XG38	THERMAL PAD，接地散热焊盘	GND	0
F2	XG39	THERMAL PAD，接地散热焊盘	GND	0
F3	XG40	THERMAL PAD，接地散热焊盘	GND	0
F4	XG41	THERMAL PAD，接地散热焊盘	GND	0
F5	XG42	THERMAL PAD，接地散热焊盘	GND	0
F6	XG43	THERMAL PAD，接地散热焊盘	GND	0
F7	XG44	THERMAL PAD，接地散热焊盘	GND	0
F8	XG45	THERMAL PAD，接地散热焊盘	GND	0
F9	XG46	THERMAL PAD，接地散热焊盘	GND	0
F10	XG47	THERMAL PAD，接地散热焊盘	GND	0
F11	XG48	THERMAL PAD，接地散热焊盘	GND	0
F12	XG49	THERMAL PAD，接地散热焊盘	GND	0
F13	XG50	THERMAL PAD，接地散热焊盘	GND	0
G1	SG1	信号地，接地或者用于散热	GND	0
G2	DBB_COMUART_TX	调试口 UART，TX 可复用成 GPIO213	O	2V85
G3	DBB_COMUART_RX	调试口 UART，RX 可复用成 GPIO214	I	2V85
G4	GPS2DBB_WAKE_IO	GPIO130，定制支持	I	1V8
G5	DBB2GPS_ONOFF_IO	GPIO131，定制支持	O	1V8
G6	DBB_UART1_RTS	UART1_RTS，定制支持，可复用成 GPIO158	I	1V8
G7	DBB_UART1_RX	UART1_RX，定制支持，可复用成 GPIO156	I	1V8
G8	SG2	信号地，接地或者用于散热	GND	
G9	SG3	信号地，接地或者用于散热	GND	
G10	DBB_UART1_TX	UART1_TX，定制支持，可复用成 GPIO155	O	1V8
G11	DBB_UART1_CTS	UART1_CTS，定制支持，可复用成 GPIO157	O	1V8
G12	SAUX_OUTP	第二路扬声器输出	O	/
G13	SAUX_OUTN	第二路扬声器输出	O	/

BOTTOM 面测试点信号描述见附表 C。

附表 C BOTTOM 面测试点信号描述

序号	信号名	电平	功能	说明
1	X1901	VSYS	系统电源	/
2	X1902	VSYS	系统电源	/
3	X1903	VBAT	电池电压检测	做下载夹具时要求此 PIN 和 VSYS 连接
4	X1904	GND	地	/
5	X1905	GND	地	/
6	X1906	GND	地	/
7	X1909	LC1161_CSP	电池电压检测	做下载夹具时要求此 PIN 和 GND 连接
8	X1913	DBB_USB0_DP	USB 数据+	/
9	X1914	DBB_USB0_DM	USB 数据–	/
10	X3504	DBB_KB0	音量+	/
11	X3507	DBB_KB1	音量–	/
12	X3501	POWER_KEY	开机信号	/
13	X3502	GND	地	

附录 B 配套教学平台实物图片

正面图如下

反面图如下

附录 C 配套教学平台特性及联系方式

通信功能: 支持 4G/3G/2G 五模双卡双待单通,十七频,GGE,TD-SCDMA,WCDMA,LTE-FDD,LTE-TDD。

处理器: 64bit 八核 CPU(A53),1.8GHZ,28nm 工艺,低功耗,集成 MaliT820 双核 GPU。

存储器: 3GB LPDDR3,16GB FLASH。

连接性设备: 集成博通双频 WIFI(2.4G+5G),BT(4.0),FM,GPS。

操作系统: 支持 Android5.1 及更新的操作系统。

对外接口: USB2.0+OTG,HSIC,USB3.0,DSI,4lane MIPI,CSI,MMC,EMMC4.5.1,SDIO3.0,SD3.0,IIC,PWM,SIM*2,UART*2,IIS,SSI,GPIO,MIC*2,HP,SPK。

显示及输入: 6 英寸 TFT LCD,1920*1080 分辨率,电容屏,多点触摸。

摄像头: 前置 13MP,后置 13MP。

传感器: 加速度、陀螺仪、指南针、光线和距离传感器。

电源特性: 工作电压为 5VDC,板载线性充电,开关充电。

网址: http://swu-ioeai.com:8080/

发行单位: 西南大学物联智能创新产业中心

联系电话: 023-68256211